DUDEN
Die Regeln der
deutschen
Rechtschreibung

Die Duden-Taschenbücher — praxisnahe Helfer zu vielen Themen

DUDEN
Die Regeln der deutschen Rechtschreibung

von Wolfgang Mentrup

2., neu bearbeitete
und erweiterte Auflage

Bibliographisches Institut Mannheim/Wien/Zürich
Dudenverlag

Mitarbeiter an diesem Band:
Frank und Stephan Mentrup

CIP-Kurztitelaufnahme der Deutschen Bibliothek

Mentrup, Wolfgang:
Duden „Die Regeln der deutschen Rechtschreibung"/
von Wolfgang Mentrup. [Mitarb. an diesem Bd.:
Frank u. Stephan Mentrup]. – 2., neu bearb. u.
erw. Aufl. – Mannheim; Wien; Zürich:
Bibliographisches Institut, 1981.
   (Duden-Taschenbücher; Bd. 3)
   ISBN 3-411-01915-8

NE: GT

© Bibliographisches Institut AG, Mannheim 1981
Satz: Universitätsdruckerei Stürtz AG, Würzburg
Druck: Klambt-Druck GmbH, Speyer
Bindearbeit: Pilger-Druckerei GmbH, Speyer
Printed in Germany
ISBN 3-411-01915-8

Vorwort

Jeder, der schreibt, hat seine Schwierigkeiten mit der Rechtschreibung, und zwar in den verschiedensten Bereichen:

- in der allgemeinen Schreibung *(mahlen,* aber: *malen)*
- in der Groß- und Kleinschreibung *(aufs äußerste erschrocken sein,* aber: *auf das Äußerste gefaßt sein)*
- in der Zusammen- und Getrenntschreibung *(eine Bemerkung fallenlassen,* aber: *den Teller fallen lassen)*
- in der Setzung des Bindestrichs *(See-Enge,* aber: *seeerfahren)*
- in der Silbentrennung *(Reg-ler,* aber: *Re-gle-ment)*
- in der Zeichensetzung *(Seinem Vorschlag folgend, kaufte er dieses Buch.* Aber: *Seinem Vorschlag entsprechend kaufte er dieses Buch.)*

In diesem Band werden die Regeln zu den oben genannten Bereichen der deutschen Rechtschreibung ausführlich dargestellt und ihre Anwendung im einzelnen an einer Fülle von Beispielen demonstriert. Da der Schreibende gewöhnlich mit einem bestimmten Einzelwort Schwierigkeiten hat, sind alle Beispiele zu den Regeln in einem Register am Ende des Bandes zusammengefaßt, so daß der Benutzer leicht vom Einzelfall aus die entsprechende Regel findet und sein Problem lösen kann.

Mannheim, Herbst 1981 Wolfgang Mentrup

Inhaltsverzeichnis

V. Silbentrennung

Besondere Zeichen

Ein untergesetzter Punkt kennzeichnet eine kurze und betonte Silbe, z.B. *Referęnt*.

– Ein untergesetzter Strich kennzeichnet eine lange und betonte Silbe, z.B. *Fassạde*.

[] Die eckigen Klammern schließen Aussprachebezeichnungen ein, z.B. *Aperçu* [sprich: apärßü], sowie Buchstaben, die ausgelassen werden können, z.B. *ad[e]lig, Buchstaben[gruppen]*.

() Die runden Klammern schließen Erklärungen und Hinweise inhaltlicher und grammatischer Art ein, z.B. *Nehrung* (Landzunge), *die Aale* (zu: Aal).

Ⓦⓩ Durch dieses Zeichen sind als Warenzeichen geschützte Wörter kenntlich gemacht.

ß In Ausspracheangaben wird *ß* für den scharfen, stimmlosen S-Laut verwendet, z.B. in *Reis* [sprich: reiß].

↑ Der senkrechte Pfeil bedeutet soviel wie ‚vergleiche'. Die Verweise beziehen sich auf die Zahlen im Text, sofern kein S. (= Seite) davorsteht.

● Der schwarze Punkt markiert Ergänzungen.

○ Der Kreis ist ein Gliederungszeichen.

Im Text verwendete Abkürzungen

Abk.	Abkürzung	neuseel.	neuseeländisch
ahd.	althochdeutsch	niederd.	niederdeutsch
A.T.	Altes Testament	niederl.	niederländisch
chin.	chinesisch	nordd.	norddeutsch
dt.	deutsch	norw.	norwegisch
Eigenn.	Eigenname	Ortsn.	Ortsname
fachspr.	fachsprachlich	östr.	österreichisch
Familienn.	Familienname	palästin.	palästinensisch
Flußn.	Flußname	scherzh.	scherzhaft
frz.	französisch	schweiz.	schweizerisch
germ.	germanisch	thail.	thailändisch
gr.	griechisch	thür.	thüringisch
Hptst.	Hauptstadt	u.a.	und andere
isr.	israelisch	u.ä.	und ähnliche
it.	italienisch	ugs.	umgangssprachlich
jmdm.	jemandem	unbest.	unbestimmt
jmdn.	jemanden	ung.	ungarisch
jmds.	jemandes	urspr.	ursprünglich
kaufm.	kaufmännisch	usw.	und so weiter
landsch.	landschaftlich	u.v.a.	und viele[s] andere
liban.	libanesisch	Vorn.	Vorname
m.	männlich	w.	weiblich
mdal.	mundartlich	westf.	westfälisch
med.	medizinisch	z.T.	zum Teil
mhd.	mittelhochdeutsch	Zus.	Zusammensetzung
mong.	mongolisch		

I. Allgemeine Schreibung der Wörter

Fragen wie etwa die, ob *nämlich* oder *malen* mit oder ohne *h* zu schreiben ist, geben das Thema dieses Kapitels an: Wie, d.h. mit welchen Buchstaben, schreibt man ein Wort?
Wie, mit welchem Buchstaben oder Buchstabengruppen, gibt man im Deutschen die verschiedenen Laute wieder?
Zunächst (↑S. 12 ff.) werden einige Anleitungen zur Schreibung der Wörter generell gegeben sowie die schriftliche Kennzeichnung langer und kurzer Vokale (Selbstlaute) behandelt (↑S. 18 ff.).
Weil es jedoch kein geschlossenes System von Regeln gibt, mit dessen Hilfe man die Schreibung jedes einzelnen Wortes bestimmen kann, folgen (↑S. 23 ff.) ausführliche Aufstellungen solcher Wörter, die denselben Laut, z.B. das langgesprochene a, haben, dabei aber unterschiedlich geschrieben werden, z.B. *(ein Bild) malen,* aber: *(Korn) mahlen.*

1 Buchstaben und Laute

Buchstaben

① Das geschriebene Wort besteht aus Buchstaben; das gesprochene Wort besteht aus Lauten.
Laute werden gesprochen; Buchstaben werden geschrieben.
Mit Buchstaben können Laute gesprochener Wörter schriftlich wiedergegeben werden. Es gibt im Deutschen 26 Buchstaben, die zusammen das Alphabet (das Abc) bilden.
Hinzu kommen die Zeichen für drei Umlaute und das *ß*.
Jedem kleinen Buchstaben entspricht ein großer (Ausnahme: *ß*).

Das Alphabet

A	a	K	k	U	u
B	b	L	l	V	v
C	c	M	m	W	w
D	d	N	n	X	x
E	e	O	o	Y	y
F	f	P	p	Z	z
G	g	Q	q		
H	h	R	r	Ä	ä
I	i	S	s	Ö	ö
J	j	T	t	Ü	ü
					ß

● Gelegentlich werden in Wörtern aus anderen Sprachen noch weitere Zeichen verwendet, so etwa:
der Akut z.B. in *Café, Séparée*
der Gravis z.B. in *à la carte*
der Zirkumflex z.B. in *tête-à-tête*

Laute

Man unterscheidet Vokale (Selbstlaute), z.B. das lange a, und Konsonanten (Mitlaute), z.B. das weiche b.

Vokale (Selbstlaute)

② Die Vokale (Singular: der Vokal) werden auch Selbstlaute genannt. Der Ausdruck *Selbstlaute* erklärt sich daher, daß diese Laute allein, d.h. ohne Hilfe eines anderen Lautes, ausgesprochen werden.
Zu unterscheiden ist zwischen einfachen Vokalen [a, e, i, o, u], Umlauten [ä, ö, ü] und Doppellauten [au, eu/äu, ai/ei]; die Doppellaute werden auch Zwielaute oder Diphthonge (Singular: der Diphthong) genannt:

einfache Vokale:	a	e	i		o	u
Umlaute:			ä		ö	ü
Doppellaute:		au		eu		ai/ei
mit Umlaut:				äu		

Vokale können lang ausgesprochen werden (etwa das [a] in *Bad*) oder kurz (etwa das [ạ] in *er hat*). Verkürzt spricht man auch von langen oder kurzen Vokalen. Die Doppellaute gelten immer als lang.

● ä, ö, ü sind – historisch gesehen – umgelautete a, o, u. In vielen Wörtern kann deshalb der Umlaut auf ein a, o, u zurückgeführt werden:

Bärte – Bart, Löhne – Lohn, Tücher – Tuch; Bäume – Baum

Konsonanten (Mitlaute)

(3) Alle anderen Laute heißen Konsonanten (Singular: der Konsonant) oder auch Mitlaute; dies, weil bei ihrer Aussprache mindestens noch ein Laut mitklingt.
Man unterscheidet stimmhafte und stimmlose Konsonanten.
Die stimmhaften werden weich ausgesprochen, so z.B. das b in *Ball*, das d in *dort*, das g in *Glas*, das s in *Hase*, das w in *Wolke*.
Die stimmlosen Konsonanten werden hart (scharf) ausgesprochen, so z.B. das p in *Platz*, das t in *Tor*, das k in *Klasse*, das ß in *Haß*, das f in *folgen*:

stimmhaft (weich):   b d g w u.a.
stimmlos (hart, scharf): p t k f u.a.

● Konsonanten stehen im
○ Anlaut, wenn sie dem Vokal ihrer Silbe vorangehen, so etwa das b in *Bein, Gebein, Hühnerbein,*
○ Inlaut, wenn sie vor einer Nachsilbe (Endung) stehen, die mit einem Vokal beginnt, so etwa das s in *Gläser*, das b in *Kälber,*
○ Auslaut, wenn sie dem Vokal ihrer Silbe folgen, so z.B. das b in *glaubt, Kalb*.

2 Anleitungen zur richtigen Schreibung eines Wortes

Ist die Schreibung eines Wortes unklar, dann ist es oft nützlich, bestimmte Gesichtspunkte zu beachten. Eine wichtige Hilfe ist zunächst die Aussprache. Darüber hinaus lassen sich einige Hilfsregeln aufstellen, die es häufig ermöglichen, die richtige Schreibung eines Wortes zu finden.

2.1 Aussprache und Rechtschreibung

Eine wichtige Voraussetzung für die richtige Schreibung ist die richtige und deutliche Aussprache.

Die Schreibung entspricht der Aussprache

In vielen Wörtern entspricht die Schreibung der Aussprache.
So ist bei richtiger Aussprache klar, daß
das weiche d in *dort* durch den Buchstaben *d,*
das harte t in *Tor* durch den Buchstaben *t*
wiedergegeben wird.

Die richtige Aussprache verhilft somit dazu, ähnlichklingende Laute zu unterscheiden und daraus Rückschlüsse auf die Schreibung zu ziehen, so etwa auf die Schreibung von *dort* und *Tor*.
Auf die richtige Aussprache zu achten ist auch deshalb wichtig, weil durch mundartliche, landschaftliche oder umgangssprachliche Eigenheiten die Unterschiede, die bei richtiger Aussprache deutlich hörbar sind, häufig verwischt und aufgehoben werden.

Ähnlichklingende Vokale

(4) In den folgenden Wörtern sind durch richtige Aussprache langgesprochenes ä und langgesprochenes e zu unterscheiden. Zur unterschiedlichen schriftlichen Kennzeichnung der Länge der jeweiligen Vokale ↑19 (durch Dehnungs-h oder Verdopplung des entsprechenden Buchstabens):

Ähre – Ehre, die Bären (zu: Bär) – die Beeren (zu: Beere), er bäte (zu: bitten) – ich bete (zu: beten) – die Beete (zu: Beet), die Beläge (zu: Belag) – die Belege (zu: Beleg), Gewähr – Gewehr, ich läse (zu: lesen) – ich lese (zu: lesen)
ich nähme (zu: nehmen) – ich nehme (zu: nehmen), Räder – Reeder, säen – sehen, die Sägen (zu: Säge) – Segen, die Säle (zu: Saal) – Seele, Sämann – Seemann, sich schämen – Schemen, währen – wehren

● Durch richtige Aussprache sind die verschiedenen ähnlichklingenden Vokale zu unterscheiden:

Helle – Hölle, Kerbe – die Körbe; Herd – er hört (zu: hören), Lehne – die Löhne (zu: Lohn); Eile – Eule, Feier – Feuer, heilen – heulen; flicken – pflücken
Kissen – küssen, Kiste – Küste; Biene – Bühne, liegen – lügen, spielen – spülen, die Stiele (zu: Stiel) – die Stühle (zu: Stuhl), Tier – Tür, er trieb (zu: treiben) – trüb.

Ähnlichklingende Konsonanten

(5) Im Anlaut und Inlaut sind die weichen (stimmhaften) Konsonanten b, d, g von den harten (stimmlosen) p, t, k zu unterscheiden:

backen – packen, Bärchen (zu: Bär) – Pärchen (zu: Paar), Baß – Paß, Bein – Pein, Blatt – platt, Gebäck – Gepäck, rauben – die Raupen (zu: Raupe)
baden – baten (zu: bitten), Boden – die Boten (zu: Bote), Deich – Teich, Dorf – Torf, Ende – Ente, leiden – leiten, Mandel – Mantel, Seide – Seite, Weide – Weite
Ärger – Erker, begleiten – bekleiden, Begleitung – Bekleidung, Garten – die Karten (zu: Karte), er gönnt (zu: gönnen) – ihr könnt (zu: können), Greis – Kreis), sengen – senken

(6) Bei den Wörtern mit *ch* oder *g* ist auf die richtige Aussprache zu achten. Hochsprachlich wird z.B. *Balg* mit hartem k gesprochen [ba̱lk], in der Umgangssprache jedoch häufig [ba̱lch], so daß die unrichtige Aussprache oft zur falschen Schreibung führt:

bedacht (zu: bedenken) – betagt (zu: Tag/die Tage), Buch – Bug, Deich – Teich – Teig, Fluch – Flug – Pflug, Jacht – er jagt (zu: jagen) – Jagd, er kriecht (zu: kriechen) – er kriegt (zu: kriegen)
Seuche – Säugling, siech/siechen/er siecht – Sieg/er siegt (zu: siegen), er taucht (zu: tauchen) – er taugt (zu: taugen), Zwerchfell – Zwerg

● Achte bei Wörtern mit *ch* oder *sch* wie *dich, Fisch, Kirche* (Gebäude) – *Kirsche* (Frucht), *die Löcher* (zu: *Loch*) – *Löscher, Milch, Tisch* u.a. auf die richtige Aussprache!
In vielen Gegenden werden beide Laute häufig vertauscht, so daß man dementsprechend fälschlich sagt:

Ich gehe in die [Kirsche].
Ich esse gern [Kirchen].

(7) Unterscheide durch deutliche Aussprache
○ [f] und [pf]:
anfangen – empfangen, befehlen – empfehlen, fahl – Pfahl, er fand (zu: finden) – Pfand, feil – Pfeil, Feile – die Pfeile (zu: Pfeil) – Pfeiler
Flaum (weiche Feder)/flaumweich – Pflaume (Obstsorte)/pflaum[en]weich, er flicht (zu: flechten) – Pflicht, Fluch – Flug – Pflug, Fund – Pfund
○ im Inlaut das weiche (stimmhafte) s vom scharfen (stimmlosen) ß:
böse – büßen, Geisel – Geißel, heiser – heißer (zu: heiß), Muse – Muße, reisen – reißen, weise – weiße Schuhe (zu: weiß)

Die Schreibung entspricht nicht der Aussprache

In vielen Fällen entspricht die Schreibung eines Wortes nicht der Aussprache. So ist z.B. selbst bei richtiger Aussprache nicht zu hören, daß *Kalb* und *Alp* (Bergweide) am Ende mit verschiedenen Buchstaben, nämlich *b* bzw. *p*, geschrieben werden; beide Wörter klingen am Ende gleich.

Ein Grund für viele Schwierigkeiten in der Schreibung ist der, daß die deutsche Rechtschreibung keine lautgetreue Schreibung ist.

Ein Buchstabe – mehrere Laute

8 Derselbe Buchstabe oder dieselbe Buchstabengruppe stellt häufig nicht nur einen Laut, sondern mehrere Laute dar.

Spricht man z.B. die Wörter *glauben, lieben, schnauben, stauben* und die Wörter *ab, er glaubt, liebt, schnaubt, es staubt* aus, dann ist deutlich zu hören, daß die Wörter der ersten Gruppe mit weichem b, die Wörter der zweiten Gruppe jedoch mit hartem p gesprochen werden. Alle Wörter werden jedoch mit demselben Buchstaben *b* geschrieben:

der Buchstabe *b*	B-Laut (weiches b) z.B. in *glauben*
	P-Laut (hartes p) z.B. in *glaubt*

● Im äußersten Fall führt dies zu Wörtern, die gleich geschrieben, aber unterschiedlich ausgesprochen werden:

rasten – sie rasten (zu: rasen), Schoß (Mitte des Leibes; Teil der Kleidung) – Schoß (junger Trieb)

Daraus ergibt sich, daß die Forderung

„Sprich, wie du richtig schreibst!"

nicht allgemein gilt, denn häufig wird das, was gleich geschrieben wird, unterschiedlich ausgesprochen.

Ein Laut – mehrere Buchstaben

9 Derselbe Laut wird häufig nicht nur durch einen Buchstaben oder durch eine Buchstabengruppe, sondern durch mehrere Buchstaben[gruppen] dargestellt.

Zu den unter 8 genannten Wörtern *ab, er glaubt, liebt, schnaubt, es staubt* und weiteren Wörtern wie *er gibt* (zu: geben), *Kalb, du schiebst, es staubt,* in denen der P-Laut durch den Buchstaben *b* wiedergegeben wird, sind andere Wörter zu stellen, in denen der P-Laut durch andere Buchstaben[gruppen] dargestellt wird, und zwar durch:

bb: es ebbt ab (zu abebben), er robbt (zu: robben), er schrubbt (zu: schrubben)
p: Alp, Gips, Haupt, Klaps, Klops, er piept (zu: piepen), Rips, Schnaps, er stäupt (zu: stäupen)
pp: es klappt (zu: klappen), knapp, Rippchen, schlapp

Das ergibt die Übersicht:

	b z.B. in *er liebt*
P-Laut	*bb* z.B. in *er robbt*
(hartes p)	*p* z.B. in *er piept*
	pp z.B. in *es klappt*

● Im äußersten Fall führt dies zu Wörtern, die gleich ausgesprochen, aber unterschiedlich geschrieben werden:

es stäubt (zu: stäuben, ,zerstieben') – er stäupt (zu: stäupen ,auspeitschen'), Nachname – Nachnahme (zu: nehmen), her – hehr – Heer

Daraus ergibt sich, daß die Forderung

„Schreibe, wie du richtig sprichst!"

nicht allgemein gilt, denn häufig wird das, was gleich ausgesprochen wird, unterschiedlich geschrieben.

2.2 Hilfsregeln für die Rechtschreibung

Aus 8–9 ergibt sich, daß die richtige Aussprache nicht immer ausreicht, um über die Schreibung eines Wortes Klarheit zu bekommen. Es ist deshalb nützlich, sich bestimmte Hilfsregeln einzuprägen; denn häufig kann man mit ihrer Hilfe feststellen, wie ein Wort geschrieben wird.

Erste Hilfsregel

(10) Ist die Schreibung eines ungebeugten Wortes am Ende, im Auslaut, zweifelhaft, so beuge, flektiere das Wort! Achte auf die Aussprache der gebeugten Form!

Spricht man die Wörter *Alp* (Bergweide) und *Kalb* aus, so klingen beide am Ende, im Auslaut, gleich; sie enden mit dem harten P-Laut.

Um zu bestimmen, ob diese oder ähnliche Wörter mit *b* oder *p* geschrieben werden, beugt, flektiert man sie:

Alp (Bergweide) – die Alpen, Kalb – die Kälber

An der Aussprache der gebeugten Form kann man feststellen, wie das ungebeugte Wort im Auslaut geschrieben wird.

Auf diese Weise läßt sich z.B. die Schreibung der folgenden Wörter schnell bestimmen:

Grad – die Grade, Grat – die Grate, Kleid – die Kleider, Geleit – die Geleite; Weg – die Wege, Volk – des Volkes, Greis – des Greises, Geheiß – des Geheißes

● Bei einer Gruppe von Wörtern kann man die Schreibung jedoch nicht mit Hilfe dieser Regel feststellen, da sie sich nicht beugen lassen. Es sind dies insbesondere Präpositionen (Verhältniswörter), Konjunktionen (Bindewörter) und Adverbien (Umstandswörter):

ab, ob, irgend[etwas], mit, seit (vgl. aber: ihr seid), oft, aus, daß (vgl. aber: das) usw.

Zweite Hilfsregel

(11) Ist die Schreibung einer gebeugten Form zweifelhaft, so vergleiche mit der einfachen Form des Wortes, d.h. beim Verb (Zeitwort) mit dem Infinitiv (Grundform), beim Substantiv (Hauptwort) mit dem Nominativ Singular (Werfall in der Ein-

zahl), beim Adjektiv (Eigenschaftswort) mit der nichtgebeugten Form! Achte auf die Aussprache der einfachen Form!

Spricht man die Wortformen *er glaubt, liebt, piept, es staubt* aus, so haben alle im Auslaut den harten P-Laut.

Um zu bestimmen, ob diese und ähnliche Wortformen mit *b* oder mit *p* geschrieben werden, vergleicht man bei Verben mit dem Infinitiv:

er glaubt – glauben, liebt – lieben, piept – piepen, es staubt – stauben

In ähnlicher Weise kann man bei gebeugten Substantiven und Adjektiven verfahren wie etwa *die Beläge, die Hände, die Nähte, die Wände, schmäler*.

Um zu bestimmen, wie diese Wörter im Innern geschrieben werden, vergleicht man bei Substantiven mit dem Nominativ Singular und bei Adjektiven mit der nichtgebeugten Form:

die Beläge – der Belag, die Hände – die Hand, die Nähte – die Naht, die Wände – die Wand; schmäler – schmal

● Bei unregelmäßig gebeugten Wörtern kann man diese Hilfsregel nicht anwenden. Dies gilt insbesondere für bestimmte Pronomen (Fürwörter), aber auch für das Verb *sein:*

mir, wir, dir, aber: ihr, ihnen, sie; ich bin, ihr seid, seid! (vgl. aber die Konjunktion und Präposition seit) usw.

Dritte Hilfsregel

(12) Ist die Schreibung eines Wortes oder einer Wortform zweifelhaft, so vergleiche mit Wörtern aus derselben Wortfamilie!

Eine dritte Möglichkeit, die Schreibung eines Wortes zu bestimmen, bietet der Vergleich des Wortes mit verwandten Wörtern, mit Wörtern aus derselben Familie. Dieser Weg ist besonders bei Ableitungen und Zusammensetzungen nützlich.

Bestimmt man das Wort, das der Ableitung oder Zusammensetzung zugrunde liegt, so erhält man dadurch häufig Aufschluß über die Schreibung des abgeleiteten oder zusammengesetzten Wortes:

Wenn es heißt, *sein Nachname ist Meier,* so genügt ein Vergleich mit dem einfachen Wort *der Name,* um in diesem Fall *Nachname* ohne *h* zu schreiben.

Wenn es heißt, *eine Nachnahme ist bei der Post abzuholen,* so sieht man an dem verwandten Wort *nehmen,* daß in diesem Fall ein *h* zu schreiben ist.

● Bei vielen Wörtern ist ein solcher Vergleich

○ nicht möglich, weil es keine verwandten Wörter gibt, die Rückschlüsse auf die Schreibung zulassen. Dies ist besonders verwirrend bei gleichklingenden Wörtern wie:

Aar (Adler) – Ar (Flächenmaß), Lid (am Auge) – Lied (Gesang), die Aale (zu: Aal ,Fisch') – Ahle (Werkzeug), Saite (auf der Geige) – Seite (im Buch)

○ irreführend, weil sie sich anders als die verwandten Wörter verhalten:

So ist mit den Wörtern *Hand* (*die Hände*), *aushändigen, handlich* usw., die entweder ein *a* oder *ä* haben, das Wort *behende* verwandt, das jedoch mit *e* geschrieben wird.

So gehört zu *Überschwang* und *Schwang* das Wort *überschwenglich,* das im Gegensatz zum erwarteten *ä* jedoch mit *e* geschrieben wird. Vgl. auch die miteinander verwandten Wörter *wider* und *wieder.*

Vierte Hilfsregel

(**13**) Ist die Schreibung eines Wortes zweifelhaft und läßt sie sich nicht durch Anwendung der drei genannten Hilfsregeln feststellen, so bestimme die Bedeutung des Wortes und schlage nach!

Die Zahl der Wörter, deren Schreibung sich weder durch die Aussprache noch durch Anwendung der drei Hilfsregeln ↑10−12 begründen läßt, ist ziemlich groß.

In solchen Fällen ist es wichtig, sich über die Bedeutung eines Wortes, dessen Schreibung zweifelhaft ist, klarzuwerden. Die Bedeutung läßt sich in der Regel aus dem Satz ablesen, in dem das Wort steht, so z.B. in:

Der Maler malt ein Bild. Der Müller mahlt das Korn.

In den ausführlichen Wortzusammenstellungen (↑S. 23ff.) kann man das gesuchte Wort anhand der Bedeutung und der Bedeutungshinweise hinter den einzelnen Wörtern wie z.B. bei *malen (ein Bild) – mahlen (Korn)* ohne große Mühe finden.

Darüber hinaus lassen sich einige allgemeine Aussagen über die Schreibung von Fremdwörtern (↑14f.) und Namen (↑16ff.) machen und einige allerdings mehr allgemeine Regeln aufstellen, so etwa über die besondere schriftliche Kennzeichnung langer und kurzer Vokale (↑29ff.) und über die verschiedene Schreibung von Wörtern mit demselben Laut (↑S. 23ff.).

3 Fremdwörter

Durch die große Zahl der Fremdwörter wird die Rechtschreibung im Deutschen noch schwieriger. Zu unterscheiden sind die reinen Fremdwörter von den eingedeutschten.

Reine Fremdwörter (fremde Wörter)

(**14**) Die reinen Fremdwörter behalten die Schreibung, Aussprache und Betonung der Sprache bei, aus der sie übernommen werden:

Milieu [sprich: miliö], Jalousie [~~schalusi~~], Refrain [r^efräng]
Beat [bit], Beat generation [bit dschen^ere^isch^en], Beatle [bit^l]

● Durch die Übernahme reiner Fremdwörter

○ stellt derselbe Buchstabe oder dieselbe Buchstabengruppe noch mehr
Laute dar als nur im Deutschen (↑ 8).
So wird z.B. der Buchstabe *a* ausgesprochen:

als kurzes a in dem deutschen Wort *Ball*
als langes a in dem deutschen Wort *Tran*
als kurzes ä in dem Fremdwort *Camping*

○ wird derselbe Laut durch noch
mehr Buchstaben oder Buchstabengruppen dargestellt als nur im
Deutschen (↑ 9). So wird z.b. das
langgesprochene ö schriftlich wiedergegeben:

durch den Buchstaben *ö* in dem
deutschen Wort *stören*
durch die Buchstaben *öh* in dem
deutschen Wort *stöhnen*
durch die Buchstaben *eu* in dem Fremdwort *Amateur*.

Eingedeutschte Fremdwörter

(15) Häufig gebrauchte Fremdwörter werden nach und nach an die
deutsche Schreibung angeglichen.
Auf der Übergangsstufe führt diese
Angleichung zu Doppelformen:

Friseur – Frisör, Photograph – Fotograf,
Telephon – Telefon

Auf der Endstufe der Einteilung stehen etwa folgende Wörter:

Bluse für Blouse, Sekretär für Secrétaire,
Fassade für Façade, Likör für Liqueur

● Ob *c* im reinen Fremdwort im
Zuge der Eindeutschung *k* oder *z*
wird, hängt von seiner ursprünglichen
Aussprache ab. *c* wird zu *k* vor *a,
o, u* und vor Buchstaben für Konsonanten. Vor *ä, e, i* und *y* wird es zu *z*:

zu *k*: Café – Kaffee, Procura – Prokura,
Crematorium – Krematorium, Spectrum
– Spektrum
zu *z*: Penicillin – Penizillin, Cäsur – Zä-
sur, Cyclamen – Zyklamen

Im einzelnen ↑ die Wortlisten S.
23 ff.

4 Namen

Bei der Schreibung der Namen sind
bestimmte Besonderheiten zu beachten.

Familien- und Personennamen

(16) Für die Familiennamen gelten
nicht die allgemeinen Richtlinien der Rechtschreibung, sondern
die standesamtlich jeweils festgelegte
Schreibung:

Francke neben Franke, Schmidt neben
Schmitt, Meier neben Meyer und Mayer

● Fremde Familiennamen werden
der jeweiligen fremden Sprache entsprechend geschrieben:

Kennedy, Gromyko, Lord Home, de
Gaulle

Vornamen

(17) Für die Schreibung der Vornamen gelten im allgemeinen die
Richtlinien der heutigen Rechtschreibung.
Gewisse Abweichungen sind jedoch
zulässig:

Claus neben üblichem Klaus
Clara neben üblichem Klara

● Fremde Vornamen werden der jeweiligen fremden Sprache entsprechend geschrieben:

Jean, Guido

Allgemein üblich gewordene fremde
Vornamen gleichen sich der
deutschen Schreibweise an:

Josef, Käte

**Erdkundliche (geographische)
Namen)**

(18) Für die Schreibung der
deutschen erdkundlichen Namen gelten im allgemeinen die Richtlinien der heutigen Rechtschreibung,
soweit nicht eine amtliche Festlegung
dem im Einzelfall entgegensteht:

Köln, aber: Cottbus; Zell, aber: Celle
Freudental (über Radolfzell), aber:
Frankenthal (Pfalz)
Freiburg im Breisgau, aber: Freyburg/
Unstrut

● Fremde erdkundliche Namen werden der jeweiligen fremden Sprache entsprechend geschrieben:

Toulouse, Marseille, Rio de Janeiro, Reykjavik

Häufig gebrauchte fremde erdkundliche Namen sind weitgehend eingedeutscht:

Neapel für Napoli, Rom für Roma
Belgrad für Beograd
Kalifornien für California
Kanada für Canada

Im einzelnen ↑ die Wortlisten S. 23 ff.

5 Kennzeichnung langer Vokale

Die Schreibung der Wörter mit einem langen Vokal ist oft schwierig, weil es im Deutschen verschiedene Mittel gibt, einen langen Vokal schriftlich wiederzugeben.

(19) Sehr häufig werden Wörter, die einen langgesprochenen Vokal haben, nur mit dem entsprechenden einfachen Buchstaben geschrieben, d.h., die Dehnung wird schriftlich nicht besonders angezeigt:

Kran, eben, Augenlid, Bote, Blume
Gräte, Flöte, brüten

Immer ohne besondere schriftliche Kennzeichnung bleiben die Wörter mit Doppellauten, da diese grundsätzlich als lang gelten:

Haus, Häuser, Beule, Hain, rein

● In vielen Wörtern wird die Dehnung des Vokals jedoch in der Schreibung sichtbar, und zwar:
durch ein zusätzliches *h* (Dehnungs-h), z.B. in *stöhnen* (↑ 20 ff.)
durch Verdopplung des entsprechen-

den Buchstabens, z.B. in *Waage* (↑ 23)
durch ein hinzugefügtes *e* nach *i* z.B. in *Biene* (↑ 23)
in Fremdwörtern und Namen durch besondere Buchstaben[gruppen], z.B. in *Bowle* [sprich: bol^e] oder in *Raesfeld* [sprich: raß...] (↑ 24)

Der folgende Überblick über die schriftliche Kennzeichnung langer Vokale zeigt, daß man die verschiedenen Schreibungen nicht in ein geschlossenes System von Regeln fassen kann, nach dem man im Einzelfall entscheiden könnte.

Zeichnet sich einmal eine „Regel" ab, so betrifft sie entweder nur eine sehr kleine Gruppe von Wörtern, oder sie wird durch zu viele Ausnahmen aufgeweicht.

Aus diesem Grunde beschränkt sich diese Übersicht nur auf allgemeine Gesichtspunkte. Ausführliche Wortlisten zu den einzelnen Schreibungen finden sich auf S. 23 ff.

Dehnungs-h

(20) Das Dehnungs-h kann nach *a*, *e*, *i*, *o*, *u* sowie nach *ä*, *ö* und *ü* stehen; in einigen gebeugten Formen tritt es auch nach *ie* auf. In Wörtern mit einem Doppellaut steht nie ein Dehnungs-h:

a	ah	Ahle	37
e	eh	Lehm	61
i	ih	ihm	77
ie	ieh	stiehlt	77
o	oh	Lohn	98
u	uh	Uhr	120
ä	äh	Ähre	41
ö	öh	dröhnen	103
ü	üh	kühl	125

:
Zu *ieh* und *eih* ↑ 28.

● Das Dehnungs-h steht bis auf wenige Ausnahmen nur in deutschen Wörtern, nicht in Fremdwörtern:

Arie, Creme, Klinik, Polo, Humus; Drän, Likör, Kostüm
Ausnahmen: Lahn frz. (Metalldraht), Prahm tschech. (Wasserfahrzeug) u.a.

Dehnungs-h vor l, m, n, r

21 Die schon sehr alte Regel:
Das Dehnungs-h steht nur vor *l, m, n* und *r*, also z.B. in *Ahle, Lehm, ihnen, Ohr* usw.
ist für den Einzelfall wenig brauchbar.

Einmal gilt sie nicht umgekehrt, denn in sehr vielen Wörtern wird der lange Vokal vor *l, m, n* und *r* durch den einfachen Buchstaben, also ohne Dehnungs-h, wiedergegeben, in einigen Wörtern auch durch Verdopplung:

malen (ein Bild), wem, Ton, nur. Beachte auch: Saal, Meer, Moor

Zum andern verlangt die Anwendung dieser „Regel", genau zwischen einem Dehnungs-h und einem silbentrennenden *h* zu unterscheiden, denn dieses tritt auch vor anderen Buchstaben als *l, m, n* und *r* auf (↑ 25ff).

22 Das Dehnungs-h steht selbst vor *l, m, n* und *r*

○ nicht in unbetonten Nachsilben (Suffixen):

-bar: zahlbar; *-sal:* Schicksal; *-sam:* langsam; *-tum:* Christentum

○ nicht in Wörtern mit langgesprochenem Vokal, die mit *sch* oder *qu* beginnen, so in *Schar, Qual* u.a. Beachte auch die Schreibung von *scheel*.

○ häufig nicht in Wörtern, in denen dem langgesprochenen Vokal meh-

rere Konsonanten vorausgehen; doch gibt es nicht wenige Ausnahmen:

kramen, Tran, Pferd, Star, stören, stur u.a. Beachte auch: Speer, Stiel. Ausnahmen: Pfahl, Pfuhl, Stahl, Strahl, Drohne, stöhnen u.a.

Doppelbuchstabe für Vokale

23 In einer begrenzten Anzahl von Wörtern mit langgesprochenem Vokal wird dieser durch einen Doppelbuchstaben wiedergegeben. Die Verdopplung tritt nur ein bei *a, e* und *o,* nicht bei *i, u* und *ä, ö, ü:*

a	aa	Aal	36
e	ee	Fee	60
o	oo	Boot	97

● Wird zu einem Wort mit doppeltem Buchstaben (z.B. *Saal*) der Plural (die Mehrzahl) oder eine Ableitung mit Umlaut gebildet, dann wird dieser durch einen einfachen Buchstaben wiedergegeben (z.B. *Sälchen, die Säle*):

Aal – Älchen, Aas – die Äser, Boot – Bötchen/Bötlein, Haar – Härchen/Härlein, Koog/Kog – die Köge, Paar – Pärchen, Saal – die Säle/Sälchen
(beachte:) Saat – säen und Sämann

e nach i

Beim langen i wird die Dehnung häufig durch ein angefügtes *e* gekennzeichnet. Einzelheiten sind im Abschnitt über das lange i (↑ 76) abgehandelt.

i	ie	zielen

Lange Vokale in Namen und Fremdwörtern

(24) In Namen und in Fremdwörtern treten zusätzliche Buchstabengruppen auf, die einen langen Vokal darstellen, z.B. in:

Raesfeld [sprich: raß...], Coesfeld [koß...], Fondue [fongdü], Bowle [bole] u.v.a.

Im einzelnen ↑ die Wortlisten S. 23 ff.

Silbentrennendes h – Dehnungs-h

(25) Das Dehnungs-h kann nur vor *l, m, n* und *r* stehen (↑ 21).
Das silbentrennende *h* tritt im Deutschen in der Regel zwischen *a, e, o, u, ä, ö, ü, ie* und einem *e* auf. Zwischen *ei* und einem *e* schwankt der Gebrauch; zwischen *au, äu, eu, ai* und einem *e* steht kein silbentrennendes *h:*

nahen, Darlehen, drohen, muhen, blähen (aber: säen), Höhe, mühen, fliehen (aber: knien, zu: Knie) usw.
gedeihen, leihen, aber: schreien (geschri[e]n, speien (gespie[e]n) usw.
bauen, bläuen, freuen, Maie (junge Birke) usw.
Ausnahme: rauh (rauhe Stimme)

In diesen Fällen liegt die Trennungsgrenze vor dem *h,* deshalb die Bezeichnung silbentrennendes *h:*

dre-hen, nä-hen, sich na-hen, aber (mit Dehnungs-h): neh-men, fahren usw.

(26) Steht das *h* nicht vor einem *e,* etwa am Ende eines Wortes oder in einer Beugungsform, dann läßt sich durch die Anwendung einer der drei ersten Hilfsregeln
Beuge, vergleiche mit der einfachen Form oder mit Wörtern aus derselben Familie! (↑10ff.)
erkennen, daß ein silbentrennendes *h* vorliegt:

jäh – jä-he, Floh – Flö-he
er dreht/drehte – dre-hen, du nähst – nähen, er floh – flie-hen
Naht – nä-hen, Draht – dre-hen, Mahd – mä-hen usw.

Silbentrennendes h – Wegfall

(27) Hat ein Wort ein silbentrennendes *h*, so steht dies in der Regel auch in allen gebeugten Formen und in allen Ableitungen.

Ausnahmen sind:
blühen, aber: Blüte; glühen, aber: Glut; ziehen, zieht, aber: zog, Zug
Beachte auch: ja, aber: bejahen

● Beachte die Ableitungen auf *-heit:*
froh + heit = Froheit
entsprechend: Hoheit, Jäheit, Rauheit, Roheit, Zäheit
aber (in Zusammensetzungen): brühheiß, rauhhaarig usw.

Silbentrennendes h als Dehnungszeichen?

(28) Die Unterscheidung zwischen einem silbentrennenden *h* und einem Dehnungs-h ist oft nur schwer zu treffen,
weil sowohl das silbentrennende *h* als auch das Dehnungs-h nur in Wörtern mit einem langen Vokal auftreten,
weil weder das silbentrennende *h* noch das Dehnungs-h ausgesprochen werden: *nehmen* [sprich: nemen], *sehen* [sprich: seen],
weil es oft schwer ist, ein ursprüngliches silbentrennendes *h* als solches zu erkennen[1].

---

[1] So schon in *er näht, Naht, Draht* und *Mahd*, wo nur der Umweg über *nähen, drehen* und *mähen* weiterhilft (↑ 26); so besonders z.B. in *Fehde*, das auf mhd. *vehede,* ahd. *[gi]fehida* zurückgeht; so kaum erkennbar in *befehlen*, das auf mhd. *bevelhen*, ahd. *bifelahan* zurückgeht.

Für die Praxis der Rechtschreibung führt die Unterscheidung zwischen silbentrennendem *h* und Dehnungs-h nicht weiter. Schwierigkeiten macht letztlich die Frage, ob ein Wort, das einen langgesprochenen Vokal hat, mit oder ohne *h* geschrieben wird, nicht aber, ob ein möglicherweise vorkommendes *h* ein Dehnungs-h oder ein silbentrennendes *h* ist.

Aus diesen Gründen werden in den Abschnitten über die einzelnen Vokale die Wörter mit einem *h* in einer Gruppe zusammengefaßt (↑37, 61 usw.).

Dadurch wird die Tabelle in 20 erweitert:

| ie | ieh | fliehen | 77 |
| ei | eih | gedeihen | 52 |

6 Doppelbuchstabe für Konsonanten nach kurzem Vokal

Die Dehnung der Vokale wird in der deutschen Rechtschreibung auf verschiedene Weise schriftlich angezeigt (↑19ff.). Für die Kürze eines Vokals gibt es dagegen im Grunde nur ein Kennzeichen: die Verdopplung des Buchstabens für den folgenden Konsonanten.

Die Grundregel

29 Folgt in einem Wort auf einen kurzgesprochenen und in der Regel betonten Vokal nur ein einfacher Konsonant, dann wird dieser durch einen Doppelbuchstaben wiedergegeben. Statt *kk* steht *ck,* statt *zz* steht *tz.* Nach einem langen Vokal und damit auch nach Doppellauten wird nie verdoppelt.

Die folgende Tabelle zeigt an, welche Buchstaben verdoppelt werden:

b	bb	robben
d	dd	buddeln
f	ff	schaffen
g	gg	baggern
k	ck	Blick, blicken
l	ll	Fall, fallen
m	mm	dumm, hemmen
n	nn	dünn, spinnen
p	pp	üppig
r	rr	harren
s	ss	gehässig
t	tt	schütten
z	tz	ritzen

Im einzelnen ↑ die Wortlisten S. 23ff.

Verdopplung in Beugungsformen

30 Verdoppelt wird *n* bzw. *s* in den Beugungsformen der Wörter, die mit den Nachsilben -*in* und -*nis* gebildet sind oder die auf kurzes nicht betontes -*as,* -*is,* -*us,* gelegentlich auch -*es* enden. Zu beachten sind zudem einige einsilbige Wörter auf -*s* nach kurzem Vokal (↑95 und 112):

Königin – die Königinnen
Hindernis – des Hindernisses
Atlas – des Atlasses, Iltis – die Iltisse,
Omnibus – die Omnibusse, Kirmes – die
Kirmessen, Gros (12 Dutzend) – die
Grosse, As – die Asse

Keine Verdopplung

31 Folgen einem kurzen (auch betonten) Vokal verschiedene Konsonanten, die zum [erweiterten] Stamm, zum Kern des Wortes gehören, dann wird nicht verdoppelt:

alt, Gunst, Hast, Hops, Hund, Wirt, Zapfen usw.

Davon zu unterscheiden sind gebeugte Formen von Wörtern (z.B. *er rennt, du rennst*), deren einfache Form (hier der Infinitiv *rennen*) mit doppeltem Buchstaben geschrieben wird. Dieser bleibt auch in den gebeugten Formen, die kurz sind, erhalten.

Die Endung *t* oder *st* tritt nur in einigen Formen dieser Wörter auf und gehört als Beugungszeichen nicht zum [erweiterten] Stamm, zum Kern. Dasselbe gilt auch für das *n* der Ableitungssilbe *-nis* etwa in *Hemmnis*.

Unterscheide:

dünsten – dünn, der dünn|ste
Falte, falten – ihr fall|t, du fäll|st (zu: fall|en)
Hemd – du hemm|st, er hemm|t, Hemm|nis (zu: hemm|en)
Kunst – er kann, du kann|st (zu: könn|en)
Schaft – er schaff|t, du schaff|st (zu: schaff|en)
Trift – er triff|t, du triff|st, Treff|punkt (zu: treff|en)

Sonderfälle

32 Aus 29 und 30 folgt:
ck oder *tz* steht in deutschen Wörtern weder nach langen Vokalen (einschließlich der Doppellaute) noch nach Konsonanten.

● Die Verdopplung tritt außerdem nicht ein

○ in einer Gruppe einsilbiger Wörter wie:

ab, an, am, um, zur, wes usw.

vgl. aber: dann, denn, wann, wenn

○ in einigen alten Wortformen wie:

Brombeere, Himbeere, Herberge, Herzog, Lorbeer u.a.

Zur Schreibung beim Zusammentreffen von drei gleichen Buchstaben in Zusammensetzungen (z.B. *Schiff + Fahrt*) ↑225.

Doppelbuchstabe in Fremdwörtern und Namen

33 Viele Fremdwörter werden – oft auch in unbetonter Silbe – nach kurzem Vokal mit einem doppelten Buchstaben für den folgenden Konsonanten geschrieben. In anderen Fremdwörtern steht jedoch ein einfacher Buchstabe, in denen nach der Regel für die deutschen Wörter ein doppelter Buchstabe zu erwarten wäre:

Kaffee (aber: Café), Ballast, Komma, Etappe, bizarr, Professor, Motto usw.; Offizier, Billion, Renommee, Terrasse, Batterie usw.
Ananas, Chef, Januar, Kakadu, Kosak usw.

● *ck* und *tz* treten in einigen Fremdwörtern auf. Daneben finden sich auch *kk* und *zz*:

Baracke, Blockade Haubitze, Slibowitz/ Sliwowitz
Mokka, Makkaroni, Razzia, Lipizzaner

Die Regel von der Buchstabenverdopplung für einen Konsonanten nach einem kurzgesprochenen Vokal gilt also nicht allgemein für Fremdwörter.

34 Bei Namen ist besonders zu beachten, daß in ihnen
○ *kk* und *zz* auftreten können
○ *ck und tz* (entgegen 32) nach Konsonanten und – wie auch andere Verdopplungen – nach langen Vokalen und Doppellauten stehen:

Ekkehard, Nizza
Mecklenburg, Tieck, Kreutzberg, Bismarck, Helmholtz
Kneipp, Zeiss, Heuss

7 Listen schwieriger Wörter

Im folgenden werden die Wörter, die denselben Laut enthalten (etwa ein langgesprochenes, langes a), nach ihrer Schreibung (etwa mit einfachem

a, mit *ah*, mit *aa*: *Tran, kahl, Waage*) in Gruppen zusammengefaßt.
Zusammensetzungen und Ableitungen (z.B. *Aasgeier, aasig* zu: *Aas*) werden im allgemeinen nicht aufgeführt.
Gleichklingende Wörter mit verschiedener Schreibung (z.B. *Nachname – Nachnahme;* ↑ 9) werden in der Regel am Schluß des jeweiligen Abschnitts zum Vergleich einander gegenübergestellt. Aufgenommen sind dabei auch Wörter, die nur z.T. gleichklingen. Grammatische Zusätze und Bedeutungshinweise sollen es erleichtern, das einzelne Wort zu erkennen.
Die Wortlisten umfassen neben deutschen Wörtern auch Fremdwörter und auch Namen. Findet sich eine bestimmte Schreibung nur in Namen oder nur in Fremdwörtern – z.B. *ae* für langgesprochenes a etwa in *Raesfeld, ow* für den Au-Laut etwa in *Clown* –, dann ist das ausdrücklich angemerkt. Findet sich eine bestimmte Schreibung in deutschen Wörtern, in Fremdwörtern und in Namen – z.B. *ai* in *Hain, Hai* und *Aichinger* –, dann werden die drei Gruppen unter der Bezeichnung „Wörter" zusammengefaßt.
Beachte im folgenden die vier Hilfsregeln (↑10–13):
Beuge!
Vergleiche mit der einfachen Form!
Vergleiche mit Wörtern aus derselben Wortfamilie!
Bestimme die Bedeutung eines Wortes und schlage nach!
In den Überschriften der folgenden Abschnitte werden die dem jeweiligen Laut entsprechenden Buchstaben[gruppen] in runden Klammern angegeben.

7.1 Wörter mit langem a (a, aa, ah, ae)

Viele Wörter enthalten ein langgesprochenes a. Die Schreibung dieser Wörter ist deswegen oft schwierig, weil dieser Laut durch verschiedene Buchstaben oder Buchstabengruppen wiedergegeben wird, und zwar (↑19 ff.):

	a	z.B. *Adler*
	aa	z.B. *Aal*
langes a	*ah*	z.B. *Ahle*
	nur in Namen:	
	ae	z.B. *Raesfeld*

In jedem der vier genannten Wörter spricht man ein langes a. Die Aussprache läßt den Unterschied in der Schreibung nicht erkennen.

Wörter mit einfachem a

(35) Sehr viele Wörter werden mit einfachem *a* geschrieben, d.h., die Dehnung des langgesprochenen a wird in der Schreibung nicht besonders kenntlich gemacht.
Die folgende Aufstellung erfaßt nur einen Teil dieser Wörter:
Ab<u>a</u>te (kathol. Titel in Italien), <u>A</u>baton (das Allerheiligste), Adler, Aland, Alarich, amen, Amm<u>a</u>n (Hptst. Jordaniens), Ar (Flächenmaß), Ara/Arara, Aralsee, die Are (zu: Ar), Arie, Aronstab (Pflanze), Art, Ase (germ. Gottheit)/die Asen, er aß/sie aßen (zu: essen), Ataman, Bad (zu: baden), Balsam, Ban/Banus (ung. u. kroat. Würdenträger), bar (bare Auslagen), Bar (Trinkstube), Barbar, Barium, Bart, Base (Kusine), Base (chem. Verbindung), er bat/sie baten (zu: bitten), Bramsegel, Bratsche, Brosame/ (meist Plural:) Brosamen
Dame (Frau), Danebrog (dän. Flagge), dar- (in Zusammensetzungen, z.B. darbieten), Dralon, Drama, Fama, Fatum, Flame, Fontane (dt. Dichter), gar, sich gebaren, Gebaren, Gespan, Gral, Gram, Gran (auch: Grän), Hag (Hecke, Waldgrundstück), hanebüchen (ugs. für: grob), Hangar, Hardt (Teil der Schwäb. Alb), Harem, Harlem (Stadtteil von New York), Heirat, ja, Jaguar, Kaffee Hag Ⓦ (koffeinfreier Kaffee), Kakerlak, er kam/ sie kamen (zu: kommen), Kanon, Kanu

(Boot), Kaper, Karwoche, klar, Krake, Kral, Kram, Kran, Kranich

Lama, die Laren (röm. Schutzgeister), Leichnam, Made (Insektenlarve)/die Maden, Magd, mal (8 mal 2), Mal (Zeitpunkt), Mal (Zeichen, Denkmal), malen (ein Bild)/Maler, die Manen (Geister im röm. Glauben), manisch, er maß/sie maßen (zu: messen), der Mate (Tee), die Mate (Teepflanze)/die Maten, Nama (Hottentotte), Name/Namen (sein Name ist Meier), Natron, palen/Palerbsen, Pan, Papst, Para, Parzival, Phalanx, Plan, Qual

Rabe (Vogel), rar, Salband (Gewebekante), Salweide, Same/Samen, Sari, schal, Schal (Halstuch), Schale, Scham, Schar, schmal, Schwan, schwanen, Span, sparen, Spaß (die Späße), Stab (Stock), Star, Stralsund (dt. Stadt), Tal, Tran, Tratsch, Untertan, vage, Vandale/Wandale, wagen, Wagen (Fahrzeug), Wal (Meeressäugetier), Wala (nord. Weissagerin)/die Walen, Walplatz/-statt [auch: wal...] (Kampfplatz), Wanen (Göttergeschlecht), er war/sie waren (zu: sein), Ware (billige Ware)/die Waren, Wasen (Rasen), Watvogel, Westfalen, zart, zwar

● Beachte die Ableitungssilben *-bar*, *-sal* und *-sam* und die Fremdwörter auf-*abel*, *-al*, *-am*, *-an*, *-ar* oder *-at*:

betretbar, denkbar usw.; Drangsal, Labsal usw.; betriebsam, empfindsam usw.

blamabel, maniabel usw.

Choral, final usw.

infam, monogam usw.

Organ, Roman usw.

Exemplar, linear usw.

Automat, delikat, Zölibat usw.

Wörter mit aa

36 Eine begrenzte und überschaubare Anzahl von deutschen Wörtern wird mit *aa* geschrieben. Diese sollte man sich einprägen. Daneben findet sich *aa* in ziemlich vielen Namen, von denen nur einige angeführt werden:

Aachen (dt. Stadt), Aal (Fisch; aber: Älchen, ↑23)/die Aale/sich aalen (zu: Aal), Aalen (Stadt in Baden-Württemberg), die

Aar (Nebenfluß der Lahn), der Aar (Adler)/die Aare, Aare (schweiz. Fluß), Aaron (Vorn.), Aas (Tierkadaver; aber: die Äser, ↑23)/ich aase/die Aase/aasen, Afrikaans, alaaf, Baal (semit. Gott), Baar (Gebiet in Süddeutschland), Baas (niederd. für: Herr, Meister)/die Baase

Dornkaat Ⓦ (ein Branntwein), [Den] Haag (niederl. Stadt), Haan (dt. Stadt), die Haar/der Haarstrang (westf. Höhenzug), das Haar (Kopfhaar; aber: Härchen, Härlein; ↑23), Haard (westf. Waldhöhen), Haardt (Teil des Pfälzer Waldes), die Haare (zu: das Haar), Haarlem (niederl. Stadt), Haarling (Insekt), Haarstrang (↑ die Haar)

Maar (kraterförmige Senke), Maas (Flußn.), Maat (Schiffsmann)/die Maate oder die Maaten, paar (einige; ein paar Zuschauer), paar (gleich; paare Zahlen), die Paar (dt. Fluß), das Paar (ein Paar Schuhe; aber: Pärchen, ↑23)

Raabe (dt. Dichter), Saal (aber: die Säle, ↑23), Saale (dt. Fluß), Saar (Flußn.), Saat (zu: säen; ↑23), Staat, Waadt (Schweizer Kanton), Waag (landsch. für: Flut, Wasser), Waage (zu: wiegen), die Waagen (zu: Waage), Waal (Mündungsarm des Rheins)

Wörter mit ah

37 Viele, zumeist deutsche Wörter werden mit *ah* geschrieben. Die folgende Aufstellung erfaßt die meisten dieser Wörter und einige Namen:

Ahle (Pfriem)/die Ahlen, Ahlen (Stadt in Nordrhein-Westfalen), Ahming (Tiefgangsmarke am Schiff), Ahn, ahnden, ahnen, Ahr (Nebenfluß des Rheins), Bahn, Bahrain (Inselgruppe), Bahre (Liege zum Tragen), Baht (thail. Währungseinheit), bejahen, Blahe (Plane), Brahma (ind. Gott), Brahms (dt. Komponist), Courths-Mahler (dt. Schriftstellerin)

Dahlie, Dahme (dt. Fluß, dt. Stadt), Draht (zu: drehen)/drahten, fahl, fahnden, Fahne, fahren, Fahrenheit, Fahrt, Gefahr, Gemahl, gewahr werden/gewahren, Gewahrsam, Hahn (Haustier), Heumahd, iah/iahen, Jahn (Turnvater),

Jahnn (dt. Dichter), Jahr, Jahve/Jahwe (Name Gottes im A.T.), kahl (kahle Zweige), Kahle (dt. Fluß), Kahm (eine Bakterienart), Kahn, lahm

die Lahn (dt. Fluß), der Lahn (Metalldraht), Lahr (Stadt im Schwarzwald), Mahd (das Abgemähte)/die Mahden, Mahdi, Mahl (Essen), mahlen (Getreide), Mahler (östr. Komponist), mahnen (ermahnen), Mahr (Nachtgespenst, nachahmen, nah[e], Nahe (dt. Fluß), nahen, er nahm/sie nahmen (zu: nehmen)/-nahme (zu: nehmen; in Zusammensetzungen, z.b. in Abnahme), Nahrung, er naht (zu: nahen), Naht (zu: nähen), Pfahl, prahlen, Prahm (flaches Wasserfahrzeug)

Rah[e] (am Schiff), Rahm, Rahmen, Sahne (Milchrahm), er sah/ihr saht (zu: sehen), Schah (pers. Herrschertitel), Stahl, Strahl (Sonnenstrahl)/die Strahlen, Wahl (zu: wählen)/die Wahlen, Wahlstatt (Fürst von Wahlstatt = Blücher), Wahn (Köln-Bonner Flughafen), der Wahn (zu: wähnen), Wahnwitz, wahr (wahre Sprichwörter), wahre dein Recht/wahren (bewahren), Zahl, zahm, Zahn (die Zähne)

Namen mit ae

38 Einige Namen werden mit *ae* geschrieben; gesprochen wird ein langes a:

Cavael [sprich: kawa̱l] (dt. Maler), Jordaens (fläm. Maler), Kevelaer (dt. Stadt), Laeken (Ortsteil von Brügge), Laer (westf. Ort), Maerlant (niederl. Dichter), Maeterlinck (belg. Schriftsteller), Raesfeld (westf. Ort), Ruisdael [reuß...] (niederl. Maler), Saerbeck (westf. Ort), Straelen (dt. Stadt)

Gleichklingende Wörter

39 Unterscheide die gleichklingenden Wörter mit unterschiedlicher Schreibung (↑9)!

die Aale (zu: Aal) – Ahle (Pfriem) sich aalen (zu Aal) – Aalen (Stadt in Baden-Württemberg) – die Ahlen (zu: Ahle) – Ahlen (Stadt in Nordrhein-Westfalen) Ar (Flächenmaß) – die Aar (Nebenfluß

der Lahn) – der Aar (Adler) – Ahr (Nebenfluß des Rheins) – Aaron (Name) – Aronstab (Pflanze)

die Are (zu: Ar) – Aare (schweiz. Fluß) – die Aare (zu: der Aar)

ich aß (sie aßen; zu essen) – Aas (die Aase und Äser)

Ase (germ. Gottheit)/die Asen – ich aase/aasen, die Aase (zu: Aas)

Bad (zu: baden) – er bat (sie baten; zu: bitten) – Baht (thail. Währungseinheit)

Ban/Banus (ung. u. kroat. Würdenträger) – Bahn, bahnen

bar (bare Auslagen) – Bar (Trinkstube) – Baar (Gebiet in Süddeutschland) – Bahre (Liege zum Tragen)

Base (Kusine) – Base (chem. Verbindung) – die Baase (zu: Baas)

Dame (Frau) – Dahme (dt. Fluß, dt. Stadt)

fahren, Fahrt, Ab-, An-, Auf-, Ausfahrt usw. – aber: Hoffart (Hochmut)

Hag (Hecke) – Kaffee Hag Ⓥ (koffeinfreier Kaffee) – [Den] Haag (niederl. Stadt)

hanebüchen (ugs. für: grob) – Haan (dt. Stadt) – Hahn (Haustier)

Hardt (Teil der Schwäb. Alb) – Haard (westf. Waldhöhen) – Haardt (Teil des Pfälzer Waldes)

Harlem (Stadtteil von New York) – Haarlem (niederl. Stadt)

ja – bejahen – iah, iahen

er kam (zu: kommen) – Kahm (Bakterienart)

die Maden (zu: Made) – die Mahden (zu: Mahd)

● Unterscheide besonders die folgenden Wörter:

mal: 8 mal 2

Mal (Zeitpunkt): das eine Mal, viele Male, einmal, vielmal

Mal (Zeichen): Brandmal, Denkmal, Ehrenmal, Feuermal, Grabmal, Kainsmal, Merkmal, Muttermal, Schandmal, Wundmal

Mahl (Essen): Abendmahl, Festmahl, Gastmahl, Hochzeitsmahl, Mahlzeit, Mittag[s]mahl, Nachtmahl

Gemahl: Gemahlin, Ehgemahl, Prinzgemahl

● Unterscheide die folgenden Wortfamilien:

malen (ein Bild): Maler, Malerei, Malkasten usw.

mahlen (Getreide): Mahlgang, Mahlgeld, Mahlgut usw.

Beachte: Gustav Mahler (östr. Komponist) – Courths-Mahler (dt. Schriftstellerin)

Fortsetzung der alphabetischen Aufstellung:

die Manen (Geister im röm. Glauben) – mahnen (ermahnen) – manisch

Maar (kraterförmige Senke) – Mahr (Nachtgespenst)

er maß (sie maßen; zu: messen), Maß (die Maße) – Maas (Flußn.)

Maat (Schiffsmann) – Mahd (das Abgemähte)

der Mate (Tee) – die Mate (Teepflanze)/die Maten – die Maate/Maaten (zu: Maat)

nachahmen – amen

● Beachte die Schreibung! Vergleiche mit Wörtern aus derselben Familie:

Name[n] (sein Name ist Meier): Beiname, Deckname, Ehrenname, Eigenname, Familienname, Hausname, Ländername, Mädchenname, Nachname, Personenname, Rufname, Schimpfname, Taufname, Übername, Vorname, Zuname

-nahme (zu: nehmen): Abnahme (zu: abnehmen), Annahme, Anteilnahme, Aufnahme, Ausnahme, Einnahme, Landnahme, Maßnahme, Nachnahme, Teilnahme, Übernahme, Zunahme

Fortsetzung der alphabetischen Aufstellung:

Rabe (Vogel) – Raabe (dt. Dichter)

Salband – Salweide – Drangsal usw. – Saal, Tanzsaal usw. – Saale (dt. Fluß)

Saat (zu: säen) – ihr saht (zu: sehen)

Stralsund (dt. Stadt) – Strahl/die Strahlen (Sonnenstrahlen) – Straelen (dt. Stadt)

vage – wag es!/ich wage/wagen – Wagen (Fahrzeug) – Waag (landsch. für: Flut, Wasser) – Waage/die Waagen (zu: wiegen), Einwaage, Zuwaage, waag[e]recht

Wal (Meeressäugetier) – Wala (nord. Weissagerin)/die Walen – Walplatz, Walstatt (Kampfplatz) – Waal (Mündungs-

arm des Rheins) – Wahl/die Wahlen (zu: wählen) – Wahlstatt (Fürst von Wahlstatt = Blücher)

Wanen (Göttergeschlecht) – der Wahn/Wahnwitz

er war/sie waren (zu: sein) – Ware/die Waren (billige Waren) – wahr (wahre Sprichwörter), Wahrheit – wahre dein Recht/wahren (bewahren)

7.2 Wörter mit langem ä (ä, äh, ae, ai)

Viele Wörter enthalten ein langgesprochenes ä. Die Schreibung dieser Wörter ist deswegen oft schwierig, weil dieser Laut durch verschiedene Buchstaben oder Buchstabengruppen wiedergegeben wird, und zwar (↑19ff.):

ä	z.B. *äsen*
äh	z.B. *Ähre*

langes ä nur in Namen oder Fremdwörtern:

ae	z.B. *Baedeker*
ai	z.B. *fair*

In jedem der vier genannten Wörter spricht man ein langes ä. Die Aussprache läßt den Unterschied in der Schreibung nicht erkennen.

Wörter mit einfachem ä

40 Sehr viele Wörter werden mit einfachem *ä* geschrieben, d.h., die Dehnung des langgesprochenen ä wird in der Schreibung nicht besonders kenntlich gemacht.

Das *ä* ist im Deutschen – historisch gesehen – ein umgelautetes *a* (↑2). Häufig läßt sich deshalb die Schreibung eines Wortes dadurch bestimmen, daß man eine andere Form des Wortes (Vergleiche mit der einfachen Form!, ↑11) oder ein verwandtes Wort (Vergleiche mit Wörtern aus derselben Familie!, ↑12) mit *a* oder gelegentlich mit *aa* zu Rate zieht, von denen man weiß, daß sie ohne *h* geschrieben werden (↑35f.).

Die folgende Aufstellung erfaßt nur eine kleine Auswahl der Wörter mit *ä*:

Älchen (zu: Aal, ↑23), die Altäre (zu: Altar), Ära/die Ären, die Äser (zu: Aas, ↑23), die Bäder (zu: Bad), Bär, die Bärte (zu: Bart), Bräme, die Choräle (zu: Choral), Dämchen/Dämlein (zu: Dame), däm[e]lich (landsch.: damisch), Dämon, Däne/Dänemark, Drän (Entwässerungsgraben), flämisch (zu: Flame), gang und gäbe (zu: gab, geben), Gäle (Kelte), gären (zu: gar), Gebärde/sich gebären (zu: sich gebaren), Gemälde (zu: malen), grämen (zu: Gram), Grän (auch: Gran), Grätsche

hämisch, Härchen (zu: das Haar, ↑23), hären (härenes Gewand), Härlein (zu: das Haar, ↑23), Jä-heit/(aber:) jäh (↑27), jäten, er lädt (zu: laden), er käme/sie kämen (zu: kam[en], kommen), klären (zu: klar), Krämer (zu: Kram), die Kräne (zu: Kran), die Mägde (zu: Magd), mäkeln, Mär[e], Märchen (vgl. Reinmar), mären (landsch. für: langsam sein, faseln), die Mären (zu: Mär[e]), nämlich/der nämliche (zu: Name), die Päpste (zu: Papst), Pärchen (zu: das Paar, ↑23), die Pläne (zu: Plan), quälen (zu: Qual), säen/Sämann (aber: Saat, ↑23), die Säle/Sälchen (zu: Saal, ↑23), sämig, Sämling (zu: Same), Schälchen/schälen (zu: Schale), sich schämen (zu: Scham), Schäre, schmäle[r]n/schmäler/schmälste (zu: schmal), die Schwäne (zu: Schwan), schwären, die Späne (zu: Span), die Späße (zu: Spaß, spaßen), spät (die späten Äpfel), Sphäre, die Stäbe (zu: Stab), Sträßchen (zu: Straße), die Täler (zu: Tal), Träne, verbrämen, er wäre/sie wären (zu: war[en], sein), westfälisch (zu: Westfalen) Zä-heit/(aber:) zäh (↑27), zärtlich (zu: zart)

● Beachte die Fremdwörter auf *-än, -äne, -är* oder *-[i]tät:*

Kapitän, mondän usw.
Fontäne, Moräne usw.
Aktionär, legendär usw.
Banalität, Fakultät usw.

Wörter mit äh

41 Viele, zumeist deutsche Wörter werden mit *äh* geschrieben.

Häufig läßt sich dabei das *äh* in einer anderen Form des Wortes (↑11) oder in einem verwandten Wort (↑12) auf ein *ah* zurückführen (↑37).

Die wichtigsten Wörter dieser Gruppe sind:

ähneln, Ähre/die Ähren, allmählich, blähen, die Drähte (zu: Draht), Fähnchen/Fähnlein (zu: Fahne), Fähre (zu: fahren), gähnen, gefährlich (zu: Gefahr), Gefährte (zu: fahren), Gewähr/gewähren (zu: gewahr), Häher, die Hähne (zu: Hahn), jäh/(aber:) Jä-heit (↑27), jährlich (zu: Jahr)

Kähnchen/die Kähne (zu: Kahn), Krähe, krähen, Lähme (zu: lahm), mähen (zu: Mahd)/Mäher, mähen (mäh schreien), die Mähler (zu: Mahl), Mähne, die Mähre (Pferd)/die Mähren, der Mähre/die Mähren (Böhmen und Mähren), nähen (zu Naht), näher (zu: nah[e]), er nähme/sie nähmen (zu: nahm[en], nehmen), nähren (zu: Nahrung), die Nähte (zu: Naht), die Pfähle (zu: Pfahl), Rähmchen (zu: Rahmen)

er sähe/ihr säh[e]t (zu: sah[t], sehen), sie sähen (zu: sahen, sehen), schmähen (zu: Schmach), spähen, er späht/sie spähten (zu: spähen), die Stähle/stählen/stählern (zu: Stahl), strählen (mdal. für: kämmen), Strähne, ungefähr (zu: Gefahr), vermählen (zu: Gemahl), wählen/Wähler (zu: Wahl), wähnen (zu: der Wahn), währen/während, zäh/(aber:) Zä-heit (↑27), zählen (zu: Zahl), zähmen (zu: zahm), die Zähne (zu: Zahn), Zähre

Namen mit ae

42 Bestimmte Namen werden mit *ae* geschrieben; gesprochen wird ein langes *ä*:

Baedeker [sprich: bä...] (dt. Verleger), (danach:) Baedeker Ⓥ® (Reisehandbuch), Raeder (dt. Admiral)

Fremdwörter mit ai

43 Eine Gruppe von Wörtern, die aus dem Englischen oder aus dem Französischen stammen, werden mit *ai* geschrieben; gesprochen wird ein langes ä:

Aide [sprich: ät] (Mitspieler, Partner, Gehilfe), Air, Airbus, Air-conditioner/ Air-conditioning (Klimaanlage), Baisse, Brumaire, Chaine, Chairman, Chaiselongue, Faible, fair, Flair, frais[e], Mayonnaise, Pair, Royal Air Force [reuel är forß], Taine (frz. Geschichtsschreiber), Train, Trainer, trainieren, Training

Gleichklingende Wörter

44 Unterscheide die gleichklingenden Wörter mit unterschiedlicher Schreibung (↑9)!

Ära/die Ären – Ähre/die Ähren – Airbus Mär[e] (Nachricht, Kunde; ↑ Reinmar)/ die Mären-mären (landsch. für: langsam sein, faseln) – die Mähre (Pferd)/die Mähren – der Mähre/die Mähren (Böhmen und Mähren)
nämlich, der nämliche (zu: Name) – er nähme/sie nähmen (zu: nahm[en], nehmen)
säen/ich säe/er sät (aber: Saat) – sie sähen/er sähe/ihr säh[e]t (zu: sahen, sah[t], sehen)
spät (die späten Äpfel) – er späht/sie spähten (zu: spähen)
er wäre/sie wären(zu: war[en]) – währen, während

7.3 Wörter mit kurzem ä (ä, e, a)

Spricht man die Wörter die *Wände, Wende* und *Camping* richtig aus, dann hört man, daß alle drei Wörter in betonter Silbe trotz unterschiedlicher Schreibung denselben Laut enthalten: ein kurzes ä. Daraus folgt: Dieser Laut wird durch verschiedene Buchstaben wiedergegeben:

kurzes ä
ä z.B. in *Wände*
e z.B. in *Wende*
nur in Fremdwörtern:
a z.B. in *Camping*

Wörter mit ä

45 Da im Deutschen das *ä* – historisch gesehen – ein umgelautetes *a* ist (↑2), wird in vielen Wörtern ein *ä* geschrieben, wenn ein verwandtes Wort oder eine andere Form des Wortes ein *a* hat; d.h., in Zweifelsfällen ist es nützlich, die zweite oder dritte Hilfsregel anzuwenden (↑11 f.): Vergleiche mit der einfachen Form oder mit Wörtern aus derselben Familie!
Einige Beispiele für die Anwendung dieser Regeln sind:

ächten (zu: Acht; in Acht und Bann tun), älter/älteste (zu: alt), ändern (zu: ander), Bällchen/die Bälle (zu: Ball), dächte er doch daran! (zu: er dachte, denken), fächeln (zu: fachen), die Fälle (zu: Fall), fällen (zu: fallen), du fällst/er fällt (zu: fallen), Fältchen (zu: Falte), Fäßchen (zu: Faß, Fässer), Gäste (zu: Gast), Gedächtnis (zu: gedacht, [ge]denken), geschwätzig (zu: schwatzen), Häcksel (zu: hacken), hartnäckig (zu: Nacken), Häscher (zu: haschen), die Kälte (zu: kalt), kämpfen/Kämpe (zu: Kampf), Lämmer (zu: Lamm), die Märkte (zu: Markt), nässen (zu: naß, nasse Kleider), plätschern (zu: platschen, platsch machen), Stärke (zu: stark), tränke er doch aus! (zu: er trank aus, austrinken), tränken (zu: trank, trinken), vergällen (zu: Galle), du wäschst/er wäscht (zu: waschen), wälzen/du wälzt/wälz den Stein weg (zu: Walze)

46 In bestimmten Fällen läßt sich die Schreibung mit *ä* auf diese Weise nicht bestimmen, weil sich der Bezug zu verwandten Wörtern mit *a* nicht [mehr] ohne weiteres herstellen läßt oder weil keine verwandten Wörter mit *a* in der heutigen Sprache vorhanden sind.

Die wichtigsten dieser Wörter, die man sich einprägen sollte, sind:

abwärts usw., ächzen, Äsche, ätzen, dämmern, Färse (Kuh), Geländer, Geplänkel, gräßlich, hätscheln, kläffen, krächzen, Lärche (ein Nadelbaum), Lärm, März, plärren, Sänfte, Schächer, Schärpe, schmächtig

Wörter mit e

47 Bei einer bestimmten Anzahl von Wörtern ist die Schreibung deshalb besonders schwierig, weil man – veranlaßt durch bestimmte Formen dieser Wörter oder durch [mutmaßliche] Verwandte mit *a* – ein *ä* erwarten könnte, wo jedoch ein *e* zu schreiben ist.
Diese Wörter muß man sich merken:

auf-, umkrempeln vgl. krempeln, aufwendig vgl. wenden, ausmerzen (nicht zu: März), Backhendel vgl. Hendel
behend[e], Behendigkeit, aber: die Hände, Hand
belemmert (ugs. für verlegen; nicht zu: Lämmer, Lamm)
Bendel (Schnur), aber: Band
Blesse (weißer [Stirn-]fleck), aber: Blässe, blaß
Brathendel vgl. Hendel
brennen, (Möglichkeitsform der Vergangenheit:) brennte, brenzeln, brenzlig, aber: es brannte, Brand, die Brände, Branntwein, Weinbrand
Eltern, aber: älter, älteste
Gemse, aber: Gams
Hendel, Back-, Brathendel, Henne, aber: Hahn
henken/du henkst, aber: hängen/du hängst
kennen, (Möglichkeitsform der Vergangenheit:) kennte, aber: er kannte, gekannt
Krempe, krempeln, aber: Krampe
kentern, aber: Kante
nennen, (Möglichkeitsform der Vergangenheit:) nennte, aber: er nannte, genannt
netzen, benetzen, aber: naß [machen], Nässe
rennen, (Möglichkeitsform der Vergan-

genheit:) rennte, aber: er rannte, gerannt
schenken, ein-, ausschenken, Schenke, aber: Schank, (Mehrz.:) die Schänke, Ausschank, die Ausschänke
schmecken, aber: Geschmack
schmelzen (flüssig werden, machen), Schmelz (Zahnschmelz), aber: Schmalz, schmalzen/schmälzen (mit Schmalz zubereiten)
schwemmen, auf-, überschwemmen, Schwemme, aber: er schwamm, wenn er doch schwämme/sie doch schwämmen (zu: schwimmen)
Schwengel, überschwenglich, aber: Schwang, er schwang (zu: schwingen), Überschwang
senden, er sendete, gesendet, (Möglichkeitsform der Vergangenheit:) sendete, aber: er sandte, gesandt
senken, Senke, aber: er sank, wenn er doch sänke (zu: sinken)
Spengler, aber: Spange, Spängchen, Spänglein
sprengen (Bunker), aber: er sprang, wenn er spränge (zu: springen)
die Stämme (zu: Stamm), aber: ich stemme das Gewicht
Stempel, aber: stampfen
Stengel, Stengelchen, Stenglein (Teil der Pflanze), aber: Stange, Stängelchen, Stänglein
überschwenglich vgl. Schwengel
um-, aufkrempeln vgl. krempeln
wenden, er wendete, gewendet, (Möglichkeitsform der Vergangenheit:) wendete, wendig aufwendig, Wende, aber: er wandte, gewandt, Aufwand
Wildbret, aber: Braten

48 Neben den in ↑45ff. erfaßten Gruppen gibt es eine große Zahl von Wörtern, die mit *e* geschrieben werden. Gesprochen wird kurzes *ä*.
Einige dieser Wörter sind:

abchecken, abspenstig, Belchen (Bergname), bellen, Belt (Meerenge), Bodycheck, Chef, Delle, emsig, Engerling, Ente, Esch (in Namen), Esche (Baum), Feld, Feldberg (im Schwarzwald), Fell, Fellbach (Stadt), Ferse (Hacken), Gerste, Gespenst, Gest (Hefe), Geste (Gebärde)/

Gestik, Hechse (Nebenform von Hachse), Held, Hengst (Pferd), Herberge, Hexe, Hotel, Kalender, der Kelte, Kelter (Weinpresse), Kempen (Stadt), Kempten (Stadt), Kescher, Ketchup, Krempel, Lek, du lenkst (zu: lenken), Lerche (Vogel), er merkte (zu: merken), Motel, Rebhuhn, Rechen (Harke), rechts, Scherflein, Senf, [ver]sengen ([ver]brennen), Sowjet, setzen, Step (Tanz), Velbert (Stadt), Vellberg (Stadt), Velten (Stadt), die Verse (zu: Vers), wellen/du wellst das Haar, Wels (Fisch), Welt, widerspenstig u.a.

● Beachte die Fremdwörter auf *-ell, -end, -ent* oder *-ett[e]*:

Aquarell, ideell usw.
Minuend, Reverend usw.
Abiturient, Agent usw.
brünett, Gillette usw.

Wörter aus dem Englischen mit a

49 Eine Gruppe von Wörtern, die aus dem Englischen stammen, wird mit *a* geschrieben; gesprochen wird kurzes ä:

Black Power (nordamerikan. Bewegung), Brandy [sprich: brändi], Camp/campen/Camping/sie campten, Cash, Catch-as-catch-can, Catcher, Crack, Dispatcher, Feedback (Rückmeldung), Gag, Handikap, Happening, Happy-End, Kidnapper, Match, Rollback (Rückzug), Sam (Kurzform von: Samuel), Sandwich, Slapstick (Gag), Snackbar (Imbißstube)

Gleichklingende Wörter

50 Unterscheide die gleichklingenden Wörter mit unterschiedlicher Schreibung (↑9)!

älter – Eltern
ansträngen (zu: Strang) – anstrengen (zu: streng)
Äsche (Fisch) – Esch (in Namen) – Esche (Baum)
Bällchen (zu: Ball) – Belchen (Bergname)
behende/Behendigkeit – Hände
belemmert – Lämmer (zu: Lamm)
Blässe (Blaßheit), Bläßhuhn – Blesse

(weißer [Stirn]fleck) – Blessur (Verwundung)
er fällt (zu: fallen, fällen) – Fältchen (zu: Falte) – Feld – Feldberg (im Schwarzwald) – Velten (Stadt)
ich fälle den Baum (zu: fällen) – die Fälle (zu: Fall) – die Felle (zu: Fell) – Fellbach (Stadt) – Velbert (Stadt) – Vellberg (Stadt)
Färse (junge Kuh) – Ferse (Hacken) – die Verse (zu: Vers)
die Gärten (zu: Garten) – die Gerten (zu: Gerte)
die Gäste (zu: Gast) – die Geste (Gebärde), Gestik – Gest (Hefe)
er hält (zu: halten) – es hellt auf (zu: aufhellen) – Held
du hängst (zu: hängen) – Hengst (Pferd) – du henkst
Hexe – Hechse – Häcksel
kälter (zu: kalt) – Kelter (Weinpresse) – die Kälte (zu: kalt) – der Kelte
kämpfen, Kämpe – Camp, campen, sie campten – Kempen (Stadt), Kempten (Stadt)
Lände (landsch. für: Landungsplatz), länden (landsch. für: landen [machen]) – Lende (Körperteil)/die Lenden
Lärche (Nadelbaum) – Lerche (Vogel)
Märkte (zu: Markt) – er merkte (zu: merken)
rächen (zu: Rache) – rechen (harken), Rechen (Harke)
wenn sie doch sängen (zu: sangen, singen) – sie [ver]sengen ([ver]brennen)
wenn die Schiffe sänken (zu: sie sanken, sinken) – sie senken den Kopf
die Sätze (zu: Satz) – ich setze, setze, Gesetze (zu: setzen)
schenken, Schenke – Schänke (zu: Schank), Ausschänke
schlämmen (zu: Schlamm) – schlemmen (prassen)
schmelzen (flüssigmachen, weichen), Schmelz (Zahnschmelz) – schmälzen (zu: Schmalz)
die Schwämme (zu: Schwamm) – wenn er doch schwämme/sie doch schwämmen (zu: schwimmen) – schwemmen, Schwemme (Badeplatz für Vieh)
die Schwänke (zu: Schwank) – ich schwenke das Tuch (zu: schwenken)
wenn sie doch sprängen (zu: sie sprangen, springen) – sie sprengen den Bunker
die Ställe (zu: Stall) – Stelle, ich stelle

(zu: stellen)
die Stämme (zu: Stamm) – ich stemme das Gewicht
Stengel, Stengelchen, Stenglein (Teil der Pflanze) – Stängelchen, Stänglein (zu: Stange)
Stärke (zu: stark) – Sterke (Kuh)
die Stränge (zu: Strang) – Strenge (zu: streng)
vergällen (zu: Galle) – gellen (gellende Schreie)
die Wälle (zu: Wall) – Welle (Wasserwelle)
Wels (Fisch) – du wälzt/wälz den Stein weg – du wellst das Haar
die Wände (zu: Wand) – Wende (zu: wenden)

7.4 Wörter mit Ai-Laut (ai, ei, eih, ey, ie, y, ay)

Viele Wörter enthalten den Laut ai. Die Schreibung dieser Wörter ist deswegen oft schwierig, weil dieser Laut durch verschiedene Buchstaben oder Buchstabengruppen wiedergegeben wird, und zwar (↑19 ff.):

ai	z.B.	*Hai*
ei	z.B.	*Heide*
eih	z.B.	*gedeiht*
Ai-Laut	nur in Namen oder Fremdwörtern:	
ey	z.B.	*Ceylon*
ie	z.B.	*Tie-Break*
y	z.B.	*Nylon*
ay	z.B.	*Haydn*

In jedem der genannten Wörter spricht man den Laut ai. Die Aussprache läßt den Unterschied in der Schreibung nicht erkennen.

Wörter mit ai

51 Eine nicht sehr große Gruppe von Wörtern wird mit *ai* geschrieben. Diese Wörter sollte man sich einprägen. Daneben findet sich *ai* auch in Namen, von denen nur einige in die folgende Aufstellung aufgenommen worden sind:

Aichinger (östr. Schriftstellerin), Ainu, Aitel (Fisch), Altai (Gebirge), Bai (Bucht), bairisch/bay[e]risch, Balalaika, Daimler, Daina, Dalai-Lama, Draisine, Dschiggetai, Frais/Fraisen, Hai (Fisch), Haimonskinder, Hain (Wald), der Kai (Ufer), Kai/Kay (Vorn.), Kaiman, Kain [auch: kain] (bibl. Eigenn.), Kainit (Mineral), Kaiphas [auch: kai…], Kairo (ägypt. Hptst.), Kaiser, Kaiserling (Pilz), Kaiserschnitt, Kalamaika (Tanz)
Laib (ein Laib Brot), Laibach (Ljubljana), Laibung, Laich (Eier von Wassertieren)/laichen, Laie (Nichtfachmann), Lakai, Mai, Maid, Maie/Maien, Mailand (it. Stadt), Main, Mainau, Mainz, Mais (Getreide), Maisch[e], Maiß (Holzschlag), Maissau (Stadt), Maizena ⓦ, Mapai (isr. Partei), Nairobi (Hptst. Kenias), Port Said (ägypt. Stadt), Raiffeisen, Raigras, Raimund (östr. Dramatiker), Raimund/Reimund (Vorn.), Rain (Ackergrenze), Rainald (ältere Form von: Reinald)/Rainald von Dassel, rainen (abgrenzen), Rainer/Reiner (Vorn.), Rainfarn, Rainung, Raize (Serbe)/die Raizen
Saibling, Saigon, Saite (auf der Geige), Saitling, Samurai, schwaigen (Käse bereiten)/Schwaiger (Alpenhirt), Taifun, Taiga, Thai [auch: tai] (Völkerstamm), Tokaier/Tokajer (ung. Wein), Tschaikowski (russ. Komponist), Ukraine [auch:…krai…], Waiblingen (dt. Stadt), Waid (Pflanze), Waidmann usw. (fachspr. für: Weidmann usw.), die Waise (elternloses Kind), Zain/Zaine/zainen

Wörter mit ei oder eih

52 Die Zahl der Wörter mit *eih* ist nicht sehr groß. Das *h* bleibt in den gebeugten Formen erhalten:

gedeihen/das Korn gedeiht, Geweih, Kirchweih, leihen/er leiht/leihe/leih das Buch/Leihhaus, Reihe/reihen/sie reihten sich ein, Reiher, seihen (filtern)/er seiht/seihte, Verleih/verleihen, verzeihen/er verzeiht, Weihe/weihen/er weiht, Weiher, zeihen/er zeiht ihn des Verbrechens

53 Die Zahl der Wörter, die mit *ei* geschrieben werden, ist sehr groß.

Die folgende Aufstellung erfaßt nur einen Teil dieser Wörter:

Ameise, befreien, bei (bei der Arbeit), Bei (türk. Titel), benedeien, Ei, eichen, eitel (sie ist eitel), entzweien, feien (er ist gefeit), Fleier/Flyer (Vorspinnmaschine), frei (ein freier Mann), Freiberg (dt. Stadt), Freiburg im Breisgau, Freiburg im Üechtland, freien (heiraten), Fronleichnam, Getreide, Hahnrei, hei (Ausruf), Heide, Heim (Haus), Hein (Vorn.)/ Freund Hein (Tod)
kasteien, kein (Indefinitpronomen), konterfeien, Leib (Körper), Leich (mhd. Liedform), Leiche (Toter)/Leichnam, leicht, Leid, Leitplanke, [ver]maledeien, Meile, mein/meins (Possessivpronomen), Meise (Vogel), Meißen (Stadt), [Hoher] Meißner (Teil des Hessischen Berglandes), Mitleid, prophezeien/Prophezeiung, Reimund/Raimund (Vorn.), rein (sauber), Reinald/(älter:) Rainald (Vorn.), Reiner/Rainer (Vorn.), Reisig, reiten (auf dem Pferd), Reiz/reizen, Rhein (dt. Fluß)
schneien, schreien, schweigen (nicht reden)/Schweiger, [er sagt,] sie seien/seid ruhig! (zu: sein), seit gestern, Seite (im Buch), speien. Weide (Baum), Weide (Grasland), Weidmann/(fachspr.:) Waidmann, Weidwerk/(fachspr.:) Waidwerk, die Weise (Art und Weise), weise (erfahren)/der Weise, weisen (hinweisen), weit (weit entfernt)

● Beachte die Wörter auf *-ei, -heit* oder *-keit*:

Bäckerei/die Bäckereien usw.
Eigenheit/die Eigenheiten usw.
Höflichkeit/die Höflichkeiten usw.

Fremdwörter oder Namen mit ey, ie, y oder ay

54 Fremdwörter und Namen werden gelegentlich mit *ey, ie, y* oder *ay* geschrieben; gesprochen wird der Laut ai.
Einige Beispiele sind:

ey: bye-bye (Gruß), Ceylon [sprich: zailon], Dilthey (dt. Philosoph), Dreyfus (Familienn.), Frey (Familienn.), Frey/ Freyr (nord. Gott), Freyja (nord. Liebesgöttin), Freyburg/Unstrut, Freytag (dt. Dichter), Geysir, Heym (dt. Lyriker), Keyserling (balt. Adelsgeschlecht), Loreley, C.F. Meyer (schweiz. Dichter), Meyerbeer (dt. Komponist), Rheydt (dt. Stadt), Speyer (dt. Stadt)
ie: Tie-Break (Tennis)
y: Byron [sprich: bairɐn] (engl. Dichter), van Dyck (fläm. Maler), Flyer/Fleier (Vorspinnmaschine), Linotype [lainotaip] ⓦ, Nylon ⓦ
ay: bay[e]risch/bairisch, Bayer/Bayern, Bayreuth, Haydn (östr. Komponist), Kay/Kai (Vorn.), May (Jugendschriftsteller), Paraguay

Gleichklingende Wörter

55 Unterscheide die gleichklingenden Wörter mit unterschiedlicher Schreibung (↑9)!

Aitel (Fisch) – eitel (sie ist eitel)
Bai (Bucht) – bei (bei der Arbeit) – Bei (türk. Titel) – bye-bye (Gruß)
drei – Dreyfus[affäre]
Eingeweide vgl. Waid
frei (ein freier Mann)/die freien Männer, befreien – freien (heiraten) – Frey (Familienn.) – Frey/Freyr (nord. Gott) – Freyja (nord. Liebesgöttin)
Freiberg (dt. Stadt) – Freiburg im Breisgau – Freiburg im Üechtland – Freyburg/ Unstrut
Freitag (Wochentag) – Freytag (dt. Dichter)
Hai (Fisch) – hei (Ausruf)
Hain (Wald) – Hein (Vorn.)/Freund Hein (Tod)
Heim (Haus) – Heym (dt. Lyriker)
Kain [auch: kain] (bibl. Eigenn.) – kein (Indefinitpronomen) – Kainit (Mineral)
Kaiserling (Pilz) – Keyserling (balt. Adelsgeschlecht)
Laib (ein Laib Brot) – Leib (Körper)
Laich (Eier von Wassertieren), laichen – Leich (mhd. Liedform) – Leiche (Toter)/ die Leichen, Leichnam, Fronleichnam
Leid, Mitleid – er leiht das Buch – Leitplanke

Laie (Nichtfachmann) – leihe/leih das Buch (zu: leihen) – Loreley
Mai (Monat) – May (Jugendschriftsteller)
Maier – Mayer – Meier – Meyer (Familiennamen)
Main (dt. Fluß) – mein (Possessivpronomen)
Mais (Getreide) – Maiß (Holzschlag) – Maissau (Stadt) – Meißen (Stadt)' – [Hoher] Meißner (Teil des Hessischen Berglandes)
prophezeien, Prophezeiung – verzeihen, Verzeihung – zeihen (er zeiht ihn des Verbrechens)
Rain (Ackergrenze), rainen (abgrenzen) – rein (sauber), die reinen Tücher, dies ist reiner – Rainer/Reiner (Vorn.) – Rhein (dt. Fluß)
reiten (auf dem Pferd)/reite sofort los – sie reihten/er reihte sich ein (zu: sich einreihen)
Raize (Serbe)/die Raizen – die Reize (zu: Reiz), reizen
Saite (auf der Geige) – Seite (im Buch) – er seihte (zu: seihen)
schwaigen (Käse bereiten), Schwaiger (Alpenhirt) – schweigen (nicht reden), Schweiger
[er sagt,] sie seien da/seid ruhig! (zu: sein) – seit gestern – seihen (filtern)/er seiht verzeihen vgl. prophezeien
Waid (Pflanze)/die Waide – Weide (Baum) – Weide (Grasland) – Eingeweide – Weidmann usw./(fachspr.:) Waidmann usw. – weit (weit entfernt)
die Waise (elternloses Kind) – weise, der Weise (erfahren, erfahrener Mann) – die Weise (Art und Weise) – weisen (hinweisen)
zeihen vgl. prophezeien

7.5 Wörter mit Au-Laut (au, ou, ow)

Viele Wörter enthalten den Laut au. Die Schreibung dieser Wörter ist deswegen oft schwierig, weil dieser Laut durch verschiedene Buchstabengruppen wiedergegeben wird, und zwar (↑19ff.):

> *au*   z.B. *blau*
Au-Laut   nur in Fremdwörtern:
> *ou*   z.B. *Couch*
> *ow*   z.B. *Clown*

In jedem der genannten Wörter spricht man den Laut au. Die Aussprache läßt den Unterschied in der Schreibung nicht erkennen.

Wörter mit au

56 Einige Fremdwörter und die deutschen Wörter mit dem Au-Laut werden mit *au* geschrieben.
Die folgende Aufstellung erfaßt nur einen Teil dieser Wörter:

abflauen, Au[e] (Niederung), bauen, bedauern, blau, brauen, braun (Farbe), dauern, faul (träge), Fautfracht, grau, grauen (Furcht haben), hauen, Haut, kalauern, kauen, kauern, klauen, krauen, kraulen, Lauch, lauern, laufen, Mauer, Maure, miauen, Rau-heit/(aber mit *h*:) rauh (↑27), Raum, sauen, schauen, schauern, stauen, der Tau (Niederschlag), das Tau (Seil), tauen, tauschieren, trauen, trauern, tschau (schweiz. für:) ciao [sprich: tschau] (it. Gruß)

Fremdwörter mit ou oder ow

57 Bestimmte Fremdwörter, zumeist aus dem Englischen, werden mit *ou* oder *ow* geschrieben; gesprochen wird der Laut au.
Einige Beispiele sind:

ou: Couch [sprich: k<u>au</u>tsch], Boy-Scout, Count, Countdown, Counteß, County, Discountgeschäft, Drop-out (Aussteiger), Fallout (radioaktiver Niederschlag), foul (Sport: regelwidrig)/Foul/foulen, Gouda (niederl. Stadt), Kiautschou (chin. Gebiet), knockout, Layout, Mount Everest, out, Output, Outsider, Round-table-Konferenz
ow: Black Power [sprich: p<u>au</u>er] (nordamerikan. Bewegung), Bowdenzug [sprich: b<u>au</u>...], Browning (Schußwaffe), Chow-Chow (sprich: tschautsch<u>au</u>] (chin. Spitz), Clown, Countdown, Cow-

boy, Cowper, down, Downing Street (in London), Kickdown (Durchtreten des Gaspedals), Owen [sprich: au̱e̱n] (dt. Stadt), Powerplay, Rowdy, Tower/Towerbrücke (in London)

● Beachte das Wort *ciao* [sprich: tscha̱u]/(schweiz.:) *tschau* (it. Gruß).

Gleichklingende Wörter

58 Unterscheide die gleichklingenden Wörter mit unterschiedlicher Schreibung (↑9)!

Au[e] (Niederung)/die Auen – Owen [sprich: au̱e̱n] (dt. Stadt)
braun (Farbe)/Braun – Browning (Schußwaffe)
ciao [sprich: tscha̱u] (it. Gruß) – tschau (schweiz. für: ciao) – Chow-Chow [sprich: tscha̱utscha̱u] chin. Spitz)
faul (träge)/den faulen Schülern – foul (Sport: regelwidrig), Foul, foulen
tschau vgl. ciao

7.6 Wörter mit langem e (e, ee, eh)

Viele Wörter enthalten ein langgesprochenes e. Die Schreibung dieser Wörter ist deswegen oft schwierig, weil dieser Laut durch verschiedene Buchstaben oder Buchstabengruppen wiedergegeben wird, und zwar (↑19ff.):

	e	z.B. *reden*
langes e	*ee*	z.B. *Beet*
	eh	z.B. *lehren*

In jedem der genannten Wörter spricht man ein langes e. Die Aussprache läßt den Unterschied in der Schreibung nicht erkennen.

Wörter mit einfachem e

59 Sehr viele Wörter werden mit einfachem *e* geschrieben, d.h., die Dehnung des langgesprochenen e wird in der Schreibung nicht besonders kenntlich gemacht.

Die folgende Aufstellung erfaßt nur einen Teil dieser Wörter:

Ade!, Arsen, bequem, beredt, Beschwerde, bete!/beten (zu Gott), Bete/ (mdal.:) Beete (Wurzelgemüse; rote Bete)/die Beten, Betel (Kau- und Genußmittel), Bethel (Heimstätte für körperlich und geistig Hilfsbedürftige), Bethlehem (Stadt), Café (Kaffeehaus, -stube), Creme [sprich: kre̱m, krä̱m], dem, Demut, den, denen (Pronomen), der Diolen ⓦ Elen, Emil (Vorn.), Erde, erst, Feder, Feme, Ferien, Ger (Wurfspieß), her (sieh her!), Herd, Herde, Hering, je (je Person), jeder, Keks, Lena (sibir. Strom), Lena/Lene (Vorn.), Mecklenburg, nebst, Meltau (Blattlaushonig, Honigtau), Moltopren ⓦ, Östrogen, Per/Peer (Vorn.), Pferd, quer reden, Reling, Ren [auch: re̱n] (Hirschart), Schemel, Schemen, scheren, schwelen, schwer, Schwert, sela (abgemacht), selig, Serie, Stegreif, Theke, These, Vera (Vorn.), Wegerich, wem, wen, wenig, wer, Wera (Vorn.), Wergeld (Sühnegeld), Wermut (Pflanze; Getränk), wert/Wert, Werwolf (Menschwolf), Zebra, Zebu, Zeder

● Beachte die Fremdwörter auf -*el[e]*, -*em* oder -*et[e]*:

Garnele, Gasel[e], Kamel, Makrele, Parallele, Querele, usw.
Emblem, extrem, Phonem, Poem, System usw.
Alphabet, etepetete, Exeget, Kathete, Komet, konkret, Muskete, Prophet usw.

Wörter mit ee

60 Eine begrenzte und überschaubare Anzahl von Wörtern wird mit *ee* geschrieben. Diese sollte man sich einprägen. Daneben findet sich *ee* auch in Namen, von denen nur einige angeführt werden.

Beelzebub [auch: be̱l...], Beere/die Beeren, Beet (Salatbeet)/die Beete, Beete (mdal. für:) Bete (Wurzelgemüse; rote Beete)/die Beeten, Beethoven (dt. Komponist), Dorothee (Vorn.), Dreesch/

Driesch (Brache), Fallreep (Schiffs-
treppe), Fee (im Märchen), Fleet (niederd. für: Graben), Freesie (Blume)
Galeere, Geest (hochgelegenes Land),
Heer (Soldaten), der Kaffee (Getränk),
Keep (Seemannsspr.: Kerbe, Rille), Kees
(mdal. für: Gletscher), Klee, Lee, leeg
(niederd. für: schlecht; ledig), leer/leere
Eimer/leeren, Lorbeer, Meer/die Meere/
auf den Meeren, Meerrettich, Meersburg
(dt. Stadt), Neer (niederd. für: Wasserstrudel)/Neerstrom
Peer/Per (skandinav. Form von: Peter),
Reede (Ankerplatz)/Reeder (Schiffseigner)/Reederei, Reep (niederd. für: Seil),
Reeperbahn, Reet (niederd. für: Ried),
scheel, Schnee, See, Seele/seelisch, Speer,
Spree (dt. Fluß), Tee, Teer, verheeren
(zu: Heer)

● Beachte die Fremdwörter auf *-ee*
und *-eel:*

Allee, Chaussee, Frikassee, Gelee, Kanapee, Karree, Livree, Matinee, Moschee,
Orchidee, Plissee, Porree, Püree, Renommee, Soiree, Tournee usw.

Karneel, Kardeel, Krakeel/krakeelen,
Paneel usw.

Wörter mit eh

61 Viele deutsche Wörter werden
mit *eh* geschrieben.

Beispiele sind:

befehlen, Begehr/begehren (anstreben)/er
begehrt, Behmlot (Echolot), sich benehmen, Brehm (dt. Zoologe), Darlehen/
Darlehn, dehnen (ausdehnen)/er dehnt,
drehen/er dreht, eh'/ehe, Ehe, empfehlen,
entbehren/ er entbehrt
Feh (russ. Eichhörnchen), Fehde, fehlen/
er fehlt, Fehmarn (Ostseeinsel), flehen/er
fleht, gehen/er geht, genehm, gestehen/er
gesteht, Gewehr, Hehl, hehr (erhaben),
jeher, Kehl (dt. Stadt), Kehle, Kehre, Le-
hen, Lehm, Lehne (Stuhllehne), lehnen,
Lehnwort, lehren (unterrichten)/er lehrt/
Lehrer, Mehl, Mehltau (Pflanzenkrankheit), mehr/mehren (vergrößern)/er
mehrt.
nehmen, Nehrung (Landzunge), Reh,
Schlehe, Sehne, sich sehnen/er sehnt sich

nach etwas/Sehnsucht, sehr, stehlen, Verkehr, versehren/versehrt, vornehm, we-
hen/es weht, Wehmut, die Wehr (Abwehr)/das Wehr (Stauwerk)/er wehrt
sich, Wehra (Nebenfluß des Rheins),
Zeh[e], zehn, zehren/er zehrt davon

Gleichklingende Wörter

62 Unterscheide die gleichklingenden Wörter mit unterschiedlicher Schreibung (↑ 9)!

Begehr, begehren vgl. Ger
die Beeren – entbehren
bete!/beten (zu Gott) – Bete/(mdal.:)
Beete (Wurzelgemüse; rote Bete)/die Be-
ten/(mdal.:) die Beeten – Beet (Salatbeet)
/die Beete – Betel (Kau- und Genußmittel) – Bethel (Heimstätte für körperlich
und geistig Hilfsbedürftige) – Bethlehem
(Stadt)
das Café (Kaffeehaus, -stube) – der Kaffee (Getränk)
denen (Pronomen) – dehnen (ausdehnen)
Fee (im Märchen) – Feh (russ. Eichhörnchen)
Fehde – Feder
Ger (Wurfspieß) – Begehr, begehren (anstreben)
Geest (hochgelegenes Land) – du gehst
(zu: gehen)
her (sieh her!) – Heer (Soldaten) – hehr
(erhaben)
leer/leere Eimer, leeren – lehren (unterrichten), Lehre
Lena/Lene (Vorn.) – Lena (sibir. Strom)
– Lehne (Stuhllehne, lehnen, Lehnwort
Meer/die Meere/auf den Meeren – mehr,
mehren (vergrößern)
Meltau (Blattlaushonig, Honigtau) –
Mehltau (Pflanzenkrankheit)
Neer (niederd. für: Wasserstrudel), Neer-
strom – Nehrung (Landzunge)
Rede, reden (sprechen), Rederei – Reede
(Ankerplatz), Reeder (Schiffseigner),
Reederei
selig, Seligkeit, beseligen – seelisch, Seele,
beseelen – sela (abgemacht)
Wergeld (Sühnegeld) – Wermut (Pflanze;
Getränk) – wert (würdig) – Werwolf
(Menschwolf) – die Wehr (Abwehr), das
Wehr (Stauwerk), er wehrt sich, Wehr-
beitrag – Vera/Wera (Vorn.) – Wehra
(Nebenfluß des Rheins)

7.7 Wörter mit Eu-Laut (äu, eu, oi, oy)

Viele Wörter enthalten den Laut eu. Die Schreibung dieser Wörter ist deswegen oft schwierig, weil dieser Laut durch verschiedene Buchstabengruppen wiedergegeben wird, und zwar (↑19 ff.):

	äu	z.B. in *Äuglein*
	eu	z.B. in *Feuer*
Eu-Laut	*oi*	z.B. in *ahoi!*
	nur in Fremdwörtern oder Namen:	
	oy	z.B. in *Boy*

In jedem der genannten Wörter spricht man den Laut eu. Die Aussprache läßt den Unterschied in der Schreibung nicht erkennen.

Wörter mit äu

63 Da im Deutschen das *äu* – historisch gesehen – ein umgelautetes *au* ist (↑2), wird in vielen Wörtern ein *äu* geschrieben, wenn ein verwandtes Wort oder eine andere Form des Wortes ein *au* hat (↑56); d.h., in Zweifelsfällen ist es nützlich, die zweite oder dritte Hilfsregel anzuwenden (↑11 f.): Vergleiche mit der einfachen Form oder mit Wörtern aus derselben Familie!

Einige Beispiele für die Anwendung dieser Regeln sind:

Äuglein (zu: Auge), bläuen/bläulich (zu: blau), Gemäuer (zu: Mauer), geräumig (zu: Raum), Geräusch (zu: rauschen), gräulich (zu: grau), Häuer (Bergmann; zu: hauen), die Häute (zu: Haut), er läuft/du läufst/Läufer (zu: laufen), läuten (zu: laut), läutern (zu: lauter), säumen (zu: Saum), säumen (zu: saumselig), Schnäuzchen/Schnäuzlein (zu: Schnauze), vertäuen (zu: das Tau), wiederkäuen (zu: kauen), zerstäuben (zu: Staub)

64 Bei bestimmten Wörtern läßt sich die Schreibung mit *äu* nicht auf diese Weise bestimmen, weil sich der Bezug zu verwandten Wörtern mit *au* nicht [mehr] ohne weiteres herstellen läßt oder weil keine verwandten Wörter mit *au* in der heutigen Sprache vorhanden sind.

Die wichtigsten dieser Wörter, die man sich einprägen sollte, sind:

dräuen, Knäuel (mdal.: Knaul), Räude/räudig, räuspern, Säule, stäupen (urspr. zu Staupe), sträuben

Wörter mit eu

65 Bei einigen wenigen Wörtern ist die Schreibung deshalb besonders schwierig, weil man – veranlaßt durch [mutmaßliche] Verwandte dieser Wörter mit *au* – ein *äu* erwarten könnte, wo ein *eu* zu schreiben ist.

Diese Wörter muß man sich merken:

bleuen (schlagen)/ein-/verbleuen (nicht zu: blau); Greuel/greulich, aber: Grauen/grauslich; schneuzen (die Nase), aber: Schnauze

66 Neben den in 63 ff. erfaßten Gruppen gibt es eine große Anzahl von deutschen Wörtern und Fremdwörtern, die mit *eu* geschrieben werden.

Die folgende Zusammenstellung ist eine Auswahl:

Beule (Anschwellung), Beute, bleuen (schlagen), deuten, Eule, Euter, freuen, Geuse, Heu (trockenes Gras), heucheln, heuen, heuer (in diesem Jahr), Heuer (Seemannslohn)/heuern/ab-/anheuern, heulen, heute (am heutigen Tage), Keule, Leu, leugnen, Leumund, Leute/leutselig, Leutnant, meucheln, Meute, neu, Pleuelstange, Reue, scheuchen, scheuen, scheuern, Scheune, Scheusal, Schleuse, Seuche, Spreu, Steuer, streuen, streunen, Streusel, teuer, treu/treuer Hund, Ungeheuer, verbleuen, vergeuden, zeugen, Zigeuner

Wörter mit oi

(67) Vor allem Fremdwörter und Namen, gelegentlich auch deutsche Interjektionen (Ausrufe- oder Empfindungswörter) werden mit *oi* geschrieben. Gesprochen wird der Laut eu.
Beispiele sind:

ahoi [sprich: a<u>heu</u>] (Seemannsgruß), Boiler (Wasserbehälter), Goi, Goiserer, Groitzsch (dt. Stadt), Hanoi, Koine, Konvoi, Loipe, Moira, Oie (Insel), Pointer, toi, toi, toi, Tolstoi (russ. Dichter), Troier/Troyer (Matrosenunterhemd), Tr<u>oi</u>ka [auch: tr<u>oi</u>ka], Woilach, Woiwod[e]

Fremdwörter und Namen mit oy

(68) Bestimmte Wörter und Namen aus dem Englischen werden mit *oy* geschrieben; gesprochen wird der Laut eu.
Beispiele sind:

Boy [sprich: b<u>eu</u>], Boykott, Boy-Scout, Cowboy, Joyce (ir. Dichter), Lloyd (Versicherungs-, Schiffahrtsgesellschaft), Nestroy (österr. Dichter), Playboy, Royal Air Force [sprich: r<u>eu</u>el är f<u>o</u>rß], Toynbee (engl. Historiker), Troyer/Troier (Matrosenunterhemd), Troygewicht (Gewicht für Edelmetalle)

Gleichklingende Wörter

(69) Unterscheide die gleichklingenden Wörter mit unterschiedlicher Schreibung (↑ 9)!

blauen/bläulich (zu: blau) – bleuen (schlagen)/ein-, verbleuen
Beule (Anschwellung) – Boiler (Wasserbehälter)
gräulich (zu: grau) – Greuel (schreckliche Tat)/greulich (schrecklich)
Heu (trockenes Gras) – ahoi (Seemannsgruß)
heuer (in diesem Jahr) – Heuer (Seemannslohn), [an-/ab]heuern – Häuer (Bergmann; zu: hauen)

die Häute (zu: Haut) – heute (am heutigen Tage)
läute!/läuten, Geläut[e] (zu: laut) – die Leute, leutselig – Leutnant – Lloyd (Versicherungs-, Schiffahrtsgesellschaft) – läutern (zu: lauter)
Schnäuzchen, Schnäuzlein – schneuzen (die Nase)
treu/treuer Hund – Troier/Troyer (Matrosenunterhemd) – Troygewicht (Gewicht für Edelmetalle)
verbleuen vgl. bläuen

7.8 Wörter mit F-Laut (f, v, ph, ff)

f, v oder ph

Viele Wörter enthalten den F-Laut. Die Schreibung dieser Wörter ist deswegen oft schwierig, weil dieser Laut durch verschiedene Buchstaben oder Buchstabengruppen wiedergegeben wird, und zwar:

F-Laut	*f*	z.B. in *Fach*
hartes	*v*	z.B. in *Vater*
(stimmloses) f	nur in Fremdwörtern: *ph*	z.B. in *Geographie*

In jedem der genannten Wörter spricht man den Laut f. Die Aussprache läßt den Unterschied in der Schreibung nicht erkennen.

Wörter mit f

(70) Viele deutsche Wörter und bestimmte Fremdwörter werden mit *f* geschrieben (zu *Photographie – Fotografie* usw. ↑72). Deutschstämmige Vornamen werden nicht mehr mit *ph,* sondern ebenfalls mit *f* geschrieben.
Beispiele sind:

Adolf, Alfons, Alfred, Arnulf, dafür/dafürhalten usw., Efeu, Elefant, elf, Elfenbein, Faden, Faktor, Fall/die Fälle, Fantasia (Reiterkampfspiel), Färse (Kuh), Fasan, feil, Feile, Felix, Felizitas, Fell/die Felle, Fellbach (Stadt), Feme, Ferse

(Hacken), fertig, fett, er fiel/sie fielen (zu: fallen), Filter, Flanell, Fließheck, der Bach fließt (zu: fließen), folgen, foltern, fordern, fördern, Format, fort/fortgehen usw., frenetisch (rasend)/frenetischer Beifall, Fulda (dt. Stadt), Fülle/füllig, für/fürliebnehmen/Fürsorge usw., Hafen, Lefze, Profil, Raffael (it. Maler), Rudolf, Sofa, Sofia (Hptst. Bulgariens)

Fremdwörter mit ph

(**71**) Nur Wörter und Namen aus dem Griechischen oder Hebräischen werden mit *ph* geschrieben; gesprochen wird der Laut f (zu *Photographie – Fotografie* usw. ↑72). Beispiele sind:

Alphabet, Apokryph, Apostroph, Asphalt, Atmosphäre, Chlorophyll, Christoph (Vorn.), Delphin, Diphtherie, Diphthong, Geographie, Graphit, Graphologe, Hieroglyphe, Katastrophe, Lymphe, Morphologie, Nymphe, Orthographie/orthographisch
Paragraph, Paraphe, Peripherie, Periphrase, Phalanx, Phänologie, phantastisch, Phantom, Pharisäer, Pharmakologie, Phase, Philanthrop, Philemon und Baucis, Philharmonie, Philipp (Vorn.), Philister, Philodendron, Philologe, Philomela/Philomele (Vorn.), Philomena (Vorn.), Philosophie, Phimose, Phiole, Phlegma, Phöbus, Phon, Phonetik, Phönix, Phonologie, Phosphor, Photochemie, Photoeffekt, Photogramm, Phrase, phrenetisch (Med.: wahnsinnig), Phylogenie, Physik, Physiognomie, Physiologie, Porphyr, Prophet, Prophylaxe
Raphael (einer der Erzengel), Saphir, Sphäre, Sphinx, Strophanthin, Strophe, Syphilis, Theophil[us] (Vorn.), Triumph, Typhus, Xylograph, Xylophon, Zephir/Zephyr

Fremdwörter mit f oder ph

(**72**) Eine bestimmte Gruppe von Fremdwörtern und Namen zeigt neben der ursprünglichen Schreibung mit *ph* die eingedeutschte Form mit *f* (↑ 15).

Die wichtigsten dieser Wörter sind:
Algraphie/Algrafie, Autograph/Autograf, Autographie/Autografie, autographieren/autografieren, Chemigraph/Chemigraf, Chemigraphie/Chemigrafie, Graphik/Grafik, Graphiker/Grafiker, graphisch/grafisch
Heliographie/Heliografie, heliographisch/heliografisch, Joseph/Josef (Vorn.), Mikrophon/Mikrofon, Phantasie/Fantasie (Vorstellung[skraft], Einbildung[skraft], Trugbild; Musikstück), Photo/Foto, Photoapparat/Fotoapparat, photogen/fotogen, Photograph/Fotograf, Photographie/Fotografie, photographieren/fotografieren, Photokopie/Fotokopie, Photomodell/Fotomodell, Photomontage/Fotomontage
Sinfonie/Symphonie, Sinfoniker/Symphoniker, sinfonisch/symphonisch, Sophia/Sophie/Sofie (Vorn.), Stenograph/Stenograf, Stenographie/Stenografie, stenographieren/stenografieren, Stephan/Stefan/Steffen (Vorn.), Symphonie vgl. Sinfonie
Telegraph/Telegraf, Telegraphie/Telegrafie, telegraphieren/telegrafieren, Telephon/Telefon, telephonieren/telefonieren, telephonisch/telefonisch, Telephonist/Telefonist, Typograph/Typograf, Typographie/Typografie, typographisch/typografisch, Zinkographie/Zinkografie

Wörter mit v

(**73**) Viele deutsche Wörter, einige Namen und bestimmte Fremdwörter werden mit *v* geschrieben; gesprochen wird der Laut f.
Die wichtigsten Beispiele sind:
aktiv, bevor/bevorstehen usw., brav, Bremerhaven (dt. Stadt), Cuxhaven (dt. Stadt), davon/davonkommen usw., davor/davorliegen usw., Eva [sprich: ẹfa, auch: ẹwa] (Vorn.), Frevel, Genoveva (Vorn.), Gustav (Vorn.), Hannover (dt. Stadt), Havel (dt. Fluß), konkav, Kurve [sprich: ...fᵉ, selten: ...wᵉ], Larve, Levkoje (Pflanze), Luv, Motiv, Nerv, passiv, Pulver, Sklave [sprich ...wᵉ, auch: ...fᵉ]
Vater, Veilchen, Veit, Velbert (Stadt), Vellberg (Stadt), Venn, verbieten/ver-

pflichten usw., Vers/die Verse, Vesper, Vettel, Vetter, Vieh, viel/die vielen Leute, vielleicht, vier/vierte, Vlies (Fell)/das Goldene Vlies, Vlissingen (niederl. Stadt), Vlotho (dt. Stadt), Vogel, Vogt, Volk, voll/vollenden usw./völlig, Völlerei, vom/von/vonnöten usw., vor/voran/ vorlaufen/Vorsatz usw., vordere/vorderen/Vorderfuß usw., vorliebnehmen, vorn/vorm/vors, Vreden (dt. Stadt)

Gleichklingende Wörter

74 Unterscheide die gleichklingenden Wörter mit unterschiedlicher Schreibung (↑ 9)!

Fälle (zu: Fall) – Felle – Fellbach (Stadt) – Velbert (Stadt) – Vellberg (Stadt)
Fantasia (Reiterkampfspiel) – Fantasie/ Phantasie (Vorstellung[skraft], Einbildung[skraft], Trugbild; Musikstück)
Färse (Kuh) – Ferse (Hacken) – die Verse (zu: Vers)
feil – Feile – Veilchen
er fiel/sie fielen (zu: fallen) – viel/die vielen Leute
Fließheck – Vlies (Fell)/das Goldene Vlies
fordern (verlangen) – vordere, vorderen, die Altvorder[e]n, Vorderfuß
Fülle, füllig – Völlerei – völlig
fürliebnehmen – vorliebnehmen
Hafen – Bremerhaven/Cuxhaven (dt. Städte)
Raffael (it. Maler) – Raphael (einer der Erzengel)
Sofia (Hptst. Bulgariens) – Sofie (eingedeutsche Schreibung für: Sophie) – Sophia/Sophie/(auch:) Sofie (Vorn.)

f oder ff

Spricht man die Wörter *Hof, Kauf, er hofft* und *oft* aus, so hört man, daß alle den Laut f enthalten.
Nach langem Vokal und damit auch nach einem Doppellaut kann nur ein einfaches *f* stehen, z.B. in *Hof, Kauf* (↑ 29). Nach einem kurzen Vokal jedoch kann das *f* verdoppelt werden (wie in *er hofft*) oder nicht (wie in *oft*). Dies führt besonders im Auslaut

häufig zu Schwierigkeiten in der Schreibung.

75 Folgt einem kurzen und im allgemeinen betonten Vokal nur ein einfacher Konsonant, dann wird dieser im Deutschen in der Regel durch einen Doppelbuchstaben wiedergegeben, z.B. in *hoffen* (↑29); folgen ihm verschiedene Konsonanten, die zum [erweiterten] Stamm, zum Kern des Wortes gehören, dann wird nicht verdoppelt, z.B. in *oft* (↑31).
Um festzustellen, ob die Konsonanten zum Stamm eines Wortes gehören, ist es oft nützlich, zu beugen, mit der einfachen Form oder mit Wörtern aus derselben Familie zu vergleichen (↑10ff.). Dadurch wird z.B. deutlich, daß das *t* in *er hofft* ein Beugungszeichen ist, das nur in bestimmten Formen des Verbs *hoffen* auftritt, während das *t* in *oft* zum Stamm, zum Kern des Wortes gehört, so daß hier die Verdopplung des *f* unterbleibt (↑31).

● Unterscheide die gleichklingenden Wörter mit unterschiedlicher Schreibung (↑ 9)!
Chef, du gaffst (zu: gaffen), Geschäft/ geschäftig, Gift/die Gifte, Griff (des Griffes)/er griff/du griffst (sie griffen; aber: greifen), Heft/heften, heftig, er hofft/du hoffst (zu: hoffen), er kniff/du kniffst (sie kniffen; aber: kneifen), Kraft/kräftig, Kyffhäuser, Lift/die Lifte, Luft/luftig
Muff – muff[e]lig – Mufti (islam. Gesetzeskundiger)
öffnen/Öffnung (zu: offen), oft/öfter, er pfiff/du pfiffst (sie pfiffen; aber: pfeifen), er pufft/du puffst (zu: puffen)
er schafft/du schaffst/Schaffner (zu: schaffen) – Schaft (Lanzenschaft) – -schaft (z.B. in Gesellschaft/Landschaft usw.)
Schiff (des Schiffes)/er schifft/du schiffst (zu: schiffen), schlaff (schlaffes Laub), Schrift/die Schriften, Stift/stiften, Stoff

(die Stoffe), straff (straffen), Taft, Tinnef

trefflich/er trifft/du triffst (zu: treffen) – Trift (Weide, Holzflößung)/triften – triftig (zutreffend)

vortrefflich (zu: treffen)

7.9 Wörter mit langem i (ie, ieh, ih, i, ea, ee)

Viele Wörter enthalten ein langgesprochenes i. Die Schreibung dieser Wörter ist deswegen oft schwierig, weil dieser Laut durch verschiedene Buchstaben oder Buchstabengruppen wiedergegeben wird, und zwar (↑19ff.):

	ie	z.B. in *Liebe*
	ieh	z.B. in er *stiehlt*
	ih	z.B. in *ihnen*
langes i	*i*	z.B. in *Devise*

nur in Fremdwörtern:

| | *ea* | z.B. in *Hearing* |
| | *ee* | z.B. in *Spleen* |

In jedem der genannten Wörter spricht man bei richtiger Aussprache ein langes i. Die Aussprache läßt den Unterschied in der Schreibung nicht erkennen.

Wörter mit ie

(76) Sehr viele deutsche Wörter werden mit *ie* geschrieben. Hinzu kommen bestimmte Namen, eine Anzahl von Lehnwörtern, d.h. von ursprünglich fremden Wörtern, die heute nicht mehr als solche angesehen werden, und eine große Gruppe von Fremdwörtern mit bestimmten Endungen.

Die folgende Aufstellung erfaßt nur einen Teil der Wörter mit *ie:*

ausgiebig, das Fieber befiel ihn (zu: befallen), Biene, Bier, er blieb/sie blieben (zu: bleiben), er blies/sie bliesen (zu: blasen), Briekäse, Bries/Briesel (Brustdrüse beim Tier), er briet/sie brieten (zu: braten), Diele, Diener, Dienst, Dienstag,

Dietbald/-bert/Diet[h]er/Dietmar/Dietrich (Vorn.), Elfriede (Vorn.), ergiebig, Fieber (Fieberanfall), Fiedel (ugs. für: Geige)/fiedeln, er fiel/sie fielen (zu: fallen), fließen/der Bach fließt/Fließheck, Frieda/Friedel/Friederike/Friedhelm/Friedolin (Nebenform von: Fridolin)/Friedrich (Vorn.), frieren

du gebierst/sie gebiert (zu: gebären), gediegen, gefiedert, Giebel, Gier, Gottfried/Gottlieb (Vorn.), Grieß (des Grießes), er hieb/sie hieben (zu: hauen), er hielt/sie hielten (zu: halten), hier, er hieß/sie hießen (zu: heißen), Kiebitz, Kiel, Kieme, Kien, Knie, knien/er kniet/sie knie[e]n, langwierig, Liebe, Lied (er singt ein Lied), liederlich/Liederjahn/Liedrian, er lief/sie liefen (zu: laufen), Liese (Nebenform: Lise)/Liesel/Liesl/Lieselotte (Nebenform: Liselotte; Vorn.), er ließ/sie ließen (zu: lassen), er liest (zu: lesen), er mied/sie mieden (zu: meiden), Miene (sorgenvolle Miene)/Mienenspiel

nachgiebig, Niere, Paradies, Pfriem, Piek (unterster Teil des Schiffsraumes), piekfein, Pier (Hafendamm), Priel, Priem (Kautabak)/priemen, er pries/sie priesen (zu: preisen), Prießnitz (Naturheilkundiger)/Prießnitz-Umschlag, Priester, quieken, Radieschen, er rieb/sie rieben (zu: reiben), Ried (Schilf), er rief/sie riefen (zu: rufen), Riegel (Verschluß), er riet/sie rieten (zu: raten)

er schied/sie schieden (zu: scheiden), schielen, es schien (zu: scheinen), Schiene, er schlief/sie schliefen (zu: schlafen), Schmied, schmieren, er schrie/sie schrie[e]n (zu: schreien), er schrieb/sie schrieben (zu: schreiben), er schwieg/sie schwiegen (zu: schweigen), Schwiele, sie, siech, sieden, Siegbald/-bert/-fried/-lind[e]/-mar/-mund und Sigismund (Vorn.), Siegel (Stempelabdruck, [Brief]verschluß), Siel (Röhrenleitung)/die Siele, Siele (Riemen[werk der Zugtiere])/in den Sielen sterben, siezen (mit „Sie" anreden), er spie/sie spie[e]n (zu: speien), Spiel, er stieg/sie stiegen (zu: steigen), Stieglitz, Stiel (Griff; Stengel), Stier, er stieß/sie stießen (zu: stoßen)

Tieck (dt. Dichter), Tiegel, Tiekbaum/Tiekholz und Teakholz, Tier, er trieb/sie trieben (zu: treiben), triefen, verlieren, viel, vielleicht, vier, Vlies (Fell), das Goldene Vlies, wieder (nochmals, erneut, zurück), er wies/sie wiesen den Weg (zu: weisen), Ziel, ziemlich, Zier, Ziesel, Zwieback, Zwiebel, Zwietracht

● Beachte die Fremdwörter auf *ie, ier* oder *-ieren:*

Demokratie, Epidemie, Melodie, Nostalgie usw.

Klavier, Manier, Quartier usw.

annullieren, gratulieren, illustrieren, quittieren, studieren usw.

Wörter mit ieh oder ih

(77) Nur wenige deutsche Wörter, insbesondere Formen einiger Zeitwörter, werden mit *ieh* geschrieben. *ih* für langgesprochenes i steht nur in ganz wenigen Wörtern; es sind dies vor allem einige Formen von Pronomen (Fürwörtern):

befiehl!/er befiehlt (zu: befehlen), empfiehl!/er empfiehlt (zu: empfehlen), fliehen/du fliehst/er flieht/sie flieh[e]n, es gedieh (zu: gedeihen)/sie gedieh[e]n, es geschieht (zu: geschehen), Ihle (abgelaichter Hering), ihm, ihn, ihnen, ihr, ihre usw., ihresgleichen usw., ihrig, ihrige usw., ihrzen (mit „Ihr" anreden), er lieh/sie lieh[e]n (zu: leihen), Schlemihl (Titelheld einer Erzählung von Chamisso; ugs. für: Pechvogel), sieh!/er sieht (zu: sehen), er stiehlt/stiehl nicht! (zu: stehlen), er verzieh/sie verzieh[e]n (zu: verzeihen), Vieh, wiehern, er zieh ihn des Verbrechens (zu: zeihen), ziehen/er zieht/sie zieh[e]n

Wörter mit einfachem i

(78) Einige deutsche Wörter, bestimmte Namen und die meisten Fremdwörter werden mit einfachem *i* geschrieben, d.h., die Dehnung des langgesprochenen i wird in der Schreibung nicht besonders kenntlich gemacht. Bei den Fremdwörtern sind Gruppen mit bestimmten Endungen besonders zu beachten:

Anis, Anita (Vorn.), Bibel, Biber, Bikini, Brise (Wind), Devise, dir, Diwan, Elisa/Elise/Elisabeth (Vorn.), Elite, Emil (Vorn.), Emir, erwidern, Erwin (Vorn.), Fakir, Familie, Fibel (Lehrbuch), Fibel (Spange), Fiber (Faser), Fidel (Streichinstrument des 8. bis 14. Jh.s), Fridolin (Nebenform: Friedolin; Vorn.), gib!/du gibst/er gibt (zu: geben), Gideon (Vorn.), Giraffe, Igel, Ilex (Stechpalme), Isar (dt. Fluß), Isegrim, Justiz

Kaliber, Kino, Klima, Klinik, Krise, Lid (Augenlid), lila, Lilie, Lina/Line (Vorn.), Linie, Lisbeth (Vorn.), Liselotte (Nebenform von: Lieselotte)/aber: Liselotte von der Pfalz (Herzogin von Orleans), Liter [auch: li...], Lokomotive, Luise (Vorn.), Maschine, Milena (Vorn.), Mime, Mina/Mine (Vorn.), Mine (im Bleistift; unterirdischer Gang), Mine (gr. Münze, Gewicht), mir, Nadir, Nil, Notiz

Petersilie, Pik (Bergspitze), Pik (Spielkartenfarbe), Pik/einen Pik (Groll) auf jmdn. haben, Pike (Spieß), präzise, Prim (Fechthieb; Morgengebet), Prim[e] (Musik: erste Tonstufe), Primel, Primiz, Prise, Reliquie, Rigel (Sternname), Risiko, Ritus (Zeremonie)/die Riten, Saphir, Satire, Schi/Ski, Sigel/Sigle (Kürzel), Sigismund/Siegmund (Vorn.), Sigrid/Sigrun/Sigurd (Vorn.), Silo (Großspeicher), Sirup, Souvenir, Spiritus, Stil (Darstellungsweise, Art des Ausdrucks)

Tapir, Tarif, Termite, Tiber (it. Fluß), Tiger, Türkis, Ulrike (Vorn.), Vampir, Viper, Visite, Wesir, wider ([ent]gegen), wir, Zephir/Zephyr

● Beachte die Fremdwörter (und Eigennamen) auf *-id[e], -ik, -il, -in, -ine* oder *-it:*

Chlorid (Chlorverbindung), frigid[e], Invalide, Karbid, Pyramide, solid[e] usw.

antik, Kritik, Musik, Physik, Politik usw.

agil, Exil, grazil, infantil, Krokodil, Konzil, Profil, Reptil, stabil, steril, Ventil, zivil usw.

alpin, Aspirin, Benzin, Chinin, Insulin, Jasmin, Kanin[chen], kristallin, Terpentin, Vitamin usw.

Apfelsine, Gardine, Gelatine, Kantine, Lawine, Mandarine, Margarine, Maschine, Saline, Trichine, Violine usw.

(Eigennamen:) Christine, Karoline, Wilhelmine usw.

Bandit, Chlorit (Mineral), exquisit, Graphit, Parasit, Profit, Satellit, Zenit usw.

Fremdwörter mit ea oder ee

79 Bestimmte Wörter aus dem Englischen werden mit *ea* oder mit *ee* geschrieben; gesprochen wird ein langes i.

Beispiele für diese Schreibungen sind:

ea: Beat [sprich: bit], Beat generation (amerikan.), Beatle, Beatnik, Beeftea, Feature, Hearing, Lead, Lear, Leasing, Sex-Appeal (sexuelle Anziehungskraft), Steamer, Striptease, Teakholz/Tiekholz, Team, Teamwork, Tea-Room usw.

ee: Barkeeper [sprich: bárkiper], Beefsteak, Breeches, cheerio, Deepfreezer, Feedback (Rückmeldung), Feet (Mehrz. zu: Foot), Greenhorn, Jeep, Keep-smiling, Meeting, Peer (Mitglied des engl. Oberhauses), Speech, Spleen, Steeplechase, Steepler, Teen, Teenager, Weekend usw.

Gleichklingende Wörter

80 Unterscheide die gleichklingenden Wörter mit unterschiedlicher Schreibung (↑9):

ausgiebig, ergiebig, nachgiebig – gib!/du gibst/er gibt aus, nach (zu: geben)

das Fieber befiel ihn (zu: befallen) – befiehl es ihm!/er befiehlt ihm (zu: befehlen)

Bries/Briesel (Brustdrüse beim Tier) – Brise ([Fahr]wind)

ergiebig vgl. ausgiebig

Fieber (Fieberanfall) – Fiber (Faser)

Fiedel (ugs. für: Geige), fiedeln – Fidel (Streichinstrument des 8. bis 14. Jh.s)

der Bach fließt/Fließheck – du fliehst (zu: fliehen) – Vlies (Fell)/das Goldene Vlies

gib!/du gibst/er gibt vgl. ausgiebig

Lied (er singt ein Lied) – Lid (Augenlid – liederlich/Liederjahn/Liedrian) – Lido (Nehrung; Barname)

Miene (eine sorgenvolle Miene), Mienenspiel – Mina/Mine (Vorn.) – Mine (im Bleistift; unterirdischer Gang) – Mine (gr. Münze, Gewicht)

nachgiebig vgl. ausgiebig

Piek (unterster Teil des Schiffsraumes) – piekfein – Pik (Bergspitze) – Pik (Spielkartenfarbe) – Pik/einen Pik (Groll) auf jmdn. haben – Pike (Spieß)

Pier (Hafendamm) – Peer (Mitglied des engl. Oberhauses)

Priem (Kautabak), priemen – Prim (Fechthieb; Morgengebet) – Prim[e] (Musik: erste Tonstufe)

Prise – er pries (zu: preisen) – Prießnitz (Naturheilkundiger)/Prießnitz-Umschlag

Rigel (Sternname) – Riegel (Verschluß)

Ritus (Zeremonie)/die Riten – er riet/sie rieten (zu: raten) – Ried (Schilf)

Schiene – Maschine

Siegel (Stempelabdruck, [Brief]verschluß) – Sigel/Sigle (Abkürzungszeichen)

Siel (Röhrenleitung)/die Siele – Siele (Riemen[werk der Zugtiere])/in den Sielen sterben – Silo (Großspeicher)

Stiel (Griff; Stengel) – stiehl nicht!/er stiehlt (zu: stehlen) – Stil (Darstellungsweise, Art des Ausdrucks)

● Unterscheide *wider* und *wieder!*
Wider bedeutet ‚gegen, entgegen‘ und wird im allgemeinen nur in gehobener Sprache verwendet. *Wieder* bedeutet ‚nochmals, erneut; zurück [zur früheren Tätigkeit, zum früheren Zustand]‘:

wider: wider besseres Wissen aussagen, etwas wider seinen Willen tun, das Für und Wider eines Vorschlags erwägen

wieder: heute regnete es wieder, er kam wieder nach Hause

Unterscheide die Zusammensetzungen und Ableitungen:

wider: erwidern, Erwiderung, widerfahren, -hallen, -legen, widerlich, widernatürlich, Widerpart, widerrechtlich, Widerrede, widerrufen, widersetzlich, widersprechen, -stehen, Widerwille[n], widrig usw.

wieder: wiederaufnehmen, -finden, -geben, -holen, -käuen, -kehren, -kommen, -sehen, -vereinigen, -vergelten, -wählen usw.

7.10 Wörter mit -ig, -lich, -ich

-ig oder -lich

Adjektive (Eigenschaftswörter), die mit den Nachsilben -ig oder -lich gebildet sind, klingen am Wortende, im Auslaut, gleich:

-ig: artig, durstig, ek[e]lig, fleißig usw.
-lich: ärgerlich, bläulich, ehrlich, freundlich usw.

81 Die richtige Schreibung dieser Wörter läßt sich auf zweierlei Weise feststellen:

● Man beugt (flektiert; ↑10) und achtet auf die Aussprache der gebeugten Form.

Die Schreibung der ungebeugten Adjektiven im Auslaut richtet sich nach dem Inlaut der gebeugten Form:

artig – artige Verbeugungen, durstig – durstige Kehlen, ek[e]lig – ek[e]liges Wetter, fleißig – fleißige Schüler usw.
ärgerlich – ärgerlicher Vorfall, bläulich – bläuliches Licht, ehrlich – ehrliches Spiel, freundlich – freundliche Worte usw.

● Man bestimmt bei einem solchen abgeleiteten Adjektiv den Kern, den Stamm des Wortes und die Endung (-ig oder -lich):

ad[e]lig = Adel +ig, artig = Art +ig, durstig = Durst +ig, ek[e]lig = Ekel +ig, fleißig = Fleiß +ig usw.
ärgerlich = Ärger +lich, bläulich = blau +lich, ehrlich = Ehr[e] +lich, freundlich = Freund +lich usw.

Wenn der Kern, der Stamm des Wortes, von dem ein Adjektiv abgeleitet ist, auf -l ausgeht, ist -ig zu schreiben:

achtmalig (achtmal +ig), ad[e]lig (Adel +ig), buck[e]lig, bullig, damalig, dreimalig, dünnschalig, dusselig/dußlig, eilig, einmalig, einstweilig, ek[e]lig, fällig, faulig, flegelig, füllig, gab[e]lig, gallig, gefällig, geselig, gieb[e]lig, gleichschenk[e]lig, grus[e]lig

heilig, hüg[e]lig, kitz[e]lig, knallig, kniff[e]lig, knollig, krabb[e]lig, kribb[e]lig, krüpp[e]lig, kug[e]lig, langweilig, mehlig, muff[e]lig, nachteilig, neb[e]lig, oftmalig, ölig, pick[e]lig, pimp[e]lig, queng[e]lig, rapp[e]lig, runz[e]lig
schimm[e]lig, schmudd[e]lig, schrullig, schwabb[e]lig, schwef[e]lig, schwielig, schwind[e]lig, spiralig, stach[e]lig, strahlig, strubb[e]lig, untad[e]lig, unzählig, viermalig, völlig, wack[e]lig, wellig, willig, wink[e]lig, wirb[e]lig, wohlig, wollig, zapp[e]lig, zufällig, zweimalig, zweizöllig

● Beachte besonders die folgenden Wörter auf -ig oder *-lich:*

abendlich, allmählich, billig, drollig, eigentlich, flehentlich, freilich, fürchterlich, gelegentlich, gestrig, gräßlich, gräulich (zu: grau), greulich (,schrecklich'; zu: Greuel), hiesig, hoffentlich, höflich, jetzig, köstlich, letztlich, morgendlich, mündlich, namentlich, nämlich, neulich, öffentlich, ordentlich, plötzlich, richtig, selig, wöchentlich

-ig oder -ich (-igt oder -icht)

Substantive (Hauptwörter), die auf -ig oder -ich (-rich) enden (z.B. *Bottich, Essig)*, klingen am Wortende, im Auslaut, gleich.

82 Die richtige Schreibung dieser Wörter läßt sich oft dadurch finden, daß man sie beugt, flektiert (↑10) und auf die Aussprache der gebeugten Form achtet!
Die Schreibung der ungebeugten Wörter im Auslaut richtet sich nach dem Inlaut der gebeugten Form:

Bottich/die Bottiche, Dietrich (Vorn.), der Dietrich (Nachschlüssel)/die Dietriche, Drillich, Enterich, Essig/die Essige, Estrich, Fähnrich, Fittich, Friedrich, Gänserich, Hederich, Hedwig, Heinrich, Herwig (m. Vorn.)/Herwiga (w. Vorn.), Honig, Käfig, Knöterich, König, Kranich, Lattich, Ludwig, Meerrettich, Mostrich, Pfennig, Pfirsich, Reisig, Rettich, Sittich, Tauberich/Täuberich, Teppich, Wegerich, Wüterich, Zeisig, Zwillich

(83) Unterscheide auch die Wörter auf -*icht* und -*igt*.

Die Schreibung der Formen auf -*igt* läßt sich oft dadurch bestimmen, daß man mit der einfachen Form vergleicht (↑11):

-*icht:* Bericht, Dickicht, Gesicht, Gewicht, Habicht, Kehricht, Licht, Nachricht, Öllicht, Röhricht, Spülicht, Tännicht, töricht, Wicht

-*igt:* befähigt (zu: befähigen), befleißigt (zu: befleißigen), beglaubigt, begradigt, begünstigt, beherzigt, bekräftigt, bekreuzigt, belästigt, belobigt, bemächtigt, benachrichtigt, benötigt, bereinigt, berichtigt, berüchtigt, beruhigt, bescheinigt, beschuldigt, beseitigt, beteiligt, geheiligt, gereinigt, Predigt

7.11 Wörter mit K-Laut (k, ck, kk, g, c, ch, kh)

k, ck, kk, c, cc

(84) Nach langem Vokal und damit auch nach Doppellaut steht immer ein einfaches *k* (↑32):

blaken, bläken, blöken, Ekel, sie erschraken (zu: erschrecken), Haken, heikel, [ver]hökern, koken, Küken, Laken, Luke, Makel, Pauke, piekfein, Pik, piken/piksen, pökeln, quaken, quäken, quieken, sich rekeln, schaukeln, spuken, staken, Tiekholz/Teakholz
↑ die Fremdwörter auf -*ik* 78.

Beachte aber die Namen (↑34):

Brockes (dt. Dichter), Mecklenburg, Tieck (dt. Dichter)

Nach kurzem Vokal steht in deutschen Wörtern und gelegentlich in Fremdwörtern ein *ck*.
Nach einem Konsonanten steht nur *k*. Ausnahmen bilden bestimmte Namen.
In Fremdwörtern steht meist *k*, gelegentlich *ck, kk* oder auch *c*.

Wörter mit ck

(85) Nach 29 steht in deutschen Wörtern nach kurzem und in der Regel betontem Vokal *ck*. Die folgende Aufstellung erfaßt nur einige dieser Wörter. Gelegentlich steht *ck* auch in Fremdwörtern, von denen in der Aufstellung die meisten aufgeführt werden (↑33):

Acker, Artischocke, Attacke, Backe (Wange)/die Backen, Baracke, barock/barockes Theater, Black Power (nordamerikan. Bewegung), Blockade, Bodycheck, dick, Dropkick (Fußball), Feedback (Rückmeldung), Fleck/die Flecken, Flickflack (Turnen), Frack/die Fräcke, gucken, Haeckel (dt. Naturforscher), Höcker, Hockey, Jacke (Kleidungsstück), Jacketkrone, Jackett, Jockei Kickdown (Durchtreten des Gaspedals), Knickerbocker, knockout, Kricket, Krocket (Spiel), Kuckuck, Lack/lackieren, Leck (undichte Stelle)/des Leckes, locken/lock den Vogel, Lübeck (dt. Stadt), Mameluck/die Mamelucken, Muckefuck, sich mucksen, nackig/nackt, Nickel, Nicki (Pullover), nuckeln, Pack (Gepacktes)/Pack (Pöbel)/Päckchen/Pakken, Packagetour (best. Reise), packen/er packt ihn, Paperback, Perücke, Picke, Picknick, Pick-up (Tonabnehmer), Playback, Puck, Quickstep (Tanz), Racket (engl. für: Rakett), Reck/die Recke, Ricke, Rollback (Rückzug), Rücken/rücklings
Schabernack/die Schabernacke, Schabracke, Scheck, Schecke, Schellack/die Schellacke, schick/schickes Kleid, schikken/Schicksal, Schock/des Schockes, schuckeln, Slapstick (Gag), Snackbar (Imbißstube), spucken, stricken/sie strickt, Stuck/des Stuckes/Stuckarbeit, Stück/die Stücke, Trecker, Trick/die Tricks und Tricke, trocken, Wrack/des Wrackes, Zickzack, zurück, Zwieback

● Beachte die Namen mit *ck* nach Konsonanten (↑34):

Bismarck, Duncker (dt. Buchhändler), Francke (dt. Theologe und Pädagoge), Humperdinck (dt. Komponist), Kalckreuth (dt. Maler), Lamarck (frz. Naturforscher), Langemarck/(amtl.:) Langemark (Ort in Westflandern), Lincke (dt. Komponist), Maeterlinck (belg. Schriftsteller), Planck (dt. Physiker), Senckenberg (dt. Arzt und Naturforscher), Winckelmann (dt. Altertumsforscher)

Wörter mit einfachem k

86 Nach einem Konsonanten steht, abgesehen von bestimmten Namen (↑ 85), nur *k* (↑ 32). Die meisten Fremdwörter werden (auch nach kurzem Vokal) ebenfalls mit *k* geschrieben:

abstrakt, Akt, Aktie, Amok, Architekt, Balken, Balkon, Birke, Bismark (Stadt in der Altmark), Biwak, blinken, Brikett, Diktat, direkt, Direktor, Doktor, dunkel, Edikt, elektrisch, faktisch, Faktor, Falke, Flak (Kurzwort für: Flugzeugabwehrkanone), Franke (Angehöriger eines germ. Volksstammes), Funke
Gurke, Hektar, Imker, Insekt, Inspektor, Jak/(Nebenform:) Yak (asiat. Rind), Jako (Papagei), Kakadu, Kalk/des Kalkes, Katarakt, Kautschuk, Kokolores, Konfekt, Kontrakt, Kosak, Krokant, Krokette (Klößchen), Krokodil, Lek (alban. Währungseinheit), Lek (Mündungsarm des Rheins), Lektüre, Lokomotive/Lok
Mako, Mark/die Marken, Markise (Sonnendach; aber: Marquise, Titel), melken, Mikroskop, Mörike (dt. Dichter), Nelke, Nokturne (Nachtmusik), Oktober, Pak (Kurzwort für: Panzerabwehrkanone), Paket, Pakt (Vertrag), Park, Plakat, Politruk, Rakett (engl.: Racket), Ranke/ranken, Rektor, Rokoko, Sakrament, Schokolade, Sekretär, Sekt, Sekte, senken, sinken, Spektrum, stärken, strikt (strikt dagegen sein), Tabak, Takt, Trikot, Viktor, Wiking[er], Zirkus

● Beachte die Fremdwörter mit [unbetontem] -*ik:*

Batik, Fabrik [auch: ... br<u>i</u>k], Klinik, Systematik, Technik usw.

Fremdwörter und Namen mit kk, c oder cc

87 *kk, c* oder *cc* treten nur in einigen Fremdwörtern und in Namen auf (↑ 33):

Akklamation, Akklimatisation, Akkolade, akkommodabel, Akkord, Akkordeon, akkreditieren, Akku[mulator], akkurat, Akkusativ, Bakkalaureat, Bakkarat, Bakken (Schisport: Sprunghügel), Ekklesiastikus, Kokke/Kokkus (Bakterie), Kokkelskörner, Kokkolith, Lakkolith, Makkabäer, Makkabi, Makkaroni, Malakka (asiat. Halbinsel), Marokko, Mekka, Mokka, Molukken (indones. Inselgruppe), Okkasionalismus, Okklusion, Okkultismus, Okkupation, Pikkolo, Sakko, Schirokko, Sikkim, Stukkateur/Stukkatur, Sukkade, sukkulent
ad acta, Angina pectoris, Basic English, Flic (frz. Polizist), Laterna magica, Loccum, Musical, Nicol (Erfinder; Prisma), Nicole (w. Vorn.), picobello

Gleichklingende Wörter

88 Unterscheide die gleichklingenden Wörter mit unterschiedlicher Schreibung (↑ 9)!
die Backen (zu: Backe ,Wange') – Bakken (Schisport: Sprunghügel)
Bismark (Stadt in der Altmark) – Bismarck
Francke (dt. Theologe und Pädagoge) – Franke (Angehöriger eines germ. Volksstammes)
Kalckreuth (dt. Maler) – Kalk, Kalkalpen, Kalkofen
Krocket (Spiel) – Krokant – Krokette (Klößchen)
Leck (undichte Stelle)/des Leckes – Lek (Mündungsarm des Rheins) – Lek (alban. Währungseinheit)
Lincke (dt. Komponist) – linke Hand, die Linke
Lok/Lokomotive – locken/lock den Vogel
Nicki (Pullover) – Nicol (Erfinder; Prisma) – Nicole (w. Vorn.) – Nickel
Pack (Gepacktes), Pack (Pöbel) – Pak (Kurzwort für: Panzerabwehrkanone) – Packagetour

Pakt (Vertrag) – er packt ihn (zu: pakken)
Pickel – Picknick – Pikkolo – picobello – Pick-up (Tonabnehmer)
sie strickt (zu: stricken) – sie ist strikt dagegen –
Stuck/des Stuckes, Stuckarbeit – Stukkateur, Stukkatur

g oder k (ng oder nk)

Spricht man die Wörter *Werg* und *Werk* richtig aus, dann hört man, daß beide Wörter trotz unterschiedlicher Schreibung gleichklingen. Daraus folgt: Der K-Laut wird mit Auslaut durch verschiedene Buchstaben dargestellt:

K-Laut hartes (stimmloses) k	
	g z.B. in *Werg*
	k z.B. in *Werk*

Zu *g* und *k* im Anlaut und Mitlaut ↑5. Zu *ch* und *g* ↑6.
Besonders in landschaftlicher Umgangssprache wird die Buchstabengruppe *-ng* nicht von der Gruppe *-nk* unterschieden, so daß (*der Vogel*) *singt* und (*das Schiff*) *sinkt* gleich ausgesprochen werden.

Begründung der Schreibung mit g oder k

(**89**) In fast allen Fällen läßt sich die Schreibung des Auslautes dadurch feststellen, daß man beugt, mit der einfachen Form oder mit Wörtern aus derselben Familie vergleicht (↑10ff.):
Die Schreibung des K-Lautes im Auslaut richtet sich nach dem Inlaut.
Einige Beispiele für die Anwendung der Regeln sind:
g: angestrengt (zu: sich anstrengen), arg (arge Worte), Balg (die Bälge), betagt (zu: Tag, die Tage), er biegt (zu biegen), Bug (des Buges), Jagd (zu: jagen), er mag (zu: mögen) usw.
k: blank (blanke See), Dank (zu: danken), er denkt (zu: denken), Funk (zu: funken), Gelenk (die Gelenke) usw.

● Beachte die Ableitungen auf *-ing*, *-ling* oder *-ung:*
Wiking, Wirsing; Jüngling, Säugling; Auflehnung, Bewährung usw.

Beachte besonders:
Angst, Hengst, Magd, Magda, weg/wegarbeiten usw.

Zu *gs* und *ks* ↑129.

Gleichklingende Wörter

(**90**) Unterscheide die [umgangssprachlich] gleichklingenden Wörter mit unterschiedlicher Schreibung (↑9)!
bang (bange Augenblicke) – Bank (die Bänke, die Banken)
er düngt das Feld (zu: düngen) – mich dünkt (zu: dünken)
er fing einen Hasen (zu: fangen) – Fink (des Finken)
der Anführer wurde gehängt (zu: hängen) – der Anführer wurde gehenkt (zu: henken)
du hängst die Wäsche auf (zu: aufhängen) – du henkst den Anführer (zu: henken) – Hengst
das Lied klingt aus (zu: ausklingen) – er klinkt die Bombe aus (zu: ausklinken)
er ringt/rang sich durch (zu: sich durchringen) – der Rang (die Ränge) – rank und schlank – die Blume rankt/rankte (zu: ranken)
er schlang seinen Gürtel um (zu: schlingen) – rank und schlank
er schwingt/schwang den Hammer (zu: schwingen) – er schwankt/schwankte (zu: schwanken) – der Kran schwenkt/schwenkte herum (zu: schwenken) – der Schwank
er sengt/sengte den Anzug an (zu: sengen) – er senkt/senkte seine Augen (zu: senken) – Senckenberg (dt. Arzt und Naturforscher)
der Vogel singt/sang (zu: singen) – das Schiff sinkt/sank (zu: sinken)
Tang (des Tanges; Seetang) – Tank (des Tankes; Wassertank)
Werg (des Werges; Flachsabfall) – Werk (des Werkes; ins Werk setzen)

c, ch, k oder kh

In Fremdwörtern und Namen kann im Anlaut, insbesondere vor *a, o* und *u* und vor *l* und *r*, der K-Laut durch verschiedene Buchstaben oder Buchstabengruppen wiedergegeben werden, und zwar:

K-Laut *c* z.B. in *Caravan, Clown*
hartes *ch* z.B. in *Charakter, Chlor*
(stimm- *k* z.B. in *Karawane, krau-*
loses) k *len*
kh z.B. in *Khaki*

In jedem der genannten Wörter spricht man bei richtiger Aussprache am Wortanfang ein k. Die Aussprache läßt den Unterschied in der Schreibung nicht erkennen.

Zu *ck, k* oder *kk* in Fremdwörtern ↑85ff.

Fremdwörter und Namen mit ch oder kh

91 Eine kleinere Gruppe von Fremdwörtern wird mit *ch* geschrieben. Hinzu kommen einige deutsche Namen. Gesprochen wird ein hartes k.

Die folgende Aufstellung umfaßt die meisten Wörter mit *ch* am Wortanfang:

Chaldäa (Babylonien), Chalzedon, Chamäleon, Chaos, Charakter, Charta, Chatte, Chemnitz (dt. Stadt), Chianti, Chiemsee, Chlodwig (fränk. König), Chloe (Eigenn.), Chlor, Cholera, Chor, Choral, Chrestomathie, Christ, Christa, Christian, Christine, Christoph, Christus, Chrom, Chronik, Chrysantheme [auch: chrü...], Chur (schweiz. Stadt), synchronisieren

● Beachte die wenigen Wörter mit *kh*:

Khaki (Nebenform: Kaki), Khan (mong.-türk. Herrschertitel), Khartum (Hptst. Sudans), Khedive (Titel des früheren Vizekönigs von Ägypten)

Fremdwörter und Namen mit c oder k

92 Eine nicht übermäßig große Anzahl von Fremdwörtern und Namen wird – entsprechend der Sprache, aus der sie stammen – mit *c* geschrieben. Sie sind in ihrer Schreibung nicht eingedeutscht worden.

Bei einer kleinen Gruppe besteht neben der Form mit *c* die eingedeutschte Form mit *k*. Besonders zu beachten sind bestimmte Wörter, die in der Fachsprache mit *c*, außerhalb der Fachsprache jedoch allgemein mit *k* geschrieben werden. Daneben gibt es sehr viele eingedeutschte Fremdwörter nur mit *k* (↑ 15).

Die folgende Aufstellung führt von den Wörtern mit *c* nur die wichtigsten auf; von den Wörtern mit *k* sind vor allem die berücksichtigt, die neben der Form mit *k* die Form mit *c* haben.

● Unterscheide die gleichklingenden Wörter mit unterschiedlicher Schreibung (↑ 9)!

a conto, à la carte, Autocar, Autocoat, Auto-Cross, Caballero, Kadmium/ (fachspr. nur:) Cadmium (chem. Grundstoff)

das Café (Kaffeehaus, -stube) – der Kaffee (Getränk) – Irish coffee

Kalzium/(fachspr. nur:) Calcium (chem. Grundstoff), Calgon🅦

Calif.=California (Abk. Calif.)/Kalifornien (Staat in den USA), – Californium (chem. Grundstoff)

Callboy, Callgirl, Calvados

Calvin (Genfer Reformator) – kalvinisch/calvinisch, Kalvinismus/Calvinismus

Calypso, Camburg (dt. Stadt), Camembert

Camera obscura – Kamera

Cammin (dt. Stadt), Camp [sprich: kämp] (Lager), Kamp (Feld[stück]), Campari, campen/Camping, kampieren, Camus (frz. Dichter)

Canada (engl.: Kanada) – Kanada (Bundesstaat in Nordamerika)

Canasta, Cancan, Kap – Cup
Cappuccino (Getränk), Capri
Caracas (Hptst. Venezuelas), Caracciola
(dt. Rennfahrer)
der Caravan (Personen- und Lastenwagen) – die Karawane
Karbid/(chem. fachspr.:) Carbid, Carmen (Vorn.), Carossa (dt. Dichter), Karosse, Karotin/(fachspr. nur:) Carotin, Carrara (it. Stadt)/Karrara (eingedeutscht), Caruso (it. Sänger), Casanova
Castel Gandolfo (Sommerresidenz des Papstes) – Kastell (Burg, Schloß)
Catch-as-catch-can, ex cathedra, Ketchup/Catchup (Würztunke), Chicago/(eingedeutscht:) Chikago (amerik. Stadt), Clan (Lehns-, Stammesverband)/Klan (eingedeutscht), Claqueur, Claudia/Claudine/Klaudia/Klaudine (Vorn.), clever, Clinch
Clip vgl. Klipp/Klips – Klipp (Klammer, Klemme; Klips) – Klips (klammerartige Brosche),
Clique, Clochard, Clou, Clown
Coach, Coburg (dt. Stadt), Coca-Cola Ⓦ, Cochem/Kochem (dt. Stadt), Cockerspaniel, Cockpit, Cocktail, Cocteau (frz. Dichter), Kode/(in der Technik nur:) Code (Schlüssel zu Geheimschriften), Collage, Colt, Comeback, Comics, Commonwealth, Kompresse (Umschlag), Comprette Ⓦ (Arzneimittel), Computer, Container, Copyright, Corn-flakes, Corsica/Korsika (eingedeutscht), Koton (Baumwolle)/Cotton (engl. Bez. für Baumwolle, Kattun), Cottbus (dt. Stadt), Couch, Countdown, Country-music, Coup, Coupon, Courage, Cousin, Cousine (Base)/vgl. auch Kusine, Covergirl, Cowboy
Crack, Creme (Süßspeise; Hautsalbe)/Krem (eingedeutscht), Krematorium, Crew, Cromargan Ⓦ, Croupier
Cumarin/Cumaron – Kumarin (Duftstoff)/Kumaron (chem. Verbindung)
Curare (Nebenform von Kurare) – Kurare ([Pfeil]gift)
Curcuma – Kurkuma (Heilpflanze)
Kusine (eingedeutschte Schreibung für Cousine), Cut/Cutaway, Cutter, Cuxhaven, Eskalation, Go-Kart (kleiner Rennwagen), Minicar (Kleintaxi), Moto-Cross,
Nikotin/(chem. fachspr.:) Nicotin, Nu-

merus clausus, Prokura, Ralley-Cross, Trenchcoat

7.12 Wörter mit L-Laut (l, ll)

Spricht man die Wörter *schal, faul, (der Ruf) schallt* und *schalt (das Licht) an* aus, so hört man, daß alle den Laut l enthalten.
Nach langem Vokal und damit auch nach einem Doppellaut kann nur ein einfaches *l* stehen, z.B. in *schal, faul* (↑29). Nach einem kurzen Vokal jedoch kann das *l* verdoppelt werden (wie in *[der Ruf] schallt*) oder nicht (wie in *schalt [das Licht] an*). Dies führt besonders im Auslaut zu Schwierigkeiten in der Schreibung.

Wörter mit l oder ll

93 Folgt einem kurzen und im allgemeinen betonten Vokal nur ein einfacher Konsonant, dann wird dieser im Deutschen in der Regel durch einen Doppelbuchstaben wiedergegeben, z.B. in *schallen* (↑ 29); folgen ihm verschiedene Konsonanten, die zum [erweiterten] Stamm, zum Kern des Wortes gehören, dann wird nicht verdoppelt, z.B. in *schalten* (↑ 31).
Um festzustellen, ob Konsonanten zum Stamm eines Wortes gehören, ist es oft nützlich, zu beugen, mit der einfachen Form oder mit Wörtern aus derselben Familie zu vergleichen (↑ 10ff.). Dadurch wird z.B. deutlich, daß das *t* in *(der Ruf) schallt* ein Beugungszeichen ist, das nur in bestimmten Formen des Zeitworts *schallen* auftritt, während das *t* in *schalt (das Licht) an* zum Stamm, zum Kern des Wortes *schalten* gehört, so daß hier die Verdopplung des *l* unterbleibt (↑ 31).

● Unterscheide die gleichklingenden Wörter mit unterschiedlicher Schreibung (↑ 9)!

albern, Alkohol, Allgäu, allgemein/allmählich/Alltag (zu: alle), Almosen, als, also, alt, April, Atoll (die Atolle)
bald (bald darauf) – er ballt/ballte die Faust (zu: ballen) – der Balte
du ballst die Faust (zu: ballen) – der Auerhahn balzt (zu: balzen), Balsam
Bällchen (zu: Ball) – Belche/die Belchen (Bläßhuhn) – Elsässer/Großer Belchen (Bergnamen)
der Hund bellt (zu: bellen) – Belt (Meerenge)
Dolde, doll, Dollbord, Dolman, Dolmetscher
er erhält (zu: erhalten) – sein Gesicht erhellt sich (zu: erhellen)
Falke, falls (zu: Fall/des Falles)/falls er kommt ... – Falz [– Pfalz]
ihr fallt [zu: fallen], Falte/falten
er fällt (zu: fallen oder fällen) – Feld (Getreidefeld)
Geld (er hat wenig Geld) – gell?/gelt? (nicht wahr?) – der Schrei gellt/die Schreie gellten (zu: gellen) – gelten (diese Bestimmungen gelten nicht mehr)
Gestalt/gestalten
der Schritt hallt/die Schritte hallten (zu: hallen) – Halt/halten (festhalten) – er ist halt so
er hält (zu: halten) – Held (Held des Tages) – es hellt auf (zu: aufhellen)
Helga/Helge (Vorn.), hell (helles Licht), Hellweg (Landstrich in Westfalen), Helm, Helma (Vorn.), Helmstedt (dt. Stadt), Helmut (Vorn.)
Henkel (am Topf) – Henkell ⓦ (Sekt)
Hildegard, Holbein (dt. Maler), Holstein, Hotel, du hüllst (zu: hüllen), Hülse, Idyll (die Idylle), Iltis
Karamel (gebrannter Zucker)/Karamelle (Bonbon), Kellner, Kult/Kultur
Malve, Metall (die Metalle), Motel [sprich: motel, motäl], Mulch (Schicht aus zerkleinerten Pflanzen), Mull, Müll, Mulm (lockere Erde)
Nachtigall (die Nachtigallen)
Nulpe (Dummkopf) – Nullpunkt
Pfalz, Protokoll (die Protokolle)
der Ruf schallt/die Rufe schallten (zu: schallen) – er schalt/sie schalten (zu: schelten) – schalt das Licht an!/schalten/

Schalter
Schellfisch, es schellt (zu: schellen), Schelm, der Fluß schwillt (zu: schwellen), Schwulst/schwulstig/schwülstig (aber: schwellen)
Sold (Lohn) – er soll/du sollst/ihr sollt (zu: sollen) – Soldat
tolerieren – [Haar]tolle – toll (die tollen Tage)/Tollhaus – Tolpatsch/tolpatschig
Tölpel/tölpeln (landsch.:) – Tunell, Ulrich (Vorn.), Vasall (die Vasallen), verballhornen, voll (volle Säcke)
Wallfahrer/-fahrt (zu: wallen ‚pilgern‘) – Walfisch – Walhall [auch: walhal]/Walhalla – Walplatz/-statt [auch: wal...] – Walküre [auch: wal...] – Walnuß – Walroß – der Wall
du wallst (zu: wallen ‚pilgern‘) – du walzt (zu: walzen)
er wallt (zu: wallen ‚pilgern‘) – das Meer wallt (zu: wallen ‚sprudeln, bewegt fließen‘) – der Wald
er wallte/sie wallten (zu: wallen ‚pilgern‘) – das Meer wallte (zu: wallen ‚sprudeln, bewegt fließen‘) – das walte Gott!/walten (schalten und walten) – Walter/Walther (m. Vorn.)
Wilhelm (Vorn.), Willkommen/Willkür (zu: Wille), Wolke, Wollknäuel (zu: Wolle)
Volt (Spannungseinheit) – Volte (Reitfigur)/die Volten – ihr wollt/ er wollte/sie wollten (zu: wollen)
Zoll (zu: zollen)
↑ die Fremdwörter auf -ell 48.

7.13 Wörter mit M-Laut (m, mm)

Spricht man die Wörter *Gram, kaum, Gramm, er hemmt* und *Hemd* aus, so hört man, daß alle den Laut m enthalten.
Nach langem Vokal und damit auch nach einem Doppellaut kann nur ein einfaches *m* stehen, z.B. in *Gram, kaum* (↑ 29). Nach einem kurzen Vokal jedoch kann das *m* verdoppelt werden (wie in *Gramm, er hemmt*) oder nicht (wie in *Hemd*). Dies führt besonders im Auslaut häufig zu Schwierigkeiten in der Schreibung.

Wörter mit m oder mm

94 Folgt einem kurzen und im allgemeinen betonten Vokal nur ein einfacher Konsonant, dann wird dieser im Deutschen in der Regel durch einen Doppelbuchstaben wiedergegeben, z.B. in *hemmen* (↑ 29); folgen ihm verschiedene Konsonanten, die zum [erweiterten] Stamm, zum Kern des Wortes gehören, dann wird nicht verdoppelt, z.B. in *Hemd* (↑ 31).

Um festzustellen, ob Konsonanten zum Stamm, zum Kern eines Wortes gehören, ist es oft nützlich, zu beugen, mit der einfachen Form oder mit Wörtern aus derselben Familie zu vergleichen (↑ 10 ff.). Dadurch wird z.B. deutlich, daß das *t* in *er hemmt* ein Beugungszeichen ist, das nur in bestimmten Formen des Zeitworts *hemmen* auftritt, während das *d* in *Hemd* zum Stamm, zum Kern des Wortes gehört, so daß hier die Verdopplung des *m* unterbleibt (↑ 31). Zu besonderen Fällen ↑ 32.

● Unterscheide die gleichklingenden Wörter mit unterschiedlicher Schreibung (↑ 9)!

am, Amboß, Amrum (Nordseeinsel), Amsel, Amt/Beamter, Begum/die Begumen, Bertram (Vorn.), Bisam/die Bisame, Bräutigam/die Bräutigame, Brombeere, er brummt/Brummbär (zu: brummen)

Dambock/Damhirsch/damledern/Damwild – Damm (des Dammes)/Dammbruch/-riß/er dämmt (zu: dämmen)

darum, Dompteur, Eidam/die Eidame, empfinden, emsig, fromm (fromme Beterin), Gemse, gesamt/Gesamtheit, Gesumm/Gesumme (zu: summen), Gramm (die Gramme), Grumt (aber: Grummet)

das Hemd – Hemmnis/er hemmt (zu: hemmen)

herum, Himbeere, himmlisch (zu: Himmel), Humbug, Hymne, im, Imker, insgesamt, Isegrim/die Isegrime, Kamm (die Kämme)/Kammgarn/-rad

Kammer – Kamera

er kämmt (zu: kämmen), er kommt (zu: kommen), Kompagnon, Krempe, krumm (krumme Beine), Kumt (aber: Kummet), Kumpel, Lamm (die Lämmer), Lampe, Moslem (Anhänger des Islams)/Muslim (Moslem)/die Muslime

Mumm (Mut) – Mumpitz (Unsinn) – Mumps (Ziegenpeter)

du nimmst/er nimmt (zu: nehmen)

Nummer – numerieren, Omnibus, Pilgrim/die Pilgrime, Publikum, er rammte/Rammbock (zu: rammen), Rampe, Rum

Sammlung (zu: sammeln), samt (samt dem Gelde), Samt/samten, sämtlich, Schimpf, Schlamm (zu: schlammig), Schwamm (die Schwämme), Symbol, Sympathie

Telegramm (die Telegramme), Trimm-Aktion, Trimm-dich-Pfad, Trompete, um/umlaufen usw., Versammlung (zu: versammeln), vom, Vorkommnis (zu: vorkommen), zimperlich, Zimt, zum

7.14 Wörter mit N-Laut (n, nn)

Spricht man die Wörter *Span, braun, er spannt, du spinnst* und *Gespinst* aus, so hört man, daß alle den Laut n enthalten.

Nach langem Vokal und damit auch nach einem Doppellaut kann nur ein einfaches *n* stehen, z.B. in *Span, braun* (↑29). Nach einem kurzen Vokal jedoch kann das *n* verdoppelt werden (wie in *er spannt, du spinnst*) oder nicht (wie in *Gespinst*). Dies führt besonders im Auslaut häufig zu Schwierigkeiten in der Schreibung.

Wörter mit n oder nn

95 Folgt einem kurzen und im allgemeinen betonten Vokal nur ein einfacher Konsonant, dann wird dieser im Deutschen in der Regel durch einen Doppelbuchstaben wiedergegeben, z.B. in *spinnen* (↑ 29); folgen ihm verschiedene Konsonanten, die zum [erweiterten] Stamm, zum Kern des Wortes gehören, dann wird nicht verdoppelt, z.B. in *Gespinst* (↑ 31).

Um festzustellen, ob Konsonanten zum Stamm, zum Kern eines Wortes gehören, ist es oft nützlich, zu beugen, mit der einfachen Form oder mit Wörtern aus derselben Familie zu vergleichen (↑ 10ff.). Dadurch wird z.B. deutlich, daß das *t* in *er spannt* und das *st* in *du spinnst* Beugungszeichen sind, die nur in bestimmten Formen der Zeitwörter *spannen* und *spinnen* auftreten, während das *st* in *Gespinst* zum Stamm, zum Kern des Wortes gehört, so daß hier die Verdopplung des *n* unterbleibt (↑ 31). Zu besonderen Fällen ↑ 32, zu doppeltem Konsonanten in Fremdwörtern ↑ 33.

● Unterscheide die gleichklingenden Wörter mit unterschiedlicher Schreibung (↑ 9)!

Ammann/Gemeinde-/Landammann (schweiz.), an/ankommen usw.
er band/Band (zu: binden) – er bannt die Angst (zu: bannen)
bekannt/Bekanntschaft (zu: kennen), er besann sich (zu: sich besinnen), ich bin (zu: sein)
Brand/Brandbrief/branden/Brandmal/ brandmarken/-schatzen/brenzlig (aber: brennen) – es brennt/brannte/Branntkalk/Branntwein [– Weinbrand]
dann, denn, Dolman, Don (russ. Fluß), Dragoman
dünn/der dünnste (dünne Arme) – Dunst/die Dünste/ich dünste/dünsten/ dunstig
Garant/Garantie, gen (gen Süden), er ist gerannt (zu: rennen), Gerinnsel/es gerinnt (zu: rinnen), Gesinde, gesinnt (zu: Gesinnung), Gespann (zu: spannen), Ge-spenst, Gespinst (aber: spinnen), Gespons
Gewand – gewandt – Gewann/Gewanne – er gewann/ihr gewannt/Gewinn/du gewinnst/er gewinnt (zu: gewinnen) – Gewinst
Hetman, hin/hinfallen usw.

in/inwendig usw. – Inn (Nebenfluß der Donau)/Inntal
Kaiman, er kann/du kannst (zu: können) [aber: Kunst]
er kannte/ sie kannten (zu: kennen) – Kante/die Kanten
du kennst/er kennt/kenntlich/Kenntnis/ Kennzeichen (zu: kennen), Kinn (des Kinnes), Kunst/Künstler (aber: können), lynchen

● Unterscheide *Mann* und *man:*
Mann (des Mannes)/er ist Manns genug ..., Mannschaft – man (man sagt ...), mancher

Unterscheide die Zusammensetzungen mit *Mann* von Wörtern auf -*man:*
Ammann, Biedermann, Froschmann, jedermann, Kaufmann, Muselmann (eingedeutscht für: Muselman), Nebenmann, Seemann usw.
Dolman, Dragoman, Hetman, Kaiman, Muselman (Moslem), Talisman

Fortsetzung der alphabetischen Aufstellung:
Mandel, Mantel, Muselman (Moslem)/ (eingedeutscht:) Muselmann
Penthaus/Penthouse (Dachwohnung) – er pennt (zu: pennen), Poncho
Rand – er kam gerannt/er rannte/ihr rennt/Rennpferd/Rennstall (zu: rennen) – Ren [auch: rẹn]/Rẹntier/Renntier (falsch für: Ren[tier])
Resonanz, Rind – Rinnsal/der Bach rinnt (zu: rinnen)
Sand – er sann/ihr sannt darüber nach (zu: sinnen)
Schuman (frz. Politiker) – Schumann (dt. Komponist)
sie sind (zu: sein) – Singrün – ihr sinnt darüber nach/Sinn – Sintflut
du sonnst dich/er sonnt sich (zu: sich sonnen) – sonst/sonstig
du spannst/er spannt (zu: spannen)
Spind ([Kleider]schrank) – du spinnst/er spinnt (zu: spinnen) [– Gespinst/Hirngespinst] – Spint (weiches Holz zwischen Rinde und Kern)
Spindel, synchronisieren usw., Talisman, Transport, Tyrann (die Tyrannen), unabhängig/unabsichtlich usw.
Verband/du verbandst/er verband (zu: verbinden) – du verbannst/er verbannt

(zu: verbannen)
von wann, Weinbrand [– Branntwein],
wenn, Wind, Zinn (des Zinnes)

● Beachte: Ableitungen, die auf *-in*
enden, haben im Plural die Endung
-innen (↑ 30):

Königin – Königinnen, Ministerin – Mi-
nisterinnen

7.15 Wörter mit langem o (o, oo, oh, oe, ow, oi, au, eau)

Viele Wörter enthalten ein langgesprochenes o. Die Schreibung dieser
Wörter ist deswegen oft schwierig,
weil dieser Laut durch verschiedene
Buchstaben oder Buchstabengruppen
wiedergegeben wird, und zwar
(↑ 19 ff.):

o	z.B. in *losen*
oo	z.B. in *Boot*
oh	z.B. in *Kohle*

langes o nur in Fremdwörtern
oder Namen:

oe	z.B. in *Coesfeld*
ow	z.B. in *Bowle*
au	z.B. in *Sauce*
eau	z.B. in *Plateau*

In jedem der genannten Wörter
spricht man bei richtiger Aussprache
ein langes o. Die Aussprache läßt den
Unterschied in der Schreibung nicht
erkennen.

Wörter mit einfachem o

96 Sehr viele Wörter werden mit
einfachem *o* geschrieben, d.h.,
die Dehnung des langgesprochenen o
wird in der Schreibung nicht besonders kenntlich gemacht.
Die folgende Aufstellung erfaßt nur
einen Teil dieser Wörter:

Aroma, das hat ihn dazu bewogen, bloß
(bloße Füße), Bochum (dt. Stadt), Bonus, Bor (chem. Grundstoff), Bora
(Wind), er bot/sie boten (zu: bieten),

Bote (Postbote), Brom, Chlor, Chor,
Chrom, Chronik, Coca-Cola ⓦ, Dole
(bedeckter Abzugsgraben)/die Dolen,
Dom, empor, er erkor/sie erkoren (zu:
erkiesen), Flor, Floß (die Flöße), Folie,
Forum, Fro-heit/(aber:) froh (↑ 27),
Fron, er fror/sie froren (zu frieren), gebo-
ren, jmdm. gewogen sein, Glorie, Gnom,
Golem, Gon, groß
hallo, Ho-heit/(aber:) hoch/hohe Berge
(↑ 27), hol!/ich hole das Buch/holen (ab-
holen), Honig, Horen, Jobst/Jodok/Jo-
dokus/Jost (Vorn.), Jodler, Joghurt, Jo-
Jo, Karo, Kloster, Kog/Koog (aber: die
Köge, ↑ 23), Koks, Kola (Kolanuß), Ko-
libri, Koma, Konus, Kopra, koscher,
Krone, Kronzeuge, das Lot (Senkblei),
Lot (Eigenn.), Lothringen, Mol, Mole,
Monat, Mond, Mongole, Montag, Mo-
todrom, Motor
Nomen, None, Obst, Oma, Omen,
Ostern, Petroleum, Pol, Polen, Polo,
Pore, Propst, Prost, Ro-heit/(aber:) roh
(↑ 27), Rom, Rorschach (schweiz. Stadt),
schmoren, schon, schonen, Schoß (die
Schöße), so, Sofa, Sol (röm. Sonnengott),
Sole (kochsalzhaltiges Wasser)/die Solen/
Solei, solo/das Solo, Solnhofen (in Mit-
telfranken), Soma, Soße (frz. Schrei-
bung: Sauce), Spore, Strom
Thron, Ton (Laut), Ton (Tonerde), Tor,
Trost, er verlor/sie verloren (zu: verlie-
ren), Vogt, vor, Woge (Welle), er zog/sie
zogen (zu: ziehen), Zone

● Beachte die Fremdwörter auf *-ol*,
on -one und die Pluralform auf *-oren*:
frivol, Idol, Monopol, Symbol usw.; Baron, Fabrikation, Mikrophon, monoton,
Person, synchron usw.; Kanone, Ma-
krone, Patrone, Zitrone usw.; (in Plural-
formen): Lektoren (zu: Lektor), Profes-
soren (zu: Professor), Tresoren (zu: Tre-
sor) usw.

Wörter mit oo

97 Eine begrenzte und überschaubare Anzahl von Wörtern wird
mit *oo* geschrieben. Diese sollte man
sich einprägen. Daneben findet sich
oo auch in Namen, von denen nur
einige angeführt werden:

ausbooten (zu: Boot), bemoost (zu: Moos), Boonekamp ® (ein Magenbitter), Boot (Ruderboot; aber: Bötchen, Bötlein, ↑ 23)/die Boote, doof, Doornkaat ® (Branntwein), Kap Hoorn (Südspitze Amerikas), Kloot (niederd. für: Kugel)/Klootschießen, Koofmich (verächtl. für: Kaufmann), Koog/Kog (aber: die Köge, ↑ 23), Moor (Sumpfland), Moos (Pflanzengruppe), Moos (ugs. für: Geld), Noor (niederd. für: Haff), Roof (Seemannsspr.: [Schlaf]raum auf Deck), Soonwald (dt. Gebirgszug), Soor (Pilzbelag in der Mundhöhle), Soot (niederd. für: Brunnen), Wangerooge (ostfries. Insel), Waterloo, Woog (mdal. für: Teich, tiefe Flußstelle)/die Wooge, Zoo

Wörter mit oh

98 Viele deutsche Wörter werden mit *oh* geschrieben.
Beispiele sind:

Argwohn, Bohle (Brett)/die Bohlen, Bohne, bohnern, bohren, Dohle (ein Rabenvogel)/die Dohlen, Dohne, drohen/er droht/sie droh[e]n, Drohne, er floh/sie floh[e]n (zu: fliehen), Floh, Fohlen, froh/(aber:) Fro-heit (↑ 27), hohe Berge/hoch/(aber:) Ho-heit (↑ 27), hohl/hohle Nüsse/die hohlen Nüsse, Hohlsaum, Hohn, Johnson (dt. Schriftsteller), Klatschmohn, Kohl, Kohle, Lohe, lohen/das Feuer loht, Lohn, Mohn, Mohr (Neger), Mohrrübe, Ohm, ohne, Ohnmacht, Ohr, roh/(aber:) Ro-heit (↑ 27), Rohr, Sohle (Fuß-, Talsohle)/die Sohlen/Sohl[en]leder, Sohn, Stroh/Strohhut, wohl, Wohl, wohnen

Fremdwörter und Namen mit oe, ow oder oi

99 Bestimmte Namen und einige Wörter aus dem Englischen werden mit *oe* oder mit *ow* geschrieben; gesprochen wird ein langes o:

oe: Coesfeld [sprich: koß...], Defoe (engl. Schriftsteller), Doeskin ® (Wollgewebe), Itzehoe (dt. Stadt), Monroedoktrin, Bad Oldesloe, Soest (dt. Stadt) usw.

ow: Basedow [sprich: básedo] (dt. Mediziner), Bollnow (dt. Philosoph), Bowle (Getränk)/die Bowlen, Bülow (Familienn.), Bungalow, Slowfox, Teltow (dt. Stadt), Virchow (dt. Arzt) usw.

Beachte auch:

Voigtländer ®.

Fremdwörter und Namen mit au oder eau

100 Bestimmte Wörter und Namen aus dem Französischen werden mit *au* oder *eau* geschrieben; gesprochen wird ein langes o:

au: Baud [sprich: baut, auch: bot] (Fernschreibeinheit), Debauche [sprich: debosch] (Ausschweifung), Hausse, Sauce (frz. Schreibung von Soße) usw.
eau: Cocteau [sprich: kokto] (frz. Dichter), Niveau, Plateau, ponceau usw.

Gleichklingende Wörter

101 Unterscheide die gleichklingenden Wörter mit unterschiedlicher Schreibung (↑ 9)!

Bohle (Brett)/die Bohlen – Bowle (Getränk)/die Bowlen
Bor (chem. Grundstoff) – bohren/ich bohre/bohr[e]! – Bora (Wind)
Bote (Postbote)/die Boten – Boot (Ruderboot)/die Boote – er bot/sie boten (zu: bieten)
Dole (bedeckter Abzugsgraben)/die Dolen – Dohle (ein Rabenvogel)/die Dohlen
hol das Buch!/ich hole das Buch/holen – hohl/hohle Nüsse/die hohlen Nüsse
Moor (Sumpfland) – Mohr (Neger)
Sole (kochsalzhaltiges Wasser)/die Solen, Solei – Sohle (Fuß-, Talsohle)/die Sohlen, Sohl[en]leder – solo/das Solo
Woge (Welle) – Woog (mdal. für: Teich, tiefe Flußstelle)/die Wooge – jmdm. gewogen sein – das hat ihn dazu bewogen

7.16 Wörter mit langem ö (ö, öh, oe, eu)

Viele Wörter enthalten ein langgesprochenes ö. Die Schreibung dieser

Wörter ist deswegen oft schwierig, weil dieser Laut durch versschiedene Buchstaben oder Buchstabengruppen wiedergegeben wird, und zwar (↑ 19 ff.):

ö   z.B. in *stören*
öh z.B. in *stöhnen*

langes ö nur in Namen oder Fremdwörtern:

oe z.B. in *Goethe*
eu z.B. in *Milieu*

In jedem der genannten Wörter spricht man ein langes ö. Die Aussprache läßt den Unterschied in der Schreibung nicht erkennen.

Wörter mit einfachem ö

(102) Sehr viele Wörter werden mit einfachem ö geschrieben, d.h., die Dehnung des langgesprochenen ö wird in der Schreibung nicht besonders kenntlich gemacht.

Das *ö* ist im Deutschen – historisch gesehen – ein umgelautetes *o* (↑ 2). Häufig läßt sich deshalb die Schreibung eines Wortes dadurch bestimmen, daß man eine andere Form des Wortes (Vergleiche mit der einfachen Form! ↑ 11) oder ein verwandtes Wort mit *o* oder gelegentlich mit *oo* zu Rate zieht (Vergleiche mit Wörtern aus derselben Familie! ↑ 12), von denen man weiß, daß sie ohne *h* geschrieben werden (↑ 96 f.).

Die folgende Aufstellung erfaßt nur eine kleine Auswahl der Wörter mit einfachem *ö:*

Behörde, betören (zu: der Tor), Bö, Bötchen/Bötlein (zu: Boot, ↑ 23), Brötchen (zu: Brot), dösen, empören, Fön ⓦ (Heißluftgerät)/sich die Haare fönen, Förde, Före (Schisport: Eignung des Schnees zum Fahren), Frisör/Frisöse (eingedeutscht für: Friseur/Friseuse, ↑ 105), Fröbel (dt. Pädagoge), frönen (zu: Fron)

Gehöft (zu: Hof), Gör[e], Grönland, hören (horchen), klönen, die Klöster (zu: Kloster), die Köge (zu: Koog/Kog, ↑ 23), König, Köper, krönen (zu: Krone), Likör, lösen (zu: los), löten (zu: Lot), Löwe, Markör, Mörike (dt. Dichter), Öfchen (zu: Ofen), Öl, Öre (dän., norw., schwed. Münze)/die Öre, persönlich (zu: Person)
Pikör, Pöbel, Römer (zu: Rom), rösten (zu: Rost), schön, schwören, Stör, stören, er stößt (zu: stoßen), strömen/Strömung (zu: Strom), tönen (zu: Ton ‚Laut'), tönern (zu: Ton ‚Tonerde'), töricht (zu: der Tor), Trödler, trösten (zu: Trost), verpönen, zerstören, Zölestin, Zölibat

● Beachte die Fremdwörter auf *-ö[e]:*

Amenorrhö/Amenorrh<u>öe</u>, Blennorrhö/ Blennorrh<u>öe</u>, Diarrhö/Diarrh<u>öe</u>, Dysmenorrhö/Dysmenorrh<u>öe</u>, Galaktorrhö/ Galaktorrh<u>öe</u>, Gonorrhö/Gonorrh<u>öe</u>, Leukorrhö/Leukorrh<u>öe</u>, Logorrhö/Logorrh<u>öe</u>, Menorrhö/Menorrh<u>öe</u>, Spermatorrhö/Spermatorrh<u>öe</u> (↑ 110)

Wörter mit öh

(103) Nicht übermäßig viele deutsche Wörter werden mit *öh* geschrieben. Häufig läßt sich dabei das *öh* in einer anderen Form des Wortes (↑ 11) oder in einem verwandten Wort (↑ 12) auf ein *oh* zurückführen (↑ 98).

Die wichtigsten Wörter dieser Gruppe sind:

argwöhnisch (zu: Argwohn), Böhmen, dröhnen, Föhn (Fallwind)/föhnen/es föhnt stark/föhnig, Föhre (Kiefer), fröhlich (zu: froh), gewöhnen/gewöhnlich (zu: Gewohnheit), Höhe (zu: hoch), Höhle (zu: hohl), höhnen/höhnisch (zu: Hohn), Köhler (zu: Kohle), die Löhne/Löhnung (zu: Lohn), Möhre, Öhr (Nadelöhr; zu: Ohr)/die Öhre, Röhre/Röhricht (zu: Rohr), röhren, stöhnen, verhöhnen (zu: Hohn), versöhnen/versöhnlich, verwöhnen (zu: Gewohnheit), Wöhrde

Namen mit oe

(104) Bestimmte Namen werden mit *oe* geschrieben; gesprochen wird ein langes ö:

Goedeke [sprich: gö...] (dt. Literarhistoriker), Goes (deutscher Schriftsteller), Goethe, Koenig (Erfinder der Schnellpresse), Koepescheibe (Bergbau: Treibscheibe), Moers (dt. Stadt), Oelsnitz (dt. Stadt), Oelsnitz/Erzgeb. (dt. Stadt), Spoerl (dt. Schriftsteller)

Fremdwörter mit eu

(105) Bestimmte Gruppen von Wörtern aus dem Französischen werden mit *eu* geschrieben; gesprochen wird ein langes ö. Es sind dies die Wörter auf *-eu, -eur, -euse:*

-eu: adieu! [sprich: adjö], Jeu, Milieu usw.

-eur: Akteur [sprich:...tör], Amateur, Bankrotteur, Chauffeur, Claqueur, Coiffeur, Couleur, Dekorateur, Deserteur, Diseur, Dompteur, Exporteur, Exterieur, Friseur (eingedeutscht: Frisör, ↑ 102), Frondeur, Gouverneur, Graveur, Hasardeur, Honneurs, Hypnotiseur, Importeur, Ingenieur, Inspekteur, Instrukteur, Interieur, Jongleur, Kollaborateur, Kommandeur, Konstrukteur, Kontrolleur, Malheur, Masseur, Metteur, Monteur, Odeur, Provokateur, Redakteur, Regisseur, Restaurateur, Saboteur, Souffleur, Spediteur

-euse: Annonceuse [sprich: ...Böse], Balletteuse, Coiffeuse, Diseuse, Dompteuse, Friseuse (eingedeutscht: Frisöse, ↑ 102), Hasardeuse, Masseuse, Souffleuse

Gleichklingende Wörter

(106) Unterscheide die gleichklingenden Wörter mit unterschiedlicher Schreibung (↑ 9)!

Fön ⓦ (Heißluftgerät)/die Haare fönen – Föhn (Fallwind)/föhnen/es föhnt stark/föhnig
Före (Schisport: Eignung des Schnees zum Fahren) – Föhr (eine nordfries. Insel) – Föhre (die Kiefer)

König – Koenig (Erfinder der Schnellpresse)
Öre (dän., norw., schwed. Münze)/die Öre – Öhr (Nadelöhr; zu: Ohr)/die Öhre

7.17 Wörter mit P-Laut (b, bb, p, pp)

Spricht man die Wörter *lieb, sie schrubbt, er piept* und *Klapptisch* aus, dann hört man, daß alle vier Wörter denselben Laut enthalten: das harte (stimmlose) p. Daraus folgt: Der P-Laut wird im Auslaut durch verschiedene Buchstaben oder Buchstabengruppen dargestellt.

P-Laut		
hartes	*b*	z.B. in *lieb*
(stimm-	*bb*	z.B. in sie *schrubbt*
loses) p	*p*	z.B. in er *piept*
	pp	z.B. in *Klapptisch*

Über *b* und *p* im Anlaut oder Inlaut ↑ 5.

Wörter, deren Schreibung begründet werden kann

(107) In vielen Fällen läßt sich die Schreibung eines Wortes dadurch bestimmen, daß man beugt, mit der einfachen Form oder mit Wörtern aus derselben Familie vergleicht (↑ 10ff.):

Die Schreibung des P-Lautes im Auslaut richtet sich nach dem Inlaut.
Beispiele für die Anwendung dieser Regeln sind:

b: Betriebsausflug/Betriebsrat (zu: Betrieb, die Betriebe), derb (derbe Worte), Dieb (die Diebe), erblich (zu: erben), Ergebnis (zu: ergeben), Erwerb (zu: erwerben), Gelübde (zu: geloben), gib!/du gibst/er gibt (zu: geben), Grab (die Gräber), habhaft (zu: haben), Hieb (zu: sie hieben, hauen), er hob/Hubraum (zu: heben), Labsal (zu: laben), nebst (zu: neben), Reblaus (zu: Rebe), Rübsamen (zu: Rübe), er schob/Schublade/Schubs/schubsen (zu: schieben), selbst (zu: selber), siebte (zu: sieben), es staubt (zu: stauben), das Wasser stäubt (zu: stäuben), strebsam (zu: streben) *bb* (nach kurzem Vokal; ↑ 29): der Lärm ebbt/ebbte ab (zu: abebben), kribblig (zu: kribbeln), er robbt/robbte/du robbst/robbtest über den Platz (zu: robben), sie schrubbt/schrubbte/du schrubbst / schrubbtest / Schrubbmittel (zu: schrubben)

p: der Alp (gespenstisches Wesen, Alpdrücken)/die Alpe, die Alp (Bergweide)/ die Alpen, er kneipt (zu: kneipen, mdal. für: kneifen), Lämpchen (zu: Lampe), Lump (die Lumpen), Piep/er piept (zu: piepen), plump (mit plumpen Schritten), er pumpt (zu: pumpen), Skalp (die Skalpe), zerlumpt (zu: Lumpen), der Vogel zirpt (zu: zirpen)

pp (nach kurzem Vokal; ↑ 29): er entpuppt sich (zu: sich entpuppen), er flippt aus (zu: ausflippen), Galopp (die Galopps und Galoppe), Gestrüpp (des Gestrüppes), Käppchen (zu: Kappe), er kappt (zu: kappen), Kläppchen (zu: Klappe), es klappt (zu: klappen), knapp (knappes Wirtschaftsgeld), er kneippt (zu: kneippen [nach Kneipps Verfahren eine Wasserkur machen; als Ableitung von *Kneipp* entgegen 29 mit zwei *pp*]), Nepp[lokal], er neppt die Gäste (zu: neppen), Nippflut/-tide (geringe Flut), Nippsachen, er nippte (zu: nippen), Pappkarton (zu: Pappe), das poppt mächtig (zu: poppen), Rippchen (zu: Rippe), Schrappeisen, er schrappt (zu: schrappen), Steppdecke, er steppt (zu: steppen ‚Step tanzen, Stofflagen zusammenlegen‘), stopp! (halt!)/der Stopp/Stopplicht (zu: stoppen ‚mit der Stoppuhr messen‘), sie strippt (zu: strippen), er tappt (zu: tappen), Tippse (zu: tippen), Tippzettel (zu: tippen), zapplig (zu: zappeln)

Wörter, deren Schreibung man sich einprägen muß

108 Bei bestimmten Wörtern läßt sich die Schreibung mit Hilfe dieser Regeln nicht ohne weiteres begründen (↑ 10 und 12). Diese Wörter sollte man sich einprägen:

b: ab/ablassen usw., Abt, die Alb (Gebirge)/Schwäbische Alb, Bob[sleigh] (Rennschlitten), drob (darob), Erbse, Herbst, hübsch, Jakob (Vorn.), Klub, Krebs, Mob (Pöbel)/des Mobs, Niblick (Golfschläger), ob, Obdach, obliegen usw., Obst, Rebhuhn usw.

p: Alpdrücken/-traum, Apsis, Dropkick (Fußball), Drop-out (Aussteiger), Drops, Fasbury-Flop, Flip (Getränk), Flipflop[schaltung], Flop, Gips, Haupt, hopsen, japsen, Kap, Kapsel, Ketchup, Klaps, Klempner, Klops, knipsen, Knirps, Mop (Staubbesen)/die Mops, Mops (Hunderasse), Mumps, Neptun (Gott, Planet), Neptunium (Metall), nonstop, Onestep (Tanz), Optik, Optimist, Papst, Pin-up-Girl, Pop/Pop-art/Popfestival/-musik, Popcorn, prompt, Propst, Quickstep, Raps, Rezept, Rips, rülpsen, Schlips, Schnaps, Schrapnell, Schrapsel, Schwips, September, [Sex]shop, Skriptgirl, Slapstick (Gag), Step (ein Tanz), Stepschritt, stop! (engl. „halt!"; im Telegraphenverkehr: Punkt), Stöpsel, stöpseln, Strip[tease], ein guter Tip, topfit, topless, Topmanager/-modell, top-secret, up to date usw.

pp (nach kurzem Vokal; ↑ 29): hoppla, Kintopp (Kino), Philipp, Steppke (kleiner Kerl), tipptopp, topp (Ausruf), Topp (Ende des Mastes)/Toppflagge/-segel usw.

● Beachte die Fremdwörter mit *ab-*, *ob-* oder *sub-*:

absorbieren, absurd usw.; Objekt, obligat usw.; Subjekt, subkutan usw.

Gleichklingende Wörter

109 Unterscheide die gleichklingenden Wörter mit unterschiedlicher Schreibung (↑ 9)!

ab/ablassen usw. – up to date – Ketchup – Pin-up-Girl

die Alb (Gebirge; Fränkische/Schwäbische Alb) – der Alp (gespenstisches Wesen, Alpdrücken)/die Alpe/Alpdrücken/ -traum – die Alp (Bergweide)/die Alpen

drob (darob) – Dropkick (Fußball) – Drop-out (Aussteiger) – Drops

er kneipt (zu: kneipen, mdal. für: kneifen) – er kneippt (zu: kneippen ‚nach Kneipps Verfahren eine Wasserkur machen‘)

Mob (Pöbel)/des Mobs – Mop (Staubbesen)/der Mops – Mops (Hunderasse)

Nepp[lokal]/er neppt die Gäste (zu: neppen) – Neptun (Gott; Planet)/Neptunium (Metall)

Niblick (Golfschläger) – Nippflut/-tide
(geringe Flut) – Nippsachen – er nippte
(zu: nippen)
Pop/Pop-art/Popfestival/-musik – Popcorn – das poppt mächtig (zu: poppen)
Schrapnell – Schrappeisen/er schrappt
(zu; schrappen) – Schrapsel (Abgekratz-
tes)
das Wasser stäubt (zu: stäuben) – er
stäupt (zu: stäupen)
Step   (Tanz)/Onestep/Quickstep/Two-
step/Stepschritt – er steppt (Step tanzen;
Stofflagen zusammenlegen) – Steppdecke
– Steppke (kleiner Kerl)
stop! (engl. „halt“; im Telegraphenverkehr: Punkt)/nonstop – stopp! (halt!)/
der Stopp/Stopplicht (zu: stoppen ‚anhalten; mit der Stoppuhr messen‘)
Strip[tease] – sie strippt (zu: strippen)
ein guter Tip – Tippse/Tippzettel (zu: tippen) – tipptopp – Kintopp (Kino) – Topp
[flagge/-segel] – topp (Ausruf) – topfit,
topless, Topmanager/-modell, top-secret

7.18 Wörter mit R-Laut (r, rh, rrh, rr)

rh oder rrh

(110) Deutsche Wörter und die meisten Fremdwörter werden nach
einem einfachen oder doppelten *r*
ohne *h* geschrieben.
Nur eine begrenzte und überschaubare Gruppe von Fremdwörtern und
Namen werden mit *rh* oder *rrh* geschrieben. Diese sollte man sich einprägen:
rh tritt auf am Wortanfang in griechischen Wörtern und in einigen Namen.
rrh tritt auf im Innern und am Ende
griechischer Wörter.
● Die wichtigsten Wörter und Namen mit dieser Schreibung sind:
Amenorrhö[e], Blennorrhö[e], Diarrhö[e]
usw. (↑ 102), Hämorrhoide[n], Katarrh,
Myrrhe, Rhabarber, Rhapsodie, Rhein,
Rhenium, Rheologie, Rhesus[faktor],
Rhetor, Rheuma[tismus], Rheydt (dt.
Stadt), Rhinitis, Rhinozeros, Rho,

Rhodamine, Rhodium, Rhododendron,
Rhodos (gr. Insel), Rhombus, Rhön,
Rhone, Rhotazismus, Rhus (Essigbaum),
Rhynchote, Rhythmus, Szirrhus, Zir-
rhose

r oder rr

Spricht man die Wörter *gar, garstig,
hart (hartes Holz)* und *er harrt* aus,
so hört man, daß alle den Laut r enthalten.
Nach langem Vokal und damit auch
nach einem Doppellaut kann nur ein
einfaches *r* stehen, z.B. in gar (↑ 29).
Nach einem kurzen Vokal jedoch
kann das *r* verdoppelt werden (wie
in *er harrt*) oder nicht (wie in *garstig,
hart*). Dies führt besonders im Auslaut häufig zu Schwierigkeiten in der
Schreibung.

Wörter mit r oder rr

(111) Folgt einem kurzen und im allgemeinen betonten Vokal nur
ein einfacher Konsonant, dann wird
dieser im Deutschen in der Regel
durch   einen   Doppelbuchstaben
wiedergegeben, z.B. in *harren* (↑ 29);
folgen ihm verschiedene Konsonanten, die zum [erweiterten] Stamm,
zum Kern des Wortes gehören, dann
wird nicht verdoppelt, z.B. in *hart*
(↑ 31).
Um festzustellen, ob Konsonanten
zum Stamm eines Wortes gehören, ist
es oft nützlich, zu beugen, mit der
einfachen Form oder mit Wörtern
aus derselben Familie zu vergleichen
(↑ 10ff.). Dadurch wird z.B. deutlich,
daß das *t* in *er harrt* ein Beugungszeichen ist, das nur in bestimmten Formen des Zeitworts *harren* auftritt,
während das *t* in *hart (hartes Holz)*
zum Stamm, zum Kern des Wortes
gehört, so daß hier die Verdopplung
des *r* unterbleibt (↑ 31). Zu besonderen Fällen (↑ 32).

● Unterscheide die gleichklingenden Wörter mit unterschiedlicher Schreibung (↑ 9)!

Bert[h]old, Birke, Dorn, Dorpat (Stadt in Estland)

der Baum dorrt (zu: dorren) – dort (dort auf dem Tisch)

dürr (dürres Holz)/das dürrste Holz/die dürrsten Äste – Durst/ich dürste/sie dürsten (zu: dürsten)

erahnen/erarbeiten usw., Gerte, Geschirr (des Geschirr[e]s), Girlande

er harrt seiner (zu: harren) – hart (hartes Holz) – Hartwig/Hartwin (Vorn.) – die Hardt/Haard/Haardt (geogr. Namen)

herab/heraus/herein usw.

Herberge – Herbert (Vorn.) – Hermann (Vorn.) – Herr (die Herren)/herrlich/Herrlichkeit/herrschaftlich/herrschen – Herzog

Horn, Interesse, Irland, Irma/Irmgard/Irmtraud (Vorn.), Irrtum (zu: irren)

er karrte (zu: karren ,mit einer Karre befördern') – Karte (Landkarte)

Kern, Kirmes, das Glas klirrt (zu: klirren), Korn, Lorbeer, Marmor, Marschall, Marstall, Mord, er murrt (zu: murren), Myrte, Narr (die Narren), Narwal, Ort, parallel, scharf

das Pferd scharrt/scharrte (zu: scharren) – die Scharte auswetzen

Schnurrbart/die Katze schnurrt (zu: schnurren)

Sperber (Vogel) – Sperma – Sperrgut/Sperrsitz (zu: sperren)

starr (mit starren Augen), Tornister, Torpedo, verachten/verallgemeinern usw.

er ist verwirrt (zu: verwirren)/Wirrkopf/Wirrsal/Wirrwarr – es wird (zu: werden) – Wirsing (Kohl) – Wirt (Gastwirt)

zerbröckeln/zerdrücken usw., zur [auch: zur]

7.19 Wörter mit S-Laut (s, ss, ß)

Das weiche (stimmhafte) s wird durch den Buchstaben *s* wiedergegeben, etwa in *sauber* (Anlaut) oder in *reisen*, *Geisel* (Inlaut). Durch richtige Aussprache kann das weiche s deutlich vom scharfen (stimmlosen) ß, etwa in *reißen* oder *Geißel,* unterschieden werden (↑ 7). Als Zeichen für den scharfen S-Laut wähle ich ß.

Die Schreibung des scharfen (stimmlosen) ß bietet besondere Schwierigkeiten, weil dieser Laut im Deutschen durch β[1] oder durch die Buchstaben *s* oder *ss* wiedergegeben wird.

ss oder ß im Inlaut

(112) Im Inlaut wird das scharfe (stimmlose) ß durch die Buchstaben *ss* oder durch *ß* wiedergegeben.

Nach einem kurzen Vokal schreibt man *ss*, nach einem langen Selbstlaut (Zwielaut) jedoch *ß*:

scharfes *ss* z.B. in *Bissen, Flüsse* (stimm- *ß* z.B. in *außen, Füße* loses) ß

● *ss* steht in den Beugungsformen der Wörter, die mit der Nachsilbe *-nis* gebildet sind oder die auf kurzes nebenbetontes *-as, -is, -us,* gelegentlich auch *-es* enden. Zu beachten sind zudem einige einsilbige Wörter auf *-s* nach kurzem Vokal (↑ 30 und 114):

des Atlasses (zu: Atlas), die Ananasse (zu: Ananas), die Ukasse (zu: Ukas), die Iltisse (zu: Iltis), die Hindernisse (zu: Hindernis), die [Omni]busse (zu: [Omni]bus), Syndikusse (neben: Syndizi, zu: Syndikus), die Kirmessen (zu: Kirmes), die Asse (zu: As), des Fesses (zu: Fes), die Grosse (zu: Gros ,12 Dutzend')

s oder ß im Auslaut

(113) Im Auslaut wird im Deutschen das scharfe (stimmlose) ß durch den Buchstaben *s* oder durch *ß* (nicht durch *ss*) wiedergegeben. In vielen

---

[1] Im allgemeinen gilt es nicht als korrekt, *ss* für *ß* zu schreiben. Wenn jedoch in einer Schrift, z.B. bei der Schreibmaschine, kein *ß* vorhanden ist, darf als Notbehelf *ss* gesetzt werden, so etwa *Reissbrett* für *Reißbrett*.

Fällen läßt sich die Schreibung begründen:

● In einem ungebeugten Wort schreibt man am Ende ein *s* (z.B. *Maus*), wenn die gebeugte Form *(die Mäuse)* ebenfalls ein *s* hat (↑ 10); man schreibt ein *ß* (z.B. *Fuß, Fluß*), wenn die gebeugte Form (die *Füße, des Flusses*) ein *ß* oder *ss* hat:

scharfes (stimmloses) ß	*s*	z.B. in *Maus (die Mäuse)*
	ß	z.B. in *Fuß (die Füße) Fluß (des Flusses)*

● In der gebeugten Form eines Verbs schreibt man am Ende [vor einem Beugungszeichen] ein *s* (z.B. *er reist*), wenn die einfache Form, die Grundform *(reisen)*, ebenfalls ein *s* hat (↑11); man schreibt ein *ß* (*er reißt, laß)*, wenn die einfache Form *(reißen, lassen)* ein *ß* oder *ss* hat:

scharfes (stimmloses) ß	*s*	z.B. in er *reist (reisen)*
	ß	z.B. in er *reißt (reißen)*
		laß! (lassen)

In Zusammensetzungen ist entsprechend die Schreibung der Bestandteile, in Ableitungen die des Grundwortes, von dem das Wort abgeleitet ist, maßgebend:

Fußbad (des Fußes), Senkfuß (des Fußes), Flußbett (des Flusses); Weisheit (weise), Gäßchen (die Gasse)

Um die richtige Schreibung zu finden, ist es also nützlich, zu beugen, mit der einfachen Form oder mit Wörtern aus derselben Familie zu vergleichen (↑ 10ff.).

Einzelfälle

(114) Folgende Einzelfälle sind darüber hinaus zu beachten:

● Die Wörter *des, wes* und *aus* sowie *deshalb, weshalb, indes, unterdes* werden mit einfachem *s* geschrieben, obwohl *dessen, wessen* und *außen* mit *ss* bzw. mit *ß* geschrieben werden.

● Die Wörter auf kurzes nebenbetontes *-as, -es, -is, -nis, -os, -us* sowie einige einsilbige Wörter auf *-s* nach kurzem Vokal werden mit einfachem s geschrieben, selbst wenn in den gebeugten Formen *ss* steht (↑ 30 und 112).

● Bei bestimmten [Fremd]wörtern läßt sich die Schreibung in der obengezeigten Weise nicht bestimmen, weil sie entweder nicht gebeugt werden können (z.B. *bis*) oder weil das scharfe ß nicht am Ende des Wortes oder am Ende der gebeugten Form steht (z.B. *Asbest, dreist, Raspel*).

● Beachte den Wechsel in der Schreibung von Wörtern wie *ich drossele, wässerig,* in denen ein *e* ausfallen kann. Aus *ss* wird – im Auslaut – *ß: ich drossele*/(aber:) *ich droßle, wässerig*/(aber:) *wäßrig*.

● Bestimmte Namen und Fremdwörter werden im Auslaut mit *ss* geschrieben:

Associated Press (amerik. Nachrichtenbüro), Trans-Europ-Express (TEE), Grass (dt. Schriftsteller), Heuss (erster Bundespräsident), Richard Strauss (dt. Komponist; ↑ 115), Zeiss (dt. Familienn.; ⟨Ⓥ₂⟩)
Hostess, aber: Stewardeß
Auto-Cross, Moto-Cross, Rallye-Cross
Full dress (Kleidung), Dressman, aber: Dreß (Sportkleidung)
Fitness-/Fitneßcenter, aber: Eros-Center

Wörter mit s oder ß im Auslaut

(115) In der folgenden Aufstellung sind die Wörter mit auslautendem *s* und *ß* zusammengefaßt.
Unterscheide die gleichklingenden Wörter mit unterschiedlicher Schreibung (↑ 9)!

Amboß (des Ambosses), Aas (die Äser) – er aß (sie aßen)
baß (erstaunt sein), Baß, Beißzange (zu: beißen), bewußt (zu: wissen)
bis/bisher/bislang usw. – er biß (sie bissen, zu: beißen)/der Biß/bißchen[/Imbiß]

er bläst/blies (zu: blasen), boshaft (zu: böse), Boß (des Bosses)

● Beachte den Unterschied von *das* und *daß*:

das ist die sächliche Form des Artikels (des Geschlechtswortes) und des Demonstrativ- und Relativpronomens (des hinweisenden und des bezüglichen Fürwortes). Für *das* kann man auch *dieses* oder *welches* sagen:

das Buch; das (dieses) Buch möchte ich haben, nicht jenes; das Buch, das (welches) ich gekauft habe; was ist es, das ich tun soll? Das, was du tun sollst ...

daß ist eine Konjunktion (ein Bindewort):

Ich glaube, daß er kommt. Was du nicht willst, daß man dir tu', das füg auch keinem andern zu!

Fortsetzung der alphabetischen Aufstellung:

Dreyfus[affäre] – Fuß, Einlaß (zu: einlassen), es, Espe, Esplanade, eßbar (zu: essen), Expreß (die Expresse)

fast (fast hätte er noch den Zug erreicht) – faß! (aber: ich fass' ihn nicht)/er faßt/sie faßten ihn/das Faß/faßlich (zu: fassen) – fasten/Fastenzeit – Fastnacht/Fasnacht

Frist (die Fristen) – Fraß (des Fraßes)/er frißt (zu: fressen)

sie genas (zu: genesen), er hat geniest (zu: niesen) – genießbar/er genießt (zu: genießen)

gleisnerisch/der Schmuck gleißt (zu: gleißen) – Gleis/der Zug entgleist (zu: entgleisen)

gräßlich, Griesgram/griesgrämig – Grieß/Grießmehl (des Grießes)

Grus (verwittertes Gestein, Kohle; des Gruses) – Gruß (die Grüße)/er grüßt (zu: grüßen)

du hast (zu: haben) – Hast (zu: hasten) – Haß/häßlich/er, du haßt (zu: hassen)

Imbiß (des Imbisses)

er ist (zu: sein) – er ißt (zu: essen)

Klausner (zu: Klause), der oder das Kolchos und die Kolchose, Kommiß (des Kommisses)

Kuß – Kuskus (Beuteltier; Speise)

Küste – er küßte (zu: küssen) – Küster – Küsnacht/Küßnacht am Rigi/Küstrin

(geogr. Name)

Kwaß (des Kwasses)

Last (die Lasten) – laß! (aber: ich lass' ihn nicht)/laßt! (zu: lassen)

lies!/er liest (zu: lesen) – er ließ/ihr ließt (ließen; zu: lassen)

Maas (Flußn.) – Maß (des Maßes)

Mais (Getreide) – Maiß (Holzschlag) – [Hoher] Meißner (Teil des Hessischen Berglandes), Meßgewand/-gerät – Kirmes – Mesner/Mesnerei

mißachten/-billigen usw.

Mist (des Mistes) – er mißt (zu: messen)

Mus (des Muses), Muskat, er muß/mußte (zu: müssen), naseweis

er niest/nieste/hat geniest/Nieswurz (ein Heilkraut; zu: niesen) – Nießbrauch/er genießt (zu: genießen)

Piste/die Pisten – er pißte/sie pißten (zu: pissen)

er pries ihn (zu: preisen) – Prießnitz (Naturheilkundiger)/Prießnitz-Umschlag

Prozeß (die Prozesse), Radieschen

das Reis (kleiner Zweig; des Reises) – der Reis (Getreide; des Reises) – er reist/sie reisten (zu: reisen) – reiß!/er reißt/Reißaus/-zeug (zu: reißen)

Röslein (zu: Rose), Roß/Rößlein (des Rosses)

Rhus (Essigbaum) – Ruß (des Rußes)/es rußt (zu: rußen)

scheußlich, Schoß/Schößling (junger Trieb; des Schosses), Schoß (Mitte des Leibes, Teil der Kleidung; des Schoßes), der oder das Sowchos und die Sowchose, Speis (Mörtel; des Speises), er stößt/stieß (sie stießen)

● Beachte besonders die unterschiedliche Schreibung der folgenden Wörter und Namen:

Oscar Straus (östr. Komponist) – Strausberg (dt. Stadt) – Strauß (Name mehrerer östr. Komponisten) – der Strauß (Blumenstrauß, Kampf; die Sträuße) – der Strauß (Vogel; die Strauße) [– Richard Strauss (dt. Komponist)]

Fortsetzung der alphabetischen Aufstellung:

Streß (des Stresses), Topas (die Topase), vergiß!/er vergißt (zu: vergessen)

Verlies (die Verliese) – er verließ (zu: verlassen)

Verweis (die Verweise), Vlies (die Vliese), was
Weisheit/weismachen/weissagen (zu: weise)/er weist den Weg (zu: weisen) – weiß (weiße Hemden)/er weißt (zu: weißen)/weißlich – er weiß/du weißt (zu: wissen), wohlweislich

7.20 Wörter mit T-Laut (t, th, d, dt, tt)

t oder th

Deutsche Wörter werden nicht [mehr] mit *th,* sondern mit einfachem *t* geschrieben.

Fremdwörter besonders aus dem Griechischen und einige Lehnwörter, d.h. ursprünglich fremde Wörter, die heute nicht mehr als solche angesehen werden, werden mit *th* geschrieben.

Auch Eigennamen werden mit *th* geschrieben. In deutschen Namen kann das *h* erhalten bleiben.

Wörter mit t oder th

(116) In der folgenden Aufstellung sind besonders Wörter mit *th* erfaßt. Bei Namen werden Formen mit und ohne *h* aufgeführt, sofern beide vorhanden sind:

Absinth, Agathe (Vorn.), Anakoluth, Anthrazit, Antipathie, Apathie, Apotheke, Arithmetik, Artur/Arthur (Vorn.), Asthenie, Ästhetik, Asthma, Athanasia (Vorn.), Athen (Hptst. Griechenlands), Äther, Äthiopien, Athlet, Äthyl, authentisch, Balthasar (Vorn.), Bartholomäus (Vorn.), Bert/Berta/Berthilde/Bertina/Bertine (Vorn.), Bertold/Berthold (Vorn.), Bertram (Vorn.), Betel (Kau- und Genußmittel), Bethel (Heimstätte für körperlich und geistig Hilfsbedürftige), Bethesda, Bethlehem (palästin. Stadt), Bibliothek, Chrysantheme Dietbald/Dietbert (Vorn.), Dieter/Diether (Vorn.), Dietlind[e]/Dietmar (Vorn.), Diphtherie, Diphthong, Diskothek, Dorothea/Dorothee (Vorn.), Edith[a]

(Vorn.), Elisabeth/Elsbeth (Vorn.), Ethik, Etymologie, Forsythie [sprich: ...zie, auch: ...tie], Goethe, Gotha, Grete/Gretel (Vorn.), Günter/Günther (Vorn.), Gunther (dt. Sagengestalt), Helmut (Vorn.), Herta (Vorn.), Homöopathie, Hyazinthe, Hypotenuse, Hypothek, Hypothese, Judith (Vorn.)
Kartothek, Katharina/Katharine (Vorn.), Katharsis, Käthchen/(auch): Kätchen, Kathe/(auch:) Kate, Käthe/(auch:) Käte (Vorn.), Katheder, Kathedrale, Kathete, Kathode/(fachspr. auch:) Katode, Katholik, Korinth (gr. Stadt)/Korinthe, Labyrinth, Lisbeth (Vorn.), Lithographie usw., Logarithmus, Lothar (Vorn.), Lothringen, Luther, Margareta/Margarete (Vorn.), Martha (Vorn.), Mathematik, Matthäus (Apostel), Matthias (Vorn.), Methode, Mythe, Orthographie, Orthopädie, Panther, Pathos, Rhythmus, Roswith[a] (Vorn.), Ruth (Vorn.), Sympathie, Synthese, synthetisch
Telepathie, Thaddäus (Apostel), Thalia (Muse), Thallium, Thea (Vorn.), Theater, Theismus, Theke, Thekla (Vorn.), Thema, Themse (engl. Fluß), Theo/Teo (Kurzform von Theodor), Theobald (Vorn.), Theoderich (Vorn.), Theodor/Theodora/Theodore (Vorn.), Theologie, Theophil[us] (Vorn.), Theorbe, Theorie, Therapie, Therese/Theresia (Vorn.), Thermometer, Thermosflasche ⓦ, These, Thilo/Tilo (Vorn.), Thomas (Vorn.), Thor (Gewittergott), Thorax (Brust-[korb]), Thrombose, Thron, Thule, Thunfisch, Thüringen, Thusnelda/Thusnelde (Vorn.), Thymian, Timotheus, Tunika (Gewand), Tyr (Himmels-, Kriegsgott), Walter/Walther (Vorn.), Xanthippe (Gattin des Sokrates), Zebaoth, Zither

d, dt, t, tt

Spricht man die Wörter *Grad, Grat, Stadt* und *Werkstatt* aus, dann hört man, daß alle vier Wörter denselben Laut enthalten: das harte (stimmlose) t. Daraus folgt: Der T-Laut wird im Auslaut durch verschiedene Buchstaben oder Buchstabengruppen wiedergegeben:

T-Laut
hartes
(stimmloses) t

d	z.B. in	*Grad*
dt	z.B. in	*Stadt*
t	z.B. in	*Grat*
tt	z.B. in	*Werkstatt*

Wörter mit dt oder tt

(117) Bestimmte Beugungsformen der Verben *laden, senden* und *wenden* werden im Auslaut (und Inlaut) mit *dt* geschrieben: das *t* ist Beugungszeichen. Das *dt* bleibt auch in Ableitungen erhalten. Diese Formen und Wörter sollte man sich einprägen:

er lädt (zu: laden); er sandte, gesandt, Gesandter, Gesandtschaft, versandt (zu: senden), aber: der Versand; er wandte, bewandt, gewandt, verwandt, Bewandtnis, Gewandtheit, Verwandter (zu: wenden). Beachte auch: beredt, aber: Beredsamkeit

● Unterscheide die Hauptwörter *Stadt* und *Statt* und ihre Zusammensetzungen:

die Stadt – die Städte: Großstadt – die Großstädte, Hauptstadt – die Hauptstädte, städtisch, Städter usw.

die Statt: an meiner Statt, an Eides/Kindes/Zahlungs Statt; [an]statt dessen/meiner; die Nachricht ist [an]statt an mich an ihn gekommen; die Stätte; stattfinden/-geben; statthaft; Statthalter[schaft]; Bettstatt, Brandstätte, eidesstattlich, Gaststätte, Heimstätte, Werkstatt/Werkstätte; zustatten kommen usw.

● Beachte *dt* in bestimmten Namen:

Haardt (Teil des Pfälzer Waldes) – Hardt (Teil der Schwäb. Alb) [– Haard (westf. Waldhöhen)]
Arndt (dt. Dichter), Humboldt (Familienn.), Langenscheidt
Waadt [sprich: w<u>a</u>t, auch: w<u>a</u>t] (Kanton)

● Beachte *tt* in Wörtern mit kurzem Vokal:

Bankrott (die Bankrotte), Bett/Bettchen (des Bettes), Bettler (zu: betteln), Böttcher (zu: Bottich), fett (fettes Fleisch), kaputt (kaputtes Klavier), Mettwurst,

Mittsommer, Rabatt (des Rabatt[e]s, er ritt (sie ritten), Sattler (zu: Sattel), Schneewittchen usw.
Beachte die Fremdwörter auf *-ett:* Amulett (des Amulett[e]s), Billett, Kabinett usw. (↑ 48).

Wörter mit d oder t

(118) Viele Wörter werden im Auslaut mit *d* oder *t* geschrieben. Die Aussprache läßt den Unterschied in der Schreibung nicht erkennen. Häufig läßt sich die Schreibung eines Wortes dadurch bestimmen, daß man beugt, mit der einfachen Form oder mit Wörtern aus derselben Familie vergleicht (↑ 10ff.):
Die Schreibung des T-Lautes im Auslaut richtet sich nach dem Inlaut.
Über *d* und *t* im Anlaut und Inlaut ↑ 5.
Die folgende Liste enthält Beispiele für die Anwendung dieser Regeln sowie an der jeweiligen alphabetischen Stelle Bemerkungen zu den Wörtern, Endungen u.ä., deren Schreibung besondere Schwierigkeiten macht.

● Unterscheide die gleichklingenden Wörter mit unterschiedlicher Schreibung (↑ 9)!

Abend (die Abende)/abendlich, Abschied (zu: scheiden), absurd (absurdes Theater), Achmed (Vorn.), alt (alter Mann)

● Achte auf die unterschiedliche Schreibung der Fremdwörter auf *-and* oder *-ant:*

-and (passivisch): Doktorand, Habilitand, Konfirmand (jmd., der konfirmiert werden soll), Präparand, Rehabilitand usw.

-ant (aktivisch): Duellant (jmd., der sich duelliert), Emigrant, Fabrikant, Gratulant, Intrigant, Musikant, Spekulant usw.

Beachte: Informand (der zu Informierende) – Informant (jmd., der eine Information gibt)

Fortsetzung der alphabetischen Aufstellung:

Antlitz, Antwort
Bad (zu: baden) – er bat (sie baten)
bald darauf... (baldig) – er ballt die Faust
er band die Schnur/Band (zu: binden) – er bannt die Gefahr (zu: bannen), Beredsamkeit (zu: reden) [aber: beredt]
Brand (die Brände)/Brandmal [– Weinbrand] – Branntwein [– gebrannt (gebrannte Mandeln)]
Max Brod (dt. Schriftsteller) – Brot (die Brote)
Bund (die Bünde) – bunt (bunte Kleider)
Chlorid (Verbindung; die Chloride) – Chlorit (Mineral; die Chlorite)
Demut, Dutzend (Dutzende), Elefant (die Elefanten), elegant (elegante Kleidung), Elend (zu: elendig)

● Unterscheide Zusammensetzungen und Ableitungen zu *Ende* – die Silbe *end-* ist dabei immer betont – von Wörtern mit der unbetonten Vorsilbe *ent-:*

end-: Enderfolg, endgültig, [un]endlich, endlos, Endpunkt, Endrunde, Endsilbe, Endspurt usw.
ent-: sich entäußern, entbehren, entdecken, Entgelt, entgelten, [un]entgeltlich, entscheiden, Entscheidung usw.

Beachte und unterscheide:

Endchen/Endlein (zu: Ende) – Entchen/Entlein (zu: Ente)

● Unterscheide die Wörter mit *-end* und mit *-ent*. Das 1. Partizip (Mittelwort der Gegenwart) endet auf *-end:*

anstrengend (zu: anstrengen), atem[be]raubend, auffallend, bedeutend, dringend, drückend, erfrischend usw.
Beachte die Wörter: Abend, Gegend, Jugend, Tugend; tausend

Besonders in Ableitungen auf *-lich,* deren Stammwörter auf *-n* ausgehen, tritt ein *t* ein, das die Aussprache erleichtert:

eigentlich, flehentlich, freventlich, geflissentlich, gelegentlich, hoffentlich, namentlich, öffentlich, ordentlich, versehentlich, versehentlich, wesentlich, willentlich, wissentlich, wöchentlich

Beachte aber: morgendlich und Ableitungen, deren Stammwort bereits auf *d* ausgeht: abendlich, feindlich, jugendlich, verbindlich

Fortsetzung der alphabetischen Aufstellung:

er fällt (zu: fallen) – Feld (die Felder)
Pfand (die Pfänder) – er fand eine Lösung (zu: finden) – der Fant (junger Mensch; die Fante) – Elefant
fit, gebrannt vgl. Brand
Geld (des Geldes) – der Ruf gellt (die Rufe gellten) – gelt? (nicht wahr?)
geradlinig (zu: gerade), Gertraud[e]/(veralt.:) Gertraut/Gertrud[e] (Vorn.)
Gewand (die Gewänder) [– er ist gewandt] – ihr gewannt (zu: gewinnen)
Grad (Temperatureinheit; Grade) – Grat (Gebirgskamm; die Grate) –
die Grätsche
Haard (westf. Waldhöhen; ↑ 117)
Held (die Helden) – er hält (sie halten) – es hellt auf (zu: aufhellen)
Helmut (Vorn.)
das Hemd – er hemmt die Arbeit/er ist gehemmt (zu: hemmen)
Hiltraud/(veralt.:)   Hiltraut//Hiltrud (Vorn.), hundert (hunderte), Irmtraud (Vorn.)
Jacht (Jachten) – Jagd (die Jagden) – er jagt (sie jagten)
Kleinod (die Kleinode), kraft/Kraft (kräftig), laut/Laut (des Lautes)
Leid/Mitleid – er leiht das Buch (zu: leihen) – Leithammel (zu: leiten)
Ludwig (Vorn.), mit
der Mut/mutig – die Kuh muht (zu: muhen) – Mud (Nebenfluß des Mains)
der Mund (des Mundes) – die Mund/Munt (germ. Rechtsschutz)
nicht, Nitrid (Metall-Stickstoff-Verbindung; die Nitride) – Nitrit (Salz; die Nitrite)
Petschaft/petschieren
Rad (Wagenrad; die Räder)/radschlagen – Rat/Ratschlag (des Rat[e]s)
Rand (die Ränder) – er kam gerannt (zu: rennen)
redlich, redselig,
Ried (Schilf; die Riede) – er riet (sie rieten; zu: raten)
Rind (die Rinder) – der Bach rinnt (zu: rinnen)
samt dem Gelde, Samt (zu: samten),

Schild (Zeichen; die Schilder) – der Schild (Schutzwaffe; die Schilde) – er schilt (zu: schelten)
Schmied (des Schmiedes)

● Unterscheide *seid* und *seit:*
seid ist eine Form des Verbs *sein:*
Seid bitte pünktlich! Ihr seid wohl erst gestern gekommen?

seit ist eine Präposition (Verhältniswort) oder eine Konjunktion (Bindewort):

seit gestern, seit heute, seit dem Zusammenbruch; seit ich hier bin ...

Fortsetzung der alphabetischen Aufstellung:

sie sind (zu: sein) – er sinnt darüber nach (zu: sinnen) – die Sintflut
Sold (Lohn; des Soldes) – ihr sollt (sie sollten; zu sollen)
Sowjet (zu: sowjetisch)
Spind ([Kleider]schrank; des Spindes) – er spinnt (zu: spinnen) – Spint (weiches Holz zwischen Borke und Kern)
Sulfid (Salz der Schwefelwasserstoffsäure; die Sulfide) – Sulfit (Salz der schwefligen Säure; die Sulfite), Sylt (dt. Insel)

● Beachte, daß die 2. Partizipien (Mittelwörter der Vergangenheit) der schwach gebeugten Verben auf *-[e]t* enden:

begeistert (zu: begeistern), erbittert, geeignet, gelobt, gefürchtet, gemäßigt, verbreitet, verlegt, zerstört usw.

● Unterscheide Zusammensetzungen mit *tod-/Tod-* und *tot-/Tot-*. Mit *d* schreibt man Zusammensetzungen (in der Regel Adjektive) mit dem Substantiv *Tod;* mit *t* schreibt man Zusammensetzungen (in der Regel Verben) mit dem Adjektiv *tot:*

d: todbang (zu Tode bang), todblaß, todbleich, todelend, todernst, todfeind, Todfeind, todkrank, (Ableitung:) tödlich, todmatt, todmüde, todschick, todsicher, todstill, Todsünde, todunglücklich usw.; Scheintod
t: sich totarbeiten (so arbeiten, daß man völlig erschöpft ist, wie tot ist), totfahren, totfallen, Totgeburt, totküssen, sich tot-

lachen, totmachen, totsagen, totschießen, totschlagen, Totschläger, totschweigen, sich totstellen, sich totstürzen, tottreten usw.; scheintot

Fortsetzung der alphabetischen Aufstellung:

er verband ihn (sie verbanden)/Verband (die Verbände) – er verbannt ihn (sie verbannten; zu: verbannen)
Versand (des Versandes) [– die Ware wurde versandt (zu: versenden)]
Vormund (des Vormundes), während der Wald (die Wälder) – die Gewalt (die Gewalten)
Waltraud/(veralt.:) Waltraut (Vorn.)
ich/er ward (veralt. für: wurde; zu: werden) – Wart (Torwart; des Torwartes)
Weinbrand (die Weinbrände) [– Branntwein]
Widmung, Wiltraud/Wiltrud (Vorn.)
der Wind (die Winde) – er gewinnt (zu: gewinnen)
er wird (zu: werden) – Wirt (Gastwirt; des Wirtes)
Witwe, Zibet (Duftstoff)

7.21 Wörter mit langem u (u, uh, ue, oo, ou)

Viele Wörter enthalten ein langgesprochenes u. Die Schreibung dieser Wörter ist deswegen oft schwierig, weil dieser Laut durch verschiedene Buchstaben oder Buchstabengruppen wiedergegeben wird, und zwar (↑ 19 ff.):

	u	z.B. in *Blume*
	uh	z.B. in *Uhr*
langes u	nur in Fremdwörtern oder Namen:	
	ue	z.B. in *Bernkastel-Kues*
	oo	z.B. in *Boom*
	ou	z.B. in *Filou*

In jedem der genannten Wörter spricht man bei richtiger Aussprache ein langes u. Die Aussprache läßt den Unterschied in der Schreibung nicht erkennen.

Wörter mit einfachem u

(119) Sehr viele Wörter werden mit einfachem *u* geschrieben, d.h., die Dehnung des langgesprochenen u wird in der Schreibung nicht besonders kenntlich gemacht.
Die folgende Aufstellung erfaßt nur einen Teil dieser Wörter:
Amur, Blume, Bluse (Kleidung), Blust (Blütezeit), Brunhild[e] (Vorn.), Bruno (Vorn.), Buna Ⓦ (synthet. Gummi), Bure, Buße (die Bußen), buten (niederd. für: draußen), Chur (schweiz. Stadt), du, Duma, dun (niederd. für: betrunken), Duo, Dur, duster, Flur, Furie
Geburt, Glut (aber: glühen), Gnu, Gudrun (Vorn.), Huka, Humus, Hure, Huri, Husten, Julfest, Juli, Juni, junior, Jura, Jute, Knust, Kohinur vgl. Kohinoor (↑ 122), Konsum, Krume, Kule (Nebenform von: Kuhle), Kuli, Kuno (Vorn.), Kur, Kurfürst, Luna, Lunik, Lure
Mud (Nebenfluß des Mains), Mulus, Mumie, Mur (Fluß), Mure, Mut/mutig, nun, nur, Nutsche, plustern, Pul (afghan. Münze), pulen (bohren), pur, Rune, Rur (Flußn.), Rute/die Ruten, Schmu, Schnur, Schuko Ⓦ, Schule, Schumacher (dt. Politiker), Schupo, Schur, schwul, Schwur, Spule, Spur, stur, Sumer, Sure Tabu, Tambur (Strickrahmen, -feld), Tumor, Tumulus, tun, Uhu, Ule, Ur (Auerochs), Urheber, Urkunde, Urlaub, Ursache, Ursprung, Urwald, Wermut, Wuchs, Wust, Zug, zu

● Beachte die Wörter auf -*tum* (↑ 22) und -*ur*:

Bürgertum, Christentum usw.; Architektur, Fraktur usw.

Wörter mit uh

(120) Nicht übermäßig viele deutsche Wörter werden mit *uh* geschrieben. Beispiele sind:

Aufruhr, Ausfuhr, buhen, buhlen, Buhmann, Buhne (künstl. Damm zum Uferschutz), Fuhre, er fuhr/sie fuhren (zu: fahren), Huhn, Kuh, Kuhle/(Nebenform:) Kule, muhen/die Kuh muht, Muhme, Pfuhl, ruhen, Ruhm, die Ruhr (Krankheit), Ruhr (dt. Fluß), er ruhte/sie ruhten (zu: ruhen), Schuh/Schuhmacher, Stuhl, Truhe, Uhland (dt. Dichter), Uhr (die Uhr schlägt zehn)

Fremdwörter und Namen mit ue

(121) Bestimmte Wörter aus dem Englischen und bestimmte Namen werden mit *ue* geschrieben: gesprochen wird ein langes u. Beispiele sind:

Bernkastel-Kues [sprich: ...ku̲ß] (dt. Stadt), Bluejeans/Blue jeans, Blues, Buer (Stadtteil von Gelsenkirchen), Nikolaus von Kues (dt. Philosoph)

Fremdwörter mit oo oder ou

(122) Bestimmte Wörter aus dem Englischen werden mit *oo,* bestimmte Wörter aus dem Englischen und Französischen mit *ou* geschrieben; gesprochen wird ein langes u. Einige dieser Wörter sind:

oo: Boom [sprich: bu̲m], Bootlegger, Cartoon, Cool Jazz, Dining-room, Drawing-room, Foot (engl. Längenmaß), Grillroom, Groom, Kohinoor/(auch:) Kohinur (Diamant), Liverpool (engl. Stadt), Pool (Gewinnverteilungskartell)/poolen, Rooming-in, Swimmingpool/Swimming-pool, Tea-Room usw.
ou: Double, Filou, Nougat, retour, Route, Tambour (Trommel[schläger]), Tour usw.

Gleichklingende Wörter

(123) Unterscheide die gleichklingenden Wörter mit unterschiedlicher Schreibung (↑ 9)!
Bluse (Kleidungsstück) – Blues (Tanz)
Buna Ⓦ (synthet. Gummi) – Buhne (künstl. Damm zum Uferschutz)
der Mut/mutig – die Kuh muht (zu: muhen) – Mut (Nebenfluß des Mains)
Pul (afghan. Münze) – Pool (Gewinnverteilungskartell)/poolen – pulen (bohren)

Rur (Nebenfl. der Maas) – Ruhr (dt. Fluß) – die Ruhr (Krankheit)
Rute (Stock)/die Ruten – er ruhte/sie ruhten (zu: ruhen) – Route/Reiseroute
Schumacher (dt. Politiker) – Schuh/Schuhmacher
Tambur (Stickrahmen, -feld) – Tambour (Trommel[schläger])
der Ur (Auerochse) – Urgeschichte, -kunde, -wald usw./uralt, urverwandt usw. – die Uhr (die Uhr schlägt zehn)

7.22 Wörter mit langem ü (ü, üh, u, ue, ui, y)

Viele Wörter enthalten ein langgesprochenes ü. Die Schreibung dieser Wörter ist deswegen oft schwierig, weil dieser Laut durch verschiedene Buchstaben oder Buchstabengruppen wiedergegeben wird, und zwar (↑ 19ff.):

ü	z.B. in	*müde*
üh	z.B. in	*Mühle*
langes ü	nur in Fremdwörtern oder Namen:	
u	z.B. in	*Reaumur*
ue	z.B. in	*Fondue*
ui	z.B. in	*Duisburg*
y	z.B. in	*Asyl*

In jedem der genannten Wörter spricht man bei richtiger Aussprache ein langes ü. Die Aussprache läßt den Unterschied in der Schreibung nicht erkennen.

Wörter mit einfachem ü

(124) Viele Wörter werden mit einfachem *ü* geschrieben, d.h., die Dehnung des langgesprochenen ü wird nicht kenntlich gemacht. Das *ü* ist im Deutschen – historisch gesehen – ein umgelautetes *u* (↑ 2). Häufig läßt sich deshalb die Schreibung eines Wortes dadurch bestimmen, daß man eine andere Form des Wortes (Vergleiche mit der einfachen Form! ↑ 11)

oder ein verwandtes Wort mit *u* zu Rate zieht (Vergleiche mit Wörtern aus derselben Familie! ↑ 12), von denen man weiß, daß sie ohne *h* geschrieben werden (↑ 119).
Die folgende Aufstellung erfaßt nur einen Teil dieser Wörter:

Blüte/die Blüten (aber: blühen), brüten (zu: Brut), Bügel, Bülow (Familienn.), Dübel, Düne, Dürer (dt. Maler), düster (landsch.: duster), fügen (zu: Fuge), Fünen (dän. Insel), für (Präposition), Geschwür, grün, grüßen (zu: Gruß), Hüne, hüsteln (zu: husten), Kostüm, krümeln (zu: Krume), Küken, Kür/küren (zu: Kur), Lüning, Lüneburg (dt. Stadt), Menü, Mülhausen (Stadt im Elsaß), Mülheim (Ort bei Koblenz), Mülheim a.d. Ruhr (dt. Stadt), Nürburgring, Parfüm, Rüdesheim am Rhein (dt. Stadt), Rüster, schnüren (zu: Schnur), Schüler (zu: Schule), schüren, schwül, spülen, spüren (zu: Spur), Thüringen, Tribüne, Tür (Haustür), Überlingen (dt. Stadt), ungestüm, Ungetüm, Vestibül, Willkür, wüst

● Beachte die Wörter auf -*tümlich* oder -*üre*:

altertümlich, eigentümlich usw.; Broschüre, Lektüre, Ouvertüre usw.

Wörter mit üh

(125) Nicht übermäßig viele deutsche Wörter werden mit *üh* geschrieben.
Die wichtigsten Wörter dieser Gruppe sind:

blühen (aber: Blüte)/der Baum blühte/die Bäume blühten, brühen/er brühte, Brühl, Bühne, früh, Frühling, fühlen/er fühlt, führen/ führ[e]!, Gebühr, Gestühl (zu: Stuhl), glühen (aber: Glut), kühl, kühn, Mühe/sich mühen, Mühle, Mühlhausen i. Thür. (dt. Stadt), Mühlheim a. Main (dt. Stadt), Mühlheim an der Donau (dt. Stadt), er mühte sich (zu: sich mühen), Pfühl, rühmen (Ruhm), rühren, sprühen/der Regen sprüht, Sühne, wühlen

Fremdwörter/Namen mit u, ue, ui

(126) Eine Anzahl von Wörtern (Namen) aus dem Französischen wird mit *u* oder *ue* geschrieben, bestimmte deutsche Namen werden mit *ue* oder *ui* geschrieben; gesprochen wird ein langes ü.

Beispiele für diese Schreibungen sind:

u: die Avenuen [sprich:...nü*e*n], Coiffure, Reaumur usw.

ue: Avenue [sprich: ...nü], Bellevue, Fondue, Revue usw.; Uerdingen (Stadtteil von Krefeld), Uetersen (dt. Stadt) usw.

ui: Duisburg [sprich: düß...], Juist usw.

Fremdwörter mit y

(127) Bestimmte Fremdwörter werden mit y geschrieben; gesprochen wird ein langes ü.

Beispiele sind:

anonym, Asyl, Dynamo, Lyra, Lyrik, Mystik, Mythe/Mythos/Mythus, Syphilis, Tyche, Typ, Typhus, Tyr (altgerm. Gott), Zypern

Gleichklingende Wörter

(128) Unterscheide die gleichklingenden Wörter mit unterschiedlicher Schreibung (↑ 9)!

Blüte/die Blüten – der Baum blühte/die Bäume blühten (zu: blühen)
Bühne – Tribüne
für (Präposition) – führ[e]! (zu: führen)
Mülhausen (Stadt im Elsaß) – Mühlhausen i. Thür. (dt. Stadt)
Mülheim (Ort bei Koblenz) – Mülheim a.d. Ruhr (dt. Stadt) – Mühlheim a. Main (dt. Stadt) – Mühlheim an der Donau (dt. Stadt)
er müßte sich (zu: sich mühen) – Mythe/Mythos/Mythus
Tür (Haustür) – Tyr (altgerm. Gott) – Thüringen

7.23 Wörter mit X-Laut (cks, gs, ks, chs, x)

Viele Wörter enthalten den Laut x. Die Schreibung dieser Wörter ist deswegen oft schwierig, weil dieser Laut durch verschiedene Buchstaben[gruppen] wiedergegeben wird, und zwar:

	cks	z.B. in *Glückspilz*
	gs	z.B. in *flugs*
X-Laut	*ks*	z.B. in *Keks*
	chs	z.B. in *wechseln*

In jedem der genannten Wörter spricht man bei richtiger Aussprache den Laut x. Die Aussprache läßt den Unterschied in der Schreibung nicht erkennen.

Wörter mit cks, gs oder ks

(129) Wörter mit *ck (Knick)*, *g (Flug)* oder *k (linkes Bein)* bewahren diese auch vor *s (Knicks, flugs, links)*. Daraus folgt: Die Schreibung der Wörter mit *cks, gs* oder *ks* kann zumeist dadurch ermittelt werden, daß man eine der Hilfsregeln (↑ 10ff.) anwendet *(links – das linke Bein)*.

Einige Beispiele sind:

cks: augenblicks (zu: Augenblick), Bockshorn (zu: Bock), Glückspilz (zu: das Glück), Häcksel (zu: hacken), Klecks/klecksen (zu: klecken), Knacks/knacksen (zu: knacken), Knicks/knicksen (zu: Knick), Mucks/mucksen (zu: mucken), Schicksal (zu: schicken), stracks, tricksen (zu: Trick), du weckst (zu: wecken), zwecks (zu: Zweck)

gs: Anhängsel (zu: anhängen), du fliegst (zu: fliegen), flugs (zu: Flug), du fragst (zu: fragen), halbwegs (zu: Weg), du legst (zu: legen), du liegst (zu: liegen), du lügst (zu: lügen), mittags (zu: Mittag), des Pflugs (zu: Pflug), du pflügst (zu: pflügen), du sagst (zu: sagen), des Tags/tags darauf (zu: Tag), du trägst (zu: tragen), unterwegs (zu: Weg)

Beachte auch die Buchstabengruppe *-ngs*, die vor allem in der Umgangssprache von

-*nks* nicht unterschieden wird:
allerdings (zu: Ding), anfangs (zu: Anfang), Hengst, jüngst (zu: jung), längs/längst (zu: lang), Pfingsten, rings (zu: Ring); Nachsilbe -*lings*, z.B. in blindlings, jählings usw.

ks: du hinkst (zu: hinken), Keks, Koks (zu: koken), du lenkst (zu: lenken), links (linkes Bein), Murks/murksen, Runks (ugs. für: ungeschliffener Mensch)/runksen, Schlaks/schlaksig, die Skunks (zu: Skunk ‚Stinktier'), Volksaktie (zu: Volk), Werksbibliothek (zu: Werk), du winkst (zu: winken)

Wörter mit chs oder x

(130) Eine nicht sehr große Zahl von Wörtern wird mit *chs* oder *x* geschrieben. Diese sollte man sich einprägen:

chs: Achse, Achsel (Schulter[gelenk]), Buchs[baum], Buchse (Steckdose), Büchse (Dose), Dachs, Deichsel/deichseln, drechseln/Drechsler, Echse, Eidechse, fechsen (ernten), Fechser (Pflanzentrieb), Flachs/flachsen, Flechse (Sehne), Fuchs, Gewächs, Hachse/ (südd.:) Haxe (unteres Bein vom Schwein oder Kalb), Hechse (Nebenform von: Hachse), Lachs (Fisch), Luchs (Tier), Ochse/ochsen, Sachsen/sächsisch, sechs (Zahl), Wachs, wachsen, Wechsel/wechseln, Weichsel, Wichse/wichsen, Wuchs

x: Alex[ander] (Vorn.), Axel (Vorn.), der Axel (Eissport), Axiom, Axt, Borax, Box, boxen, Büx, Buxe (nordd. für: Hose), Crux, Dextrin, Dextropur ⓦ, Dextrose, exakt/Examen usw., Faxe (dummer Spaß)/Faxen, feixen, Felix (Vorn.), Fex (Narr), fix/fixieren/Fixstern, flexibel, Fox/Foxterrier/Foxtrott, Haxe (südd. für: Hachse), Hexaeder, Hexameter, Hexe, Hexode, Index, Jux/juxen, Klimax, Kodex, Komplex, Konnex, kraxeln, Kruzifix, lax (schlaff, lässig), Lex, Lexem, Lexikon, Lux (Einheit der Beleuchtungsstärke), Luxation, Luxemburg, Luxus, Matrix, Max[imilian] (Vorn.), mixen/Mixtur, Nix/Nixe, Noxe (med.: Schädlichkeit)/Noxine, orthodox, Oxer (Pferdesport), Oxyd/(fachspr.:) Oxid, paradox, perplex, Phalanx, Phö-

nix, Podex, Präfix, in praxi, Praxis, Reflex, Rex, Sex (Geschlecht; Erotik), Sexta, sexual/sexuell, Sphinx, Syntax, Taxe/Taxi, Text, Textil, Thorax; (am Wortanfang:) Xanthippe, Xaver, Xenia, Xenie, Xeroform, Xylograph, Xylophon

Gleichklingende Wörter

(131) Unterscheide die gleichklingenden Wörter mit unterschiedlicher Schreibung (↑ 9)!

Achsel (Schulter[gelenk]) – Axel (Vorn.) – der Axel (Eissport) – axial – Axiom
Buchse (Steckdose) – Büchse (Dose) – Büx/Buxe (nordd. für: Hose) – Buchs-[baum]
Fechser (Pflanzentrieb) – fechsen (ernten) – Fex (Narr)
Hechse (Nebenform von Hachse) – Hexe – Häcksel (zu: hacken)
Lachs (Fisch) – lax (schlaff, lässig)
Luchs (Tier) – Lux (Einheit der Beleuchtungsstärke)
sechs (Zahl) – Sex (Geschlecht; Erotik)

7.24 Wörter mit Z-Laut (z, tz, zz, s, c)

z, tz oder zz

(132) Nach langem Vokal und damit auch nach Doppellaut steht immer ein einfaches z (↑ 32):

bardauz/pardauz, bauz, beizen, Brezel, duzen, Flöz, Geiz/geizig, heizen, Heizofen, Kapuze, Kauz/Käuzchen, Kreuz/kreuzen, mauzen, Miez[e], pardauz/bardauz, plauz/Plauz, Plauze, Rauhbauz/rauhbauzig, Reiz/reizen, Schnauze, schneuzen, Schweiz, siezen, Strapaze, triezen, Weizen

● Beachte

○ die Fremdwörter auf -*iz*:

Benefiz, Hospiz, Indiz, Justiz, Malefiz, Miliz, Notiz, Primiz usw.

○ die Namen *Kreutzberg* und *Nietzsche* (↑ 34)!

(133) Nach kurzem Vokal steht in deutschen Wörtern und in bestimmten Fremdwörtern ein *tz*.

Nach Konsonanten steht nur *z*. Ausnahmen bilden bestimmte Namen.

In Fremdwörtern steht *z*, *tz* oder *zz*.

● Beachte: In Wörtern aus dem Lateinischen wird *ti* wie *zi* ausgesprochen:

Aktie, Aktion, Nation, Operation, Patient, Ration, Revolution, Station, Tertia usw.

Wörter mit tz

(134) Nach ↑ 29 steht in deutschen Wörtern nach kurzem und in der Regel betontem Vokal *tz*. Die folgende Aufstellung erfaßt einen Teil dieser Wörter. *tz* steht auch in bestimmten Fremdwörtern, von denen die meisten aufgeführt werden (↑ 33):

Antlitz/des Antlitzes, ätzen, Batzen, Berberitze, Besitz/besitzen, Blitz/es blitzt/blitzen, Butze, Dutzend, Elritze (Fisch), Fetzen, Fratze, Gesetz/die Gesetze, Glatze, glitzern, Grütze, Hatz/Hetze/hetzen, Haubitze, Hitze, jetzig/jetzt, Kitz/Kitze, Klotz/die Klötze, er kratzt/kratzen

Lakritze/Lakritzen, Latz/Lätzchen, letztlich, Litze, Matratze, Metze, Metzger, Moritz, Mütze, Netz/die Netze, netzen, nutzen/nützlich, patzig, petzen, Pfütze, Platz/die Plätze, Plötze (Fisch), plötzlich, protzen, sie putzt/putzen, Ritze, Satz/die Sätze, Schatz/die Schätze, Schlitz/die Schlitze, Schmarotzer, schmatzen, Schmutz/schmutzig, Schutz/schützen, Schütze, schwatzen/schwätzen, schwitzen

setzen, Sitz/sitzen, Slibowitz/Sliwowitz, Spatz/die Spatzen, spitz/Spitzbube/Spitze, Spritze/spritzen, Stütze/stützen, Stutzen, stutzig, Tatze, Trotz/trotzen, verdutzt, verschmitzt, wetzen, widersetzen/widersetzlich, Witz/witzig, Zitze, zuletzt

● Beachte *tz* nach *l, n, r* in Namen (↑ 34):

Helmholtz (dt. Physiker), Hertz (dt. Physiker)/(danach:) Hertz (Maßeinheit der Frequenz)

Wörter mit einfachem z

(135) Nach einem Konsonanten steht, abgesehen von bestimmten Namen, nur *z* (↑ 32). Auch bestimmte Fremdwörter werden mit *z* geschrieben:

ächzen, Arznei/Arzt, ausmerzen, blinzeln, bolzen, Bronze, Falz/falzen, Filz/filzen, Franz, ganz/ganze Zahlen, Glanz/glänzen, Grenze/grenzen/Grenzstein/-zwischenfall, grunzen, Harz/des Harzes, Herz/die Herzen, Holz/die Hölzer, Horizont

Kanzel, Kerze, Konzert, Konzil, krächzen, Kranz/kränzen, Kruzifix, Kukuruz, kurz/kurze Tage, Lanze, lechzen, Magazin, Malz/des Malzes, März/des Märzes, Matrize, Medizin, Milz/die Milzen, Münze, Narzisse, Nerz/die Nerze, Offizier, Parzelle, Pelz/die Pelze, Pfalz/Pfälzer, pflanzen, Pilz/die Pilze, Pinzette, Polizei, Porzellan, Prinzessin, Provinz/die Provinzen, Prozeß, Purzelbaum/purzeln

Rezept, Runzel, Salz/des Salzes, er schluchzt/schluchzen, Schmalz/des Schmalzes, schmelzen, Schmerz/die Schmerzen, Schürze, Schwanz/die Schwänze, schwänzen, schwarz/schwarze Augen, sozial/Sozialismus, spazierengehen, stolz/stolze Haltung, Sturz/stürzen, Tanz/tanzen, Walze, Walzer, Würze, Wurzel

● Beachte die Fremdwörter auf *-anz,*
-enz oder *-zieren:*

Arroganz, Bilanz usw.; Dekadenz, Differenz usw.; authentifizieren, identifizieren, mumifizieren usw.

Fremdwörter und Namen mit zz

(136) Eine kleine Gruppe von Fremdwörtern und Namen wird mit *zz* geschrieben (↑ 33f.):

Bajazzo, Intermezzo, Jazz [sprich: dschäß, auch: jaz], Lipizzaner, Mezzosopran, Nizza (frz. Stadt), Razzia, Skizze, Strazza (Abfall), Strazze (Kaufmannsspr.: Kladde)

d, t, l, n + s

Meist deutsche Wörter mit bestimmten Buchstabengruppen werden so ausgesprochen, als ob sie ein *z* enthielten (mit *ds, ts*) bzw. so ähnlich (mit *ls, ns*); geschrieben werden sie jedoch mit *s:*

Z-Laut ähnlich		
	ds	z.B. in *abends, Kindskopf*
	ts	z.B. in *rechts, du rietst*
	(l)s	z.B. in *Hals*
	(n)s	z.B. in *höchstens, morgens, bescheidenste*

Die meisten dieser Wörter sind Ableitungen (z.B. *rechts*), Zusammensetzungen (z.B. *Kindskopf*), Beugungs- oder Steigerungsformen (z.B. *du rietst, bescheidenste*). In diesen Fällen läßt sich die Schreibung dadurch bestimmen, daß man das Wort, das den Ableitungen oder den Zusammensetzungen zugrunde liegt, oder aber die einfache Form zum Vergleich heranzieht (↑ 12 und 11):

rechts – rechte Seite, Kindskopf – das Kind, du rietst – raten, bescheidenste – bescheiden

In anderen Fällen (z.B. *Hals*) ist es nützlich zu beugen (↑ 10), weil in diesen Fällen die Schreibung des Auslautes sich nach dem Inlaut richtet (*des Halses*).

Wörter mit ds, ts, ls oder ns

(137) Beispiele sind:

ds: abends (zu: Abend), durchgehends (zu: durchgehend), eilends (zu: eilend), Kindskopf (zu: Kind), nirgends (zu: nirgend), vollends (zu: vollenden), zusehends (zu: zusehend)

Beachte *-dst* in Beugungsformen und in Steigerungsformen des 1. Partizips (Mittelwortes der Gegenwart):

anstrengendste (zu: anstrengend), auffallendste (zu: auffallend), du bandst (zu: binden), bedeutendste (zu: bedeutend), zuvorkommendste (zu: zuvorkommend) usw.

ts: Amtsgericht (zu: Amt), bereits (zu: bereit), diesseits/jenseits (zu: Seite). Konfutse/Konfuzius (chin. Philosoph), Lotse, nachts (zu: Nacht), nichts (zu: nicht), Rätsel, rechts (zu: rechte Seite), rückwärts, Satsuma, stets, Tsetsefliege, vorwärts, Wirtshaus (zu: Wirt)

Beachte *-tst* in Beugungsformen und Steigerungsformen des 2. Partizips (Mittelwortes der Vergangenheit) schwach gebeugter Verben:

begeistertste (zu: begeistert), erbittertste (zu: erbittert), geeignetste (zu: geeignet), du hieltst (zu: halten), du rietst (zu: raten), zerstörteste (zu: zerstört) usw.

ls: als, einesteils – anderenteils (zu: Teil), einstmals (zu: Mal), falls (zu: Fall), Fels (des Felsen), Hals (des Halses), jedenfalls (zu: Fall), oftmals (zu: Mal), Pils (zu: Pilsener), Puls (des Pulses), teils – teils (zu: Teil)

ns: eigens (zu: eigen), eins (zu: ein), Gans (die Gänse), Gespons (des Gesponses), Hans (Vorn.), höchstens (zu: am höchsten), Hunsrück (Gebirge), meistens (zu: am meisten), mindestens (zu: zum mindesten), morgens (zu: Morgen), sehenswert (zu: sehen), übrigens, unversehens (zu: sehen), vergebens, wenigstens (zu: am wenigsten), Zins (die Zinsen)

Beachte *-nst* in Beugungsformen und Steigerungsformen:

entschlossenste (zu: entschlossen), er grinst (zu: grinsen), gefranst (zu: fransen), verlogenste (zu: verlogen), verschwiegenste (zu: verschwiegen), vollkommenste (zu: vollkommen) usw.

Gleich(/ähnlich)klingende Wörter

(138) Unterscheide gleichklingende Wörter mit unterschiedlicher Schreibung (↑ 9)!

du ballst die Faust (zu: ballen) – der
Auerhahn balzt (zu: balzen)
falls er kommt ... – Falz/falzen – Pfalz
Gans (die Gänse) – ganz (ganze Zahlen)
Herz (die Herzen) – Hertz (dt. Physiker)/
(danach:) Hertz (Maßeinheit der Frequenz)
Pils (Pilsener) – Pilz (die Pilze)
du wallst (zu: wallen, pilgern) – du walzt
die Straße (zu: walzen)

c oder z

Bei Fremdwörtern und Namen kann
im Anlaut vor *ä, e, i* und *y* der Z-Laut
durch den Buchstaben *c* oder *z*
wiedergegeben werden:

Z-Laut   *c*   z.B. *Cellophan*
         z   z.B. *Zelluloid*

In jedem der genannten Wörter
spricht man bei richtiger Aussprache
am Wortanfang ein *z*. Die Aussprache läßt den Unterschied in der
Schreibung nicht erkennen.

Fremdwörter und Namen mit c oder z

(139) Eine nicht sehr große Anzahl
von Fremdwörtern und Namen
wird – entsprechend der Sprache, aus
der sie stammen – mit *c* geschrieben.
Sie sind in ihrer Schreibung nicht eingedeutscht.
Bei einer kleinen Gruppe besteht neben der Form mit *c* die eingedeutschte Form mit *z*. Besonders
zu beachten sind bestimmte Wörter,
die in der Fachsprache mit *c*, außerhalb der Fachsprache jedoch allgemein mit *z* geschrieben werden. Daneben gibt es viele eingedeutschte
Fremdwörter nur mit *z* (↑ 15).
Die folgende Aufstellung führt von
den Wörtern mit *c* die wichtigsten
auf; von den Wörtern mit *z* sind vor
allem die berücksichtigt, die neben
der Form mit *z* die Form mit *c* haben:

Anthracen/(auch:) Anthrazen, Anthrazit
becircen (ugs. für: bezaubern, betören) – bezirzen (Nebenform von becircen)
Cäcilia/Cäcilie – Zäzilie (Nebenform von Cäcilie)
Cäsar, Cäsium (chem. Grundstoff) – Zäsium (Nebenform von Cäsium)
Zäsur, Cebion ⓦ, Celebes (Sundainsel), zelebrieren, Cellon ⓦ, Cellophan/Cellophane ⓦ, Zelluloid, Celsius, Zement, zentral/Zentrum, Zerebellum/(med. fachspr.:) Cerebellum (Kleinhirn), Zeremonie, Zervelatwurst [sprich: zär..., sär...], Ceylon (Insel), Cicero, Zichorie, Zigarette, Zigarre
circa (häufige Schreibung für zirka) – zirka [eingedeutscht für lat. circa] (ungefähr; Abk.: ca.)
Circe, Circulus vitiosus – Zirkel/zirkeln
Civitas Dei (Gottesstadt), Zyan (chem. fachspr.:) Cyan (chem. Verbindung), Zyankali[um], Zyklamen, zyklisch/ (chem. fachspr.:) cyclisch, Cyrankiewicz (poln. Politiker), Cyrenaika (afrik. Landschaft), Cyrus (pers. König), Mercedes-Benz ⓦ, ex officio (von Amts wegen), Penizillin/(fachspr.:) Penicillin (Heilmittel)

II. Groß- und Kleinschreibung

Mit dem großen Anfangsbuchstaben hebt der Schreiber des Deutschen folgendes hervor:

das erste Wort eines Satzes (↑ 140)
das erste Wort einer Überschrift, eines Werktitels u.ä. (↑ 141ff.)
Anredepronomen wie *Du, Sie* in Briefen, Aufrufen, Widmungen u.ä. (↑ 144ff.)
Substantive wie *Haus, Geist, Gedanke* und substantivisch gebrauchte Wörter anderer Wortarten wie *der Alte, das Singen, die Zahl Drei* (↑ 148ff.)
Namen wie *Holbein der Jüngere, Breite Straße, Schwarzes Meer* (↑ 179ff.)

1 Das erste Wort eines Satzes

(140) Das erste Wort eines Satzes schreibt man groß.

Im folgenden Beispiel sind die betreffenden Wörter *kursiv* gesetzt:

Das Auto fuhr mit höchster Geschwindigkeit durch das Tor. *Vor* dem Haus bremste es scharf. *Ein* Mann, der einen schwarzen Filzhut in der Hand hielt, stieg aus. *Keiner* der Bewohner hatte ihn je zuvor gesehen. *Niemand* kannte ihn. „*Von* Gruber", stellt er sich vor, ohne sich zu verbeugen. „*Wie* bitte?" „*Von* Gruber ist mein Name. *Melden* Sie mich bitte an! *Schnell* bitte! – *Oder* sind die Herrschaften nicht da?"

Sein Name sei von Gruber. *Ich* solle ihn anmelden. *Ob* die Herrschaften zu Hause seien, läßt er fragen.

● Entsprechend der Grundregel 140 schreibt man in folgenden Fällen groß:

○ das erste Wort einer direkten Rede und eines angeführten selbständigen Satzes:

Er rief mir zu: „*Es* ist alles in Ordnung!"
Seine Frage, „*Kommst* du morgen?", konnte ich nicht beantworten.
Beide Verhandlungspartner hatten sich auf die Formulierung „*Die* Unterredung fand in freundschaftlicher Atmosphäre statt" geeinigt.

○ nach einem Doppelpunkt das erste Wort eines selbständigen Satzes:

Gebrauchsanweisung: *Man* nehme jede zweite Stunde eine Tablette.

○ nach Gliederungszahlen, -zeichen u.ä.:

1 *Im* ersten Abschnitt behandeln wir das erste Wort im Satz.
2 *Im* zweiten das erste Wort einer Überschrift.
3 *Im* dritten die Anredepronomen.
c) *Wie* oben schon gesagt, geht es hier um folgendes ...

○ einfache Abkürzungen wie etwa *vgl.* oder *ebd.* am Satzanfang:

Vgl. hierzu die Seiten 338–342.

Die Abkürzung *v.* für die den Adel bezeichnende Präposition *von* schreibt man auch am Satzanfang klein, weil das große *V.* als Abkürzung eines Vornamens mißverstanden werden könnte:

v. Gruber ist sein Name. Nicht: *V.* Gruber ist sein Name (*V.* könnte als Abkürzung etwa für *Viktor* oder *Volkmar* mißverstanden werden.).
(Aber ausgeschrieben:) *Von* Gruber ist sein Name.
(Wie *von*:) *De* Gaulle besuchte Bonn.
Mehrteilige Abkürzungen, wie etwa *d.i.* oder *m.a.W.*, schreibt man am Satzanfang besser aus, so etwa: *Das ist ...*, *Mit anderen Worten ...*

● Klein schreibt man, sofern das betreffende Wort nicht von sich aus groß geschrieben wird:

○ nach einem Doppelpunkt, der vor einem angekündigten Einzelwort oder Satzstück, vor einer Zusammenfassung oder Folgerung steht:

Latein: *befriedigend.* Er hat alles verloren: *seine* Frau, seine Kinder und sein ganzes Vermögen. Haus und Hof, Geld und Gut: *alles* ist verloren. Er ist umsichtig und entschlossen: *man* kann ihm also vertrauen.

○ nach einem Frage- oder Ausrufezeichen im Innern eines Satzes:

„Weshalb darf ich das nicht?" *fragte* er. „Kommt sofort zu mir!" *befahl* er.

○ nach einem Semikolon oder Komma:

Du kannst mitgehen; *doch* besser wäre es, *du* bliebst zu Hause.

○ am Satzanfang nach Apostroph und sonstigen Auslassungszeichen:

's ist unglaublich! *'raus* aus dem Zimmer! *...getan* hat er es.

2 Das erste Wort einer Überschrift, eines Werktitels u.ä.

(141) Das erste Wort einer Überschrift, eines Werktitels, des Titels von Veranstaltungen u.ä. schreibt man groß.
Diese Regel gilt u.a. für
○ Überschriften:

Dreister Einbruch in die Sparkasse
Schwere Niederlage der deutschen Boxer
Plötzlicher Schneefall – Verkehrschaos

○ Titel von Büchern, Gedichten, Theaterstücken, Filmen, Rundfunk- und Fernsehsendungen u.ä.:

Mein Name sei Gantenbein, *Amtliches* Fernsprechbuch 19 für den Bereich der Oberpostdirektion Karlsruhe, *Das* Lied von der Glocke, *Unsere* kleine Stadt, *Die* Wüste lebt, *Der* goldene Schuß, *An* einem Tag wie jeder andere, *Auch* Statuen sterben

○ Titel von Veranstaltungen u.ä.:

Internationaler Medizinerkongreß, *Zweite* Arbeitstagung der ...

● Zur Verdeutlichung setzt man Überschriften, Werktitel u.ä. vor allem im laufenden Text oft in Anführungsstrichen:

Der Artikel „*Dreister* Einbruch in die Sparkasse" war mir zu reißerisch. Sie lasen das Buch „*Die* Blechtrommel" von Grass. Sie spielten „*Siebzehn* und vier".

Änderung oder Wegfall des Artikels

(142) Steht ein Adjektiv (auch Zahladjektiv), ein Pronomen, eine Präposition u.ä. [nach einem Artikel] im Innern etwa eines Film-, Buchtitels usw., dann schreibt man diese im allgemeinen klein.
Wird der Artikel durch Deklination geändert oder weggelassen und rückt das Adjektiv usw. an den Anfang des Titels, dann schreibt man dies groß (↑ 182):

Hagelstanges neuer Roman „*Der* schielende Löwe". (Oder:) Ich habe den neuen Roman „*Der* schielende Löwe" gelesen. (Oder:) Ich habe den „*Schielenden* Löwen" gelesen. (Oder:) Ich habe den *Schielenden* Löwen gelesen.
Der Film „*Der* große Diktator". (Oder:) Ich habe den Film „*Der* große Diktator" gesehen. (Oder:) Ich habe den „*Großen* Diktator" gesehen. (Oder:) Ich habe den *Großen* Diktator gesehen.
(Entsprechend:) das Buch „*Die* drei Musketiere"; „*Der* Lobgesang der drei Jünglinge im Feuerofen". (Oder:) „*Drei* Jünglinge im Feuerofen". (Oder:) *Drei* Jünglinge im Feuerofen.

Name in Überschriften, Werktiteln u.ä.

(143) Enthält eine Überschrift, ein Werktitel u.ä. bereits einen Namen, der als solcher groß geschrieben wird (*Neue Welt;* ↑ 179 ff.), dann bleibt diese Großschreibung natürlich erhalten:

„Aus der Neuen Welt" (Sinfonie), Im Weißen Rössel (Operette) usw.

3 Anredepronomen in Briefen u.ä.

Du – Dein/Ihr – Euer

144 Das Anredepronomen schreibt man in bestimmten Fällen groß,

und zwar in Briefen, feierlichen Aufrufen und Erlassen, Grabinschriften, Widmungen, Mitteilungen des Lehrers an einen Schüler unter Schularbeiten, auf Fragebogen, bei schriftlichen Prüfungsaufgaben usw.

Betroffen von dieser Regel sind die Personalpronomen der 2. Person Singular und Plural, die entsprechenden Formen des Possessivpronomens und entsprechende Zusammensetzungen mit *-halben, -wegen, -willen* u.ä.:

Du, Deiner, Dir, Dich; Dein Mann, Deine Frau, Dein Buch; Deine Kinder; Ihr, Euer, Euch; Euer Sohn, Eu[e]re Tochter, Euer Kind; Eu[e]re Kinder; Deinethalben, Euretwegen, Deinetwillen usw.

Liebes Kind! Ich habe mir *Deinetwegen* viel Sorgen gemacht und war glücklich, als ich in *Deinem* ersten Brief las, daß *Du* gut in *Deinem* Ferienort eingetroffen bist. Hast *Du Dich* schon gut erholt? Liebe Eltern! Ich danke *Euch* für das Päckchen, das *Ihr* mir geschickt habt. Lieber Karl! Ich danke *Dir* für *Deinen* Brief. Wie geht es *Eu[e]rem* Söhnchen?

Ihr lieben zwei! Herzliche Grüße *Euch* beiden.

(Widmung:) Dieses Buch sei *Dir* als Dank für treue Freundschaft gewidmet.

(Aufruf:) Reihe auch *Du Dich* ein!

(Mitteilung des Lehrers unter einem Aufsatz:) *Du* hast auf *Deine* Arbeit viel Mühe verwendet.

(Aufsatzthema:) Wie verbrachtest *Du Deinen* letzten Sonntag?

● Bei der Wiedergabe von Ansprachen, in Katalogen, in Lehrbüchern u.ä. schreibt man jedoch klein:

Merke *dir* den zweifachen Gebrauch von „seit". Achte darauf, daß *du* es mit t schreibst (aus einem Lehrbuch).

● Mundartlich wird gelegentlich noch die Anrede *Ihr* gegenüber einer [älteren] Person gebraucht:

Kommt *Ihr* auch, Großvater? Kann ich *Ihnen* helfen, Hofbauer?

Veraltet ist die Anrede in der 3. Person Einzahl:

Schweig' *Er!* Höre *Sie!*

Sie – Ihr

145 Die Höflichkeitsanrede *Sie,* das entsprechende Possessivpronomen *Ihr* sowie entsprechende Zusammensetzungen mit *-halben, -wegen, -willen* u.ä. schreibt man immer groß, und zwar unabhängig davon, ob die Anrede einer Person oder mehreren Personen gilt. Das Reflexivpronomen *sich* schreibt man immer klein:

Haben *Sie* alles besorgen können? Er fragte sofort: „Kann ich *Ihnen* behilflich sein?" Wie geht es *Ihren* Kindern? Haben *Sie* sich gut erholt? Wir haben uns *Ihretwegen* große Sorgen gemacht. Ein gutes neues Jahr wünscht *Ihnen Ihre* Sparkasse.

Festgelegte Höflichkeitsanreden u.ä.

146 In festgelegten Höflichkeitsanreden und Titeln schreibt man die Pronomen (und die Adjektive) groß:

Seine Heiligkeit (der Papst), *Eu[e]re* Heiligkeit
Seine Magnifizenz, *Eu[e]re* Magnifizenz
Ihre Königliche Hoheit, *Eu[e]re* Königliche Hoheit, *Ihre* Exzellenz
(Auch:) *Unsere* Liebe Frau (Maria)

4 Substantive und substantivisch gebrauchte Wörter

147 Substantive (Hauptwörter) wie *das Haus, der Geist, der Gedanke* schreibt man groß.

Die Wörter der anderen Wortarten schreibt man klein.

Dies sind:

Verben (Zeitwörter) wie *singen, laufen*
Adjektive (Eigenschaftswörter) und Zahladjektive (Zahlwörter) wie *alt, schön, drei, erste*
Pronomen (Fürwörter) wie *er, dieser, alle*
Adverbien (Umstandswörter) wie *bald, abends, flugs*
Präpositionen (Verhältniswörter) wie *für*
Konjunktionen (Bindewörter) wie *wenn*
Interjektionen (Empfindungswörter) wie *ach*

Die Schwierigkeiten, die trotz dieser scheinbar einfachen Grundregel bestehen, beruhen darauf,

○ daß die Schreibung etwa der Verbindungen aus Substantiv und Verb (*Angst haben,* aber: *angst sein, mir ist angst*) oder Präposition (*mit Hilfe,* aber: *auf seiten*) sehr unterschiedlich festgelegt ist (↑ 150 ff.)

○ daß Wörter der anderen Wortarten substantivisch gebraucht werden können, d.h. für ein Substantiv stehen können, und dann groß geschrieben werden müssen (*das Singen, der Alte, es ist ein Er, die Zahl Drei, das Diesseits, das Für und Wider, das Wenn und Aber, der Wauwau:* ↑ 155 ff.).

○ daß für Buchtitel u.a. (↑ 141 ff.), für Anredepronomen (*ich habe Deinen Brief erhalten;* ↑ 144 ff.), für Namen (*Otto der Große;* ↑ 179 ff.) sowie für bestimmte Ableitungen (*Platonische Schriften, Frankfurter Würstchen;* ↑ 167, 168) Sonderregeln gelten.

Oft wird als wichtiges Kennzeichen der Substantive und substantivisch gebrauchten Wörter angegeben, daß sie mit dem Artikel *der, die, das,* mit einem Adjektiv (*schnelles Auto*) oder einer Präposition (*an Bord*) verbunden werden können.

Diese Beobachtung ist richtig, doch kann man daraus nicht die rein mechanische Regel ableiten, daß man je-

des Wort etwa nach einem Artikel groß schreibt, da im Text auch Nichtsubstantive einem Artikel folgen können (*das schnelle Auto, ich wollte das auch sagen, das auf der vierten Seite Gesagte* usw.).

● Generell gilt die Zusatzregel:
In Zweifelsfällen schreibt man mit kleinem Anfangsbuchstaben.

4.1 Substantive und ihr nichtsubstantivischer Gebrauch

(148) Substantive (Hauptwörter) schreibt man groß:

der Himmel, die Erde, das Wasser; der Vater, die Mutter, das Kind; der Kurfürstendamm, der Europäer, der Wald, das Gold, die Würde

● In fremdsprachigen Wortgruppen, die für einen substantivischen Begriff stehen, schreibt man in deutschen Texten zumindest das erste Wort häufig groß. Doch gibt es insgesamt sehr uneinheitliche Schreibungen, zumal bestimmte Verbindungen wie Adverbien gebraucht werden:

Corned beef, Irish coffee, Conditio sine qua non
Beachte aber: Cherry Brandy, Bodybuilder, Irish-Stew, Clair-obscur, Rock and Roll, ab ovo, ante mortem

Zeitangaben

(149) Die Schreibung der Zeitangaben ist deshalb besonders schwierig, weil oft auf den ersten Blick nicht zu erkennen ist, ob es sich um ein Substantiv handelt, das groß zu schreiben ist, oder um ein Adverb, das zwar von einem Substantiv abgeleitet ist, aber klein zu schreiben ist.

Die folgende Aufstellung mit dem Beispiel *Abend* zeigt die verschiedenen Möglichkeiten an:

3*

des Abends, eines Abends	abends
dieser Abend, den Abend über	abends spät
am Abend des 20. Juli, gegen Abend, vom Morgen bis zum Abend	von morgens bis abends, [um] 8 Uhr abends, abends [um] 8 Uhr
es ist/wird Abend	[am] Dienstag abend
schöner Abend, guten Abend (Gruß), guten Abend sagen	Dienstag oder dienstags abends
zu Abend essen	
der gestrige Abend	morgen abend, gestern abend

Unterscheide entsprechend:

der Morgen – morgens, der Mittag – mittags, der Nachmittag – nachmittags, des Nachts – nachts, der Vormittag – vormittags

der Montag – montags, der Dienstag – dienstags usw.

Montag morgen – Montag oder montags morgens usw.

gestern morgen, heute nachmittag usw.

(Zusammenschreibung:) der/ein Montagmorgen, der Dienstagnachmittag, die nächsten Dienstagabende, an einem Dienstagabend usw.

Klaus ist *Mittwoch* (am kommenden Mittwoch) zu Hause, Klaus war *Mittwoch* (am vergangenen Mittwoch) zu Hause, aber: Klaus ist/war *mittwochs* (jeden Mittwoch) zu Hause

(entsprechend:) Klaus ist [am] *Mittwoch abend* / am *Mittwochabend* zu Hause, aber: Klaus ist *Mittwoch abends/mittwochs abends* zu Hause.

Substantiv und Verb

In vielen Verbindungen aus Substantiv und Verb ist neben der Frage nach der Groß- oder Kleinschreibung des Substantivs die Frage nach der Zusammen- oder Getrenntschreibung von Substantiv und Verb wichtig. So stehen nebeneinander:

[keine] Angst haben, aber: mir ist angst, angst sein

Auto fahren, ich fahre Auto, ich fahre Rad, aber: radfahren, eislaufen, ich laufe eis

Die Zusammen- und Getrenntschreibung dieser Verbindungen (↑ 193ff.) wird in diesem Abschnitt mitbehandelt.

[keine] Angst haben – mir ist angst

(150) Eine bestimmte Gruppe ursprünglicher Substantive treten in Verbindung mit Verben auf und werden dabei nicht mehr als Substantive angesehen, sondern in der Regel wie ein beim Verb stehendes Adjektiv gebraucht. In diesen Verbindungen werden sie klein und vom folgenden Verb getrennt geschrieben:

mir ist angst, angst [und bange] machen/sein/werden, aber: in Angst sein, [keine] Angst haben

diät leben, aber: nach der Diät leben

jmdm. feind (feindlich gesinnt) bleiben/sein/werden, aber: jmds. Feind bleiben/sein/werden

jmdm. *freund* (freundlich gesinnt) sein/bleiben/werden, aber: jmds. Freund sein/bleiben/werden

not sein/tun/werden, aber: seine [liebe] Not haben, Not leiden

pleite gehen/sein/werden, aber: Pleite machen

das ist ihm recht, recht behalten/bekommen/erhalten/geben/haben/sein/tun, aber: Recht finden/sprechen/suchen, ein Recht haben, jmdm. sein Recht geben, sein Recht bekommen, (beachte:) Rechtens sein

das ist schade, schade, daß …, er ist sich dafür zu schade, o wie schade!, aber: der Schaden, das ist sein eigener Schaden, Schaden tun

er ist schuld daran, schuld geben/haben/sein, aber: [die] Schuld tragen/haben, es ist meine Schuld

das ist unrecht, unrecht bekommen/geben/haben/sein/tun, aber: es geschieht ihm Unrecht, ein Unrecht begehen, jmdm. ein Unrecht tun

willens sein, aber: voll guten Willens sein

(beachte:) Wurst/Wurst sein

● Klein schreibt man *bang[e], gram, leid, weh* in festen Verbindungen mit Verben. In diesen Fällen handelt es sich nicht um die Substantive *die Bange, der Gram, das Leid, das Weh,* sondern um alte Adjektive oder Adverbien, die im heutigen Sprachgebrauch jedoch gewöhnlich nicht mehr als solche verstanden werden:

er macht ihm bange, aber: er hat keine Bange
er ist mir gram, aber: sein Gram war groß
es tut mir leid, aber: ihm soll kein Leid geschehen
es ist mir weh ums Herz, aber: es ist sein ständiges Weh und Ach

Unterscheide auch:

bankrott gehen/sein/werden, aber: Bankrott machen
eine Sache [für] ernst nehmen, ernst sein/werden/nehmen, die Lage wird ernst, es wurde ernst und gar nicht lustig, aber: Ernst machen, für Ernst nehmen, es ist mir [vollkommener] Ernst damit, es wurde Ernst aus dem Spiel

Auto fahren – ich laufe eis

Für die Verbindungen von Substantiv und Verb von der Art *Auto fahren, eislaufen* gibt es verschiedene Möglichkeiten der Schreibung, die die folgende Tabelle zusammenfaßt:

Infinitiv	Präsens
Auto fahren	ich fahre Auto
kegelschieben	ich schiebe Kegel
radfahren	ich fahre Rad
eislaufen	ich laufe eis

Perfekt	Infinitiv + zu
bin Auto gefahren	um Auto zu fahren
habe Kegel geschoben	um Kegel zu schieben
bin Rad gefahren	um radzufahren
bin eisgelaufen	um eiszulaufen

Verben, bei denen nur Zusammenschreibung möglich ist (*maßregeln, nasführen*), sind in 195 abgehandelt.

Auto fahren – ich fahre Auto

(151) Wie in der Verbindung *Auto fahren* wird in vielen Fällen das Substantiv immer groß und dann natürlich vom folgenden Verb getrennt geschrieben. Die wichtigsten dieser Fügungen sind:

Auto fahren, ich fahre Auto, bin Auto gefahren, um Auto zu fahren; (entsprechend:) Abbruch tun, Abstand nehmen, Alt singen, Anlaß geben/nehmen, Anspruch erheben/haben, Anstoß nehmen, Anteil nehmen/haben, Aufschluß geben, Autobus fahren, Bahn fahren, Ball schlagen/spielen, Bariton singen, Baß singen, Beat tanzen, Beeren suchen, Befehl geben, Bericht erstatten, Bescheid geben/sagen/wissen, Beweis führen, Billard spielen, Blockschrift schreiben, Bob fahren, Bock springen, Boot fahren, Bratsche spielen, Brot backen, Buch führen, Bus fahren
Cello spielen, Cembalo spielen, Dank abstatten/schulden/wissen, Dank sagen (auch: danksagen, ↑195), Dialekt sprechen, Disziplin halten, Einhalt gebieten, Einsicht haben/nehmen, Einspruch erheben, Eisenbahn fahren, Fagott blasen, Fahrrad fahren, Feuer fangen, die Flatter machen, Fleisch braten, Florett fechten, Flöte blasen/spielen, Folge leisten, Form geben, Fuß fassen, Fußball spielen, Galopp laufen/rennen, Gefahr laufen, Gehör finden, Geige spielen, Genüge tun, Geschirr spülen/waschen, Gitarre spielen, Glück wünschen, Golf spielen
Halt finden/suchen, Hand anlegen, Handball spielen, Herr sein/bleiben/werden, Hockey spielen, Jargon sprechen, Kaffee trinken, Kahn fahren, Karten spielen, Klarinette blasen/spielen, Klavier spielen, Kuchen backen, Lärm schlagen, Luft holen, Lust haben/finden, Mandoline spielen, Maß nehmen, Miete zahlen, Modell sitzen, Mofa fahren, Moped fahren, Motorrad fahren, Mühle ziehen, Mundart sprechen, Musik machen,

Not leiden, Obacht geben, Öl wechseln, Omnibus fahren, Opium rauchen, Pfeife rauchen, Platz finden/greifen/machen/nehmen, Polka tanzen, Posaune blasen, Posten fassen, [auf] Posten stehen

Radio hören, Rat holen, Rätsel raten, Rede und Antwort stehen, Rollschuh laufen, Sack hüpfen/laufen, Schach spielen/bieten, Schi fahren/laufen, Schlagzeug spielen, Schlange stehen, Schlitten fahren, Schlittschuh laufen, Schritt fahren/halten, Seil ziehen, Skat spielen, Skateboard fahren, Slang sprechen, Sopran singen, Sorge tragen, Spaß machen, Spießruten laufen, Staub saugen (auch: staubsaugen, ↑195), Stellung nehmen, Stelzen laufen, Steuer zahlen, Straßenbahn fahren, Sturm laufen/läuten, Swing tanzen

Tabak rauchen, Tango tanzen, Tau ziehen, Tennis spielen, Tischtennis spielen, Topf schlagen, Trab laufen/reiten/rennen, Trompete blasen/spielen, U-Bahn fahren, Verzicht leisten, Völkerball spielen, Volleyball spielen, Wache halten, [auf] Wache stehen, Walzer tanzen, Wort halten, Wunder tun/wirken, Wurzel fassen, Zeuge sein, Zigarette rauchen, Zigarre rauchen, Zug fahren

● Die Verbindung *kegelschieben* wird nur im reinen Infinitiv zusammen- und entsprechend klein geschrieben; sonst wird das Substantiv groß und vom Verb getrennt geschrieben:

kegelschieben, ich schiebe/schob Kegel, habe Kegel geschoben, um Kegel zu schieben, weil er Kegel schiebt/schob

Zusammenschreibung findet sich bei *radfahren* im Infinitiv [mit *zu*] sowie im Partizip Perfekt. Im Präsens und Imperfekt wird im Hauptsatz getrennt und *Rad* groß geschrieben (*ich fahre Rad*), im Nebensatz jedoch zusammengeschrieben (weil er radfährt/radfuhr). Entsprechendes gilt für *radschlagen* und *maschineschreiben*:

radfahren, ich fahre/fuhr Rad, bin radgefahren, um radzufahren, weil er radfährt/radfuhr; (entsprechend:) radschlagen, maschineschreiben

eislaufen – ich laufe eis

(152) Eine größere Gruppe von Verbindungen wird wie *eislaufen* behandelt: Zusammenschreibung findet sich im Infinitiv [mit *zu*] sowie im zweiten Partizip. Im Präsens und Imperfekt wird im Hauptsatz getrennt und der erste Teil klein geschrieben (*ich laufe eis*), im Nebensatz jedoch zusammengeschrieben (*weil er eisläuft*):

eislaufen, ich laufe/lief eis, bin eisgelaufen, um eiszulaufen

(entsprechend:) achtgeben, achthaben, haltmachen, haushalten, heimführen, hofhalten, hohnlachen (beachte: ich hohnlache oder lache hohn, hohngelacht, um hohnzulachen), hohnsprechen, kopfstehen, maßhalten, preisgeben, standhalten, stattfinden, stattgeben, teilhaben, teilnehmen, wundernehmen

● In Verbindung mit einem Attribut (Beifügung) liegt ein Substantiv vor. Es wird groß und vom Zeitwort getrennt geschrieben:

radfahren, aber: mit meinem Rad fahren eislaufen, aber: auf dem Eis laufen maßhalten, aber: das rechte Maß halten usw.

Zur Schreibung bei substantivischem Gebrauch (*das Autofahren*) ↑156.

Präposition + Substantiv

Für die Verbindung von Substantiv und vorangestellter Präposition gibt es verschiedene Möglichkeiten der Schreibung, die die folgende Tabelle zusammenfaßt. Dabei ist neben der Frage nach der Groß- oder Kleinschreibung die nach der Zusammen- oder Getrenntschreibung (↑214) wichtig, die hier mitbehandelt wird:

groß und getrennt	**klein und getrennt**
mit Bezug	in bezug
Doppelschreibung	**zusammen**
auf Grund/aufgrund	zugunsten

in Frage/in bezug

(153) In sehr vielen Fällen wird das Substantiv groß und dann natürlich von der Präposition getrennt geschrieben. Die wichtigsten dieser Fügungen sind in der folgenden Aufstellung zusammengefaßt. Zu weiteren Fügungen ↑ 154:

zu Abend essen, in Abrede stellen, auf Abruf, auf Abschlag, von Amts wegen, von Anbeginn, in Anbetracht, von Anfang an/zu Anfang, in Angriff nehmen, vor Anker gehen/liegen, aus Anlaß, in Anspruch nehmen, im Anzug sein, außer Atem sein, im Auftrag(e), sich im/in Bau befinden, mit Bedacht, zu Befehl, nach Befund, im Begriff sein, zu Berge stehen/fahren, in Beschlag nehmen, auf/zu Besuch sein, in Betracht kommen/ziehen, in Betrieb sein/setzen, unter Beweis stellen, auf Borg kaufen, in Brand stecken, im Bunde mit

außer Dienst/in Dienst stellen, in/mit/zu Ehren, am Ende sein/zu Ende bringen/gehen/kommen, wider Erwarten, in Fahrt sein, in Falle/zu Fall bringen, im Fluge, im Fluß sein, in Form sein, außer Frage stehen, in Frage kommen, zu Fuß gehen/sein, in Gang halten/setzen/im Gang sein, zur Gänze, im Gefolge von, im Gegensatz zu, im Gegenteil, in Gegenwart von, auf Geheiß, zu Gemüte führen, in Gunst stehen, zu/nach/von Hause/von Haus aus/das Zuhause, zu Herzen gehen, mit Hilfe von/zu Hilfe kommen, im Hinblick auf, in Hinsicht auf

in Kauf nehmen, von Kind auf, auf Kosten von, in Kraft treten, auf Kredit, an Land, außer Landes, zu Lasten, im Laufe des Jahres, bei/zu Lebzeiten, zu Leibe rücken, zu Markte tragen, nach Maßgabe von, in Miete, in Mißkredit bringen, in Mitleidenschaft ziehen, zu Mittag essen, in Mode kommen, bei/über Nacht, zur Neige gehen, in Not sein/zur Not, zu Schaden kommen, zu Ohren kommen, zu Papier bringen, zu Pferd, in Pflege sein, zu Protest gehen (von Wechseln), zu Protokoll geben

in Rage bringen, am Rande/zu Rande kommen, zu Rate gehen/halten/ziehen, sich zur Ruhe setzen, in/im Schach halten, zu Schaden kommen, zur Schau stehen/stellen, auf/bei/nach/in/außer Sicht kommen, bei/von Sinnen sein, in Sorge sein, von Staats wegen, vom Stapel gehen/lassen/laufen, im Stich lassen, zur Strecke bringen, zu Streich kommen, von Stund an, zu Tal[e] fahren, aufs Tapet bringen, außer Tätigkeit setzen, bei Tisch sein/zu Tisch gehen, zu Tode fallen/hetzen, vor Torschluß, auf Touren kommen, bei Trost

von Übel sein, in Umlauf geben/sein, unter Umständen, mit/zu Unrecht, im Unterschied zu, zur Unzeit, im Verein mit, in Verfall geraten, im/in Verfolg (der Sache), im Verkehr mit/in Verkehr treten, mit Verlaub, im Verlauf, in Verruf bringen, aus Versehen, in Vertretung, in Verwahr geben/nehmen, in Verzückung geraten, im Verzug sein/ohne Verzug, in Vollmacht, von Vorteil sein, mit/unter Vorbehalt, zum Vorschein kommen, in Wahrheit, im Wege sein, zu Werke gehen, ohne Wissen, zum Wohl[sein], aufs Wort/zu Wort kommen, zum Zeichen, zu aller Zeit/zu allen Zeitem

● In einigen Fällen wird das ursprünglich vorliegende Substantiv bereits klein, die ganze Fügung aber noch getrennt geschrieben:

außer acht lassen, aber: aus der/aller Acht lassen; in acht nehmen; seit/vor alters; in betreff, aber: in dem Betreff; in bezug auf, aber: mit/unter Bezug auf; auf/von/zu seiten, aber: auf der Seite.

bei uns zulande – zu Wasser und zu Lande

(154) In bestimmten Fällen wird die Präposition mit dem Substantiv zusammengeschrieben. Aus der ursprünglich vorliegenden Fügung ist ein neues Adverb oder eine neue Präposition geworden, die klein zu schreiben sind (↑ auch 213 ff.):

abhanden kommen; anhand/an Hand, aber: etwas an der Hand haben; anstatt, aber: an Zahlungs/Kindes Statt; anstelle/an Stelle, aber: an die Stelle des Vaters treten, zur Stelle sein; aufgrund/auf Grund, aber: auf dem Grund[e], im

Grunde, von Grund auf/aus; außerstand
setzen, außerstande sein
beileibe, aber: zu Leibe rücken; beiseite
legen/schaffen; beizeiten, aber: auf Zeit;
bisweilen
imstande sein, aber: er ist gut im Stande
(bei guter Gesundheit); infolge, aber: in
der Folge; inmitten, aber: in der Mitte;
insonderheit; instand halten, aber: etwas
gut im Stande (in gutem Zustande) erhalten; instand setzen, aber: jmdn. in den
Stand setzen, etwas fertigzustellen
unterderhand, aber: etwas unter der
Hand (=in Arbeit) haben
vonnöten sein, vonstatten gehen
vorderhand, vorhanden sein; vorzeiten,
aber: vor langen Zeiten
zeitlebens, aber: zeit seines Lebens
zufolge, demzufolge, aber: für die Folge;
zugrunde gehen/legen/liegen; zugunsten,
aber zu seinen Gunsten; zugute halten/
kommen/tun; zuhanden kommen/sein,
zuhanden/zu Händen [von] Herrn ...,
aber: zur Hand sein; zuhauf legen/lie-
gen; bei uns zulande, dortzulande, hier-
zulande, aber: zu Wasser und zu Lande;
zuleid[e] tun; zuliebe tun; zumute sein;
zunichte machen/werden; zunutze machen, aber: zu Nutz und Frommen, von
Nutzen sein; zupaß/zupasse kommen;
zuschanden machen/werden; zuschulden
kommen lassen; zustande bringen/kom-
men; zustatten kommen; zutage bringen/
fördern/treten, aber: bei Tage, vor/unter
Tage; zuteil werden, aber: zum Teil; zu-
ungunsten, aber: zu seinen Ungunsten;
zuwege bringen; zuweilen; zuzeiten (bisweilen), aber: zu der Zeit, zu Zeiten
Karls des Großen, zur Zeit

● Die auf diese Weise entstandenen
Adverbien werden ihrerseits nicht mit
einem folgenden Verb, auch nicht in
den gebeugten Formen, zusammengeschrieben (↑ die Aufstellung und
187ff.):

instand halten, ich hielt instand, habe instand gehalten, um instand zu halten

Achte jedoch auf die Zusammenschreibung:

überhandnehmen, es nahm überhand,
hat überhandgenommen, um überhand-
zunehmen

(entsprechend:) fürliebnehmen, vorliebnehmen, zurechtkommen, zurechtstellen,
aber: zu Recht bestehen/verurteilt werden, mit Recht

Zur Schreibung bei substantivischem Gebrauch (*das Überhandnehmen, das Instandsetzen, das Infragestellen*) ↑ 156 und
232.

Beachte die Doppelformen:

anhand – an Hand, anstelle – an Stelle, auf-
grund – auf Grund

4.2 Verben und ihr substantivischer Gebrauch

 Verben (Zeitwörter) schreibt man
klein:

laufen; ich laufe, werde laufen, lief, bin
gelaufen, um zu laufen; ich muß laufen;
ich laufe diese Strecke, ich laufe morgen,
lauf schnell!

Substantivisch gebrauchter Infinitiv

156 Infinitive (Grundformen), die
substantivisch gebraucht werden, schreibt man groß (*das Lesen*).
Eine vorangehende Bestimmung wird
mit ihnen zusammengeschrieben (*das
Zustandebringen*), sofern der ganze
Ausdruck übersichtlich ist (↑ 232).

● Beachte folgende Verbindungen
mit einem substantivisch gebrauchten
Infinitiv:

○ Artikel oder Pronomen +Infinitiv:

das Lesen/Schreiben, das Großschrei-
ben; das Anrufen, das Radfahren, das
Eislaufen, das Maßhalten, das Maßregeln
das Autofahren, das Ratholen; das Zustandebringen, das Ausweinen/Sichaus-
weinen, das In-den-Tag-hinein-Leben
alles Arbeiten war umsonst, allerhand
Üben wird es schon erfordern, das war
ein Singen, ein Kreischen erfüllte das Vo-
gelhaus, immer dieses Schimpfen, unser
Musizieren, dein Singen geht mir auf die
Nerven, ihr Schluchzen, kein Singen war
zu hören

○ Präposition [+verschmolzenem Artikel] +Infinitiv:

er ist am Lesen, auf Biegen oder Brechen, außer Abonnieren kommt nichts in Frage, beim Backen, für Hobeln und Einsetzen [der Türen], ich danke fürs (für das) Kommen, im Fahren, er ist im Kommen, mit Zittern und Zagen, mit Heulen und Zähneklappern, nach Nichteinhalten der Termine, es geht ums Gewinnen, vom Laufen erhitzt, vor [lauter] Lachen, sie kommt nicht zum Backen

Unterscheide zwischen dem Infinitiv mit *zu* und dem substantivisch gebrauchten Infinitiv mit *zum:*

sie hat viel zu trinken, aber: sie ist bei der Arbeit nicht zum Trinken gekommen
er hat nichts zu lachen, aber: das ist zum Lachen, zum Verwechseln ähnlich

○ Attributives Adjektiv +Infinitiv:

schnelles Reden, langsames Anfahren, lautes Kreischen, leises Flüstern

○ Attributives Substantiv +Infinitiv:

[das] Anwärmen und Schmieden einer Spitze, [das] Verlegen von Rohren, [das] Betreten der Wiese

Zweifelsfälle

● Stehen Infinitive allein, dann ist oft nicht klar, ob substantivischer Gebrauch vorliegt oder nicht. In solchen Fällen ist Groß- und Kleinschreibung möglich:

außer Abonnieren kommt nichts in Frage, aber: außer zu abonnieren habe ich kein Interesse; ... weil [das] Geben seliger ist als [das] Nehmen, aber: ... weil [zu] geben seliger ist[,] als [zu] nehmen (In diesem Beispiel werden beide Grundformen entweder klein oder groß geschrieben.)
das schnelle/schnelles Laufen, [das] Schnellaufen ist lustig, aber: schnell [zu] laufen ist lustig; [das] viel[e] Essen macht dick, aber: viel [zu] essen macht dick; er übte mit den Kindern rechnen, aber: [das] Rechnen
sie lernt schwimmen, aber: [das] Schwimmen; sie lernt [das] Autofahren, aber:

sie lernt Auto fahren, sie lernt, [das] Auto zu fahren; ohne Zögern kaufen, aber: ohne zu zögern kaufen; sein Hobby ist [zu] lesen, aber: sein Hobby ist [das] Lesen
wir lieben [zu] rudern, aber: [das] Rudern; ich höre [sie] singen, aber: [das] Singen; denn Führen bedeutet Ziele setzen, aber: denn Führen bedeutet Zielesetzen
Verstecken spielen, Verkleiden spielen; singen können, schwimmen dürfen
(Beachte die Schreibung im folgenden Beispiel:) .... denn Reagieren ist eine wichtige Voraussetzung für sicheres Autofahren. (In diesem Beispiel muß auch *reagieren* groß geschrieben werden, weil *sicheres Autofahren* ein substantivisch gebrauchter Infinitiv ist.)
(Entsprechend:) ... weil Probieren über Studieren geht

Andere substantivisch gebrauchte Verbformen

(157) Andere Formen von Verben, die gelegentlich substantivisch gebraucht werden, schreibt man ebenfalls groß *(das Soll)*. Dazugehörende Bestimmungen werden mit ihnen zusammengeschrieben:

die atomaren Habenichtse, der Kannitverstan; das Lebehoch, er rief ein herzliches Lebehoch, aber: er rief: „Lebe hoch!", der Möchtegern, aber: er möchte gern; das Muß, das Vergißmeinnicht usw.

Zum substantivischen Gebrauch der Partizipien ↑ 159.

4.3 Adjektive und Partizipien und ihr substantivischer Gebrauch

(158) Adjektive (Eigenschaftswörter) und Partizipien (Mittelwörter) schreibt man klein:

der alte Mann, die schönen Frauen, das klein zu schreibende Wort, das zu klein geschriebene Wort, das dem Schüler bekannte Buch, das in Frage gestellte Unternehmen, er ist faul, sie singt schön; vom hauswirtschaftlich-technischen Gesichtspunkt her

(159) Adjektive und Partizipien, die substantivisch gebraucht werden, schreibt man groß. Nähere Bestimmungen dazu schreibt man getrennt:

Neues lieben, der Alte (der alte Mann), die Alten [und die Jungen], die Schönen (die schönen Frauen) der Stadt, das klein zu Schreibende, das zu klein Geschriebene, das dem Schüler Bekannte, ein Gesunder, das in ihrer Macht Stehende, das oben/zuletzt Gesagte, das in Frage Gestellte, dieses Gesagte, jenes Wahre, wir Alten, sein/mein/dein Bestes tun

aus Altem Neues machen, auf Neues stoßen, es fehlt das Nötigste/am (=an dem) Nötigsten, an das Alte denken, zum (=zu dem) Alten (Chef) gehen, in diesem Sommer ist Gestreift Trumpf. (Beachte auch:) vom Hauswirtschaftlich-Technischen her

Zur Schreibung der Adjektive und Partizipien in Namen ↑ 179ff.

Zur Schreibung der Sprach- und Farbbezeichnungen sowie der Zahladjektive ↑ 165f., 169ff.

Einzelne Gruppen

Häufig ist es bei Adjektiven (selbst mit einem Artikel, Pronomen oder einer Präposition) zweifelhaft, ob sie substantivisch gebraucht sind oder nicht. Die wichtigsten dieser Fälle werden in den folgenden Abschnitten abgehandelt.

alles Gute/etwas Wichtiges

(160) Adjektive und Partizipien nach Wörtern wie *alles, etwas, viel* usw. schreibt man groß, weil sie hier für ein Substantiv stehen:

allerart Neues (aber: allerart neue Nachrichten), allerhand Neues (aber: allerhand neue Bücher), allerlei Wichtiges, alles Ekelhafte/Gute, mit anderem Neuen

mit einigem Neuen, mit einigen Neuen, etliches Schönes, etwas Auffälliges/Entsprechendes/Neues/Passendes, genug Dummes/Dummes genug, irgend etwas Neues, irgendwas Schönes, irgendwelches Schöne

mancherlei Blödsinniges, manch Neues/manches Neue, mehrere Reisende, nichts Genaues, sämtliches Schöne, solch Schönes/solches Schöne, solcherart Dummes, solcherlei Blödes/Gutes/Schönes

viel Seltsames/vieles Seltsame, vielerart Blödsinniges, vielerlei Unerquickliches, was Neues, was für Schlechtes bringst du?, welches Neue, welcherart Neues, welcherlei Schönes, wenig Gutes/weniges Gutes

(Beachte auch:) über ihn wird nur Gutes berichtet.

das schnellste aller Autos

(161) Ein alleinstehendes Adjektiv oder Partizip schreibt man auch bei vorangehendem Artikel oder Pronomen klein, wenn es sich auf ein vorangehendes oder nachstehendes Substantiv bezieht und eine Opposition oder einen Vergleich ausdrückt. Es steht hier nicht für ein Substantiv:

Alle Kinder fanden seine Zuneigung. Besonders liebte er die fröhlichen und die fleißigen [Kinder]. – Im Saal waren viele alte Männer. Der älteste von allen/unter ihnen war 100 Jahre alt. – das älteste und das jüngste Kind – Er war der aufmerksamste und klügste meiner Zuhörer/von meinen Zuhörern/unter meinen Zuhörern. – Dies war das schnellste aller Autos. – Sie ist die schönste aller Frauen, die schönste der Schönen, (auch hauptwörtlich gebraucht:) die Schönste der Schönen; das Beste vom Besten – Kennzeichnend für den Karst sind die Tropfsteinhöhlen. Eine der eindrucksvollsten liegt bei Adelsberg. – Barbara war das/die hübscheste der Mädchen. – Vier Enkel, deren jüngster ... – In dem Aquarium schwammen die verschiedensten Fische: viele silbrige, einige bunte und ein paar schwarze

● Unterscheide davon Appositionen (*Goethe, der Reiselustige*) und üblich gewordene Substantivierungen (*der Angestellte*):
Er war ihr Bruder. Sie hatte den früh Verstorbenen sehr geliebt.

alt und jung –
die Alten und die Jungen

(162) Adjektive und Partizipien schreibt man auch dann klein, wenn sie in unveränderlichen, nicht gebeugten Wortpaaren vorkommen und diese für ein Pronomen oder Adverb stehen, z.B. *alt und jung* (*=jedermann*). Davon zu unterscheiden sind [gebeugte] Wortpaare wie *die Alten und die Jungen,* die für Substantive stehen (*die alten und die jungen Leute*):
alt und jung (jedermann), aber: die Alten und die Jungen, (beachte auch:) der Konflikt zwischen Alt und Jung (zwischen der alten Generation und der jungen Generation)
arm und reich (jedermann), aber: die Armen und die Reichen, (beachte auch:) die Kluft zwischen Arm und Reich
durch dick und dünn (überall durch)
(entsprechend:) gleich und gleich, aber: Gleiches mit Gleichem vergelten; groß und klein/im großen [und] ganzen, aber: Große und Kleine; hoch und niedrig, aber: Hohe und Niedrige; jung und alt, aber: die Jungen und die Alten; klein und groß, aber: die Kleinen und die Großen; über kurz oder lang, aber: das Lange und Kurze von der Sache ist, daß ... ; von nah und fern; vornehm und gering; weit und breit

das ist das beste, es ist am besten,
es steht zum besten – das Beste,
was ...

(163) Adjektive und Partizipien, selbst mit einem vorangehenden Artikel oder Pronomen, schreibt man klein, wenn sie nicht durch ein Substantiv ersetzt werden können, sondern

○ durch ein einfaches Adjektiv, Partizip oder Adverb:
es ist das gegebene (=gegeben), aber: er nahm das Gegebene gern; das ist bei weitem das bessere (=besser), wenn du dich entschuldigst, aber: das Bessere von dem,was du tun kannst; es ist das richtige (=richtig) usw.; des weiteren (=weiterhin), aufs neue (=wiederum), aber: etwas Neues usw.

○ durch ein Pronomen:
er tut alles mögliche (=viel, vielerlei), aber: alles Mögliche (alle Möglichkeiten) bedenken; alle folgenden (=ander[e]n) usw.

● Auch den Superlativ, die 2. Steigerungsstufe des Adjektivs (*es ist das beste*), schreibt man klein, wenn dafür die entsprechende Form mit *am,* die einfache Form des Adjektivs mit *sehr* oder ein entsprechendes Adverb gesetzt werden kann:
es ist das beste (=am besten), wenn du dich entschuldigst, aber: es ist das Beste, was ich je gegessen habe; das ärgerlichste (=sehr ärgerlich) ist, daß er nicht kommt, aber: das Ärgerlichste, was er je gehört hat; er war auf das äußerste (=sehr) erschrocken, aber: er mußte das Äußerste befürchten usw.

Klein schreibt man auch den Superlativ (die 2. Steigerungsstufe) des Adjektives mit *am* oder *zum,* wenn sie durch die einfache Form des Adjektivs mit *sehr* ersetzt werden kann:
es ist am nötigsten (=sehr nötig), den Motor wieder in Gang zu bringen, aber: es fehlt am Nötigsten; nicht zum besten (nicht sehr gut) stehen, aber: eine Spende zum Besten der Betroffenen usw.

Beispiele

im allgemeinen (gewöhnlich), aber: er bewegt sich stets nur im Allgemeinen; auf das, aufs äußerste (sehr) erschrocken sein/bis zum äußersten (sehr), aber: auf das, aufs Äußerste (Schlimmste) gefaßt sein/es bringt mich [bis] zum Äußersten ([bis] zur Verzweiflung)

am bedeutendsten/um ein bedeutendes (sehr) zunehmen; im besond[e]ren, aber: etwas Besonderes; es ist das bessere, daß …, aber: eines Besseren belehren/ eine Wendung zum Besseren/er will etwas Besseres sein; der erste beste (irgendeiner), aber: er ist der Beste in der Klasse; es ist das beste, daß …/er hält es für das beste, daß …/auf das, aufs beste, aber: das Beste (die beste Sache), was …/sein Bestes tun; am besten gelungen, aber: es fehlt ihm am Besten; nicht zum besten gelungen, aber: zu deinem Besten/zum Besten der Armen; um ein beträchtliches; um ein billiges; im bisherigen (weiter oben), aber: das Bisherige (bisher Gesagte); des langen und breiten darlegen/ein langes und breites (viel) sagen/des breiteren darlegen, aber: ins Breite fließen

der, die, das einzelne/bis ins einzelne/im einzelnen, aber: vom Einzelnen ins Ganze gehen/vom Einzelnen zum Allgemeinen; nicht im entferntesten; der, die, das folgende (der Reihe nach)/aus, mit, von folgendem (diesem)/im folgenden, in folgendem (weiter unten)/durch folgendes/folgendes (dieses), aber: der, die, das Folgende/aus, in, mit, nach, von dem Folgenden (den folgenden Ausführungen)

im ganzen, aber: aufs Ganze gehen/das große Ganze; im geheimen; auf das/aufs genaueste; ein geringes tun, aber: es auf ein Geringes beschränken/der Kampf ging nicht um Geringes; nicht das geringste (nichts) tun, aber: das Geringste, was er tun kann; am geringsten/nicht im geringsten/um ein geringes erhöhen, aber: er ist auch im Geringsten treu; das gleiche, aber: ein Gleiches tun; im großen betreiben/um ein großes verteuert, aber: ein Zug ins Große/im Großen treu sein; am größten; um ein gutes (viel, sehr), aber: Gutes und Böses/ Gutes mit Bösem vergelten/des Guten zuviel tun/vom Guten das Beste/jenseits von Gut und Böse/alles Gute; aufs herzlichste

aufs höchste erfreut, aber: sein Sinn ist auf das Höchste gerichtet; im kleinen betreiben/ein kleines (wenig) abhandeln/bis ins kleinste genau/über, um ein kleines,

aber: im Kleinen genau, treu sein; im kommenden, aber: das Kommende; des kürzeren darlegen/ binnen, in, seit, vor kurzem/auf das, aufs kürzeste; seit langem (vgl. auch breit); es ist mir ein leichtes, aber: es ist nichts Leichtes

alles mögliche (viel) tun, versuchen, versichern, versprechen, zusichern/das möglichste tun/sein möglichstes tun, aber: alles Mögliche (alle Möglichkeiten) bedenken/im Rahmen des Möglichen; im nachfolgenden, aber: das Nachfolgende; mit nächstem/fürs nächste/der, die, das nächste (erste) beste tun/das nächstbeste zu tun wäre …, aber: der, die, das Nächste/das Nächste und Beste/das Nächstbeste; aufs neue/auf ein neues/von neuem, aber: er ist auf das Neue erpicht/ etwas Neues/das Neueste wissen/erkennen

es ist das richtigste zu gehen/ich halte es für das richtigste, aber: tue das Richtige!/er hat das Richtige getroffen; er ist am schlimmsten d[a]ran/es ist das schlimmste (sehr schlimm), daß …, aber: es ist noch lange nicht das Schlimmste/auf das, aufs Schlimmste gefaßt sein/sich zum Schlimmen wenden; auf die schnelle; auf das, aufs schönste, aber: auf das Schönste bedacht sein; das sicherste ist …/es ist das sicherste …, aber: es ist das Sicherste, was du tun kannst; im stillen; auf das, aufs strengste

bis ins unendliche (unaufhörlich), aber: der Weg scheint bis ins Unendliche zu führen; im vorangehenden, aber: das Vorangehende; im vorigen, aber: das Vorige (das Vergangene); im vorliegenden, aber: das Vorliegende; im vorstehenden, aber: das Vorstehende; bei, von weitem/bis auf, ohne weiteres/im weiteren/am weitesten darlegen, berichten/am weitesten, aber: Weiteres findet sich …/ alles, einiges Weitere demnächst/alles, des Weiteren enthoben, überhoben sein/ das Weitere hierüber folgt; im wesentlichen, aber: das Wesentliche/etwas, nichts Wesentliches

ins reine bringen –
ins Lächerliche ziehen

 Adjektive und Partizipien schreibt man in der Regel klein,

wenn sie in festen Verbindungen [mit Verben] stehen (z.B. *im finstern tappen=nicht Bescheid wissen*). Bei einigen dieser Verbindungen wird das Adjektiv jedoch groß geschrieben (z.B. *im Finstern* [= *in der Dunkelheit*] *tappten wir nach Hause*), weil die substantivische Vorstellung überwiegt:
am alten hängen/beim alten bleiben/es beim alten lassen/aus alt neu machen, aber: an das Alte denken; im argen liegen, aber: der Arge, nichts Arges; zum besten haben/halten/stehen; im dunkeln (ungewissen) lassen/im dunkeln tappen (nicht Bescheid wissen), aber: im Dunkeln (in der Finsternis) tappte er nach Hause; im finstern tappen (nicht Bescheid wissen), aber: im Finstern (in der Dunkelheit) tappen wir nach Hause
aus dem groben/dem gröbsten arbeiten, aber: aus dem Gröbsten heraus sein; im guten sagen, aber: zum Guten lenken/wenden; im klaren sein/ins klare kommen; von klein auf; den kürzer[e]n ziehen; ins Lächerliche ziehen; auf dem laufenden sein/bleiben/[er]halten; ins Leere starren; auf neu waschen/neu für alt verkaufen (vgl. alt); im reinen sein/ins reine kommen/bringen/schreiben; aus dem rohen arbeiten/im rohen fertig
im sichern (geborgen) sein/leben, aber: auf Nummer Sicher sein/gehen; auf dem trocknen sitzen (kein Geld haben, in Verlegenheit sein), aber: auf dem Trocknen (auf trockenem Boden) stehen; im trocknen (geborgen) sein, aber: im Trocknen (auf trockenem Boden) sein; seine Schäfchen im trocknen haben/ins trockne bringen; im trüben fischen; im ungewissen sein/leben/bleiben, ins ungewisse leben; im unklaren bleiben/lassen/sein; im verborgenen bleiben, aber: Gott, der im Verborgenen wohnt/ins Verborgene sieht/das Verborgene; aus dem vollen schöpfen/im vollen leben/in die vollen gehen/ins volle greifen

Sprachbezeichnungen

(165) Bei den Sprachbezeichnungen ist darauf zu achten, ob man sie als attributive Adjektive (*die deutsche Sprache*) oder adverbial (*ein Wort deutsch* [Frage: *wie?*] *aussprechen*) gebraucht und entsprechend klein schreiben muß, oder ob sie für ein Substantiv, etwa für die Sprache, stehen (*er lernt Deutsch* [Frage: *was?*]) und entsprechend groß zu schreiben sind:

○ Kleinschreibung:
die russische Sprache, eine deutsche Übersetzung, ein Wort französisch aussprechen (wie aussprechen?), der Brief ist [in] englisch (wie?) geschrieben, sich [auf] deutsch unterhalten, er sagt es auf französisch, lateinisch mensa heißt zu deutsch Tisch, auf gut deutsch

○ Großschreibung:
das Deutsch Goethes, mein Deutsch (was? meine Sprache Deutsch) ist schlecht, das ist gutes Englisch, wir haben Englisch (das Fach Englisch) in der Schule, er kann kein Wort Russisch, er hat einen Lehrstuhl für Chinesisch, sie hat eine Eins in Französisch, er lernt/kann/versteht [kein] Russisch, der Prospekt erscheint in zwei Sprachen: in Englisch und Deutsch, eine Zusammenfassung in Deutsch, im heutigen/in heutigem Deutsch
(Entsprechend:) der oder die Deutsche, alle Deutschen, uns Deutschen, wir Deutsche[n]
Sprachbezeichnungen wie *Esperanto, Hindi* u.a. sind Substantive und werden als solche immer groß geschrieben.

Beachte die folgenden Zweifelsfälle:
er spricht deutsch (wie spricht er im Augenblick? in deutscher Sprache), aber: er spricht Deutsch (was spricht er? die Sprache Deutsch); er unterrichtet/lehrt deutsch (wie? in deutscher Sprache), aber: er unterrichtet/lehrt Deutsch (was? das Fach Deutsch); der Brief ist in englisch/in Englisch

● Die Form mit *-e*, z.B. *das Deutsche, das Englische,* als Bezeichnung für die jeweilige Sprache ganz allgemein wird groß geschrieben. Diese Bezeichnungen werden immer in Verbindung mit dem bestimmten Artikel gebraucht:

das Deutsche (im Gegensatz zum Französischen), die Aussprache des Englischen, im Russischen, aus dem Chinesischen ins Deutsche übersetzen
Zur Schreibung in Namen ↑ 179 ff.

Farbbezeichnungen

(166) Bei den Farbbezeichnungen ist darauf zu achten, ob man sie als attributive Adjektive (*das blaue Kleid*) oder adverbial (*blau färben*) gebraucht und entsprechend klein schreiben muß, oder ob sie für ein Substantiv, etwa für die Farbe stehen (*die Farbe Blau*) und entsprechend groß zu schreiben sind:
○ Kleinschreibung:
ein blaues/grünes/rotes Kleid, blau/rot/grün färben/machen/streichen/werden, jmdm. blauen Dunst vormachen, grau in grau, er ist mir nicht grün (gewogen), der Stoff ist rot gestreift, der Stoff ist rot/blau/grün, schwarz auf weiß, aus schwarz weiß machen wollen

○ Großschreibung:
bis ins Aschgraue (bis zum Überdruß), Berliner Blau, ins Blaue reden, Fahrt ins Blaue, die Farbe Blau, mit Blau bemalt, Stoffe in Blau, das Blau des Himmels, die oder der Blonde (blonde Frau, blonder Mann), die oder das Blonde (Glas Weißbier, helles Bier), die Farben Gelb und Rot, bei Gelb ist die Kreuzung zu räumen, dasselbe in Grün, ins Grüne fahren, bei Grün darf man die Straße überqueren, die Ampel steht auf/zeigt Grün/Gelb/Rot, das erste Grün, er spielt Rot aus, bei Rot ist das Überqueren der Straße verboten, Rot auflegen, ins Schwarze treffen, beim Anschluß Farbe beachten (Rot an Rot, Gelb an Gelb), Farbumschlag von Rot auf Gelb
Zur Schreibung in Namen ↑ 179 ff.

goethische Klarheit – Goethisches Gedicht

(167) Für die Schreibung der Adjektive auf *-[i]sch,* die von Familien-, Personen- oder Vornamen abgeleitet sind, gelten folgende Regeln:
Man schreibt sie groß, wenn man die persönliche Leistung oder Zugehörigkeit ausdrücken will, z.B. *der ,,Erlkönig'' ist ein Goethisches Gedicht.* Dieses Gedicht hat Goethe verfaßt, es ist sein Gedicht. In diesen Fällen kann man deshalb auch sagen: *Der ,,Erlkönig'' ist ein Gedicht Goethes oder ein Gedicht von Goethe.*
Man schreibt sie klein, wenn man ausdrücken will, daß etwas der Art, dem Vorbild, dem Geiste der genannten Person entspricht oder nach ihr benannt ist, z.B. *ihm gelangen Verse von goethischer Klarheit.* In diesen Fällen kann man auch sagen: *Ihm gelangen Verse von einer Klarheit, die der Art oder dem Vorbild Goethes entspricht, eine Klarheit im Stile Goethes:*

Drakonische Gesetzgebung (die Gesetze Drakons, von Drakon), aber: drakonische Gesetzgebung (nach Drakons Art, im Geiste Drakons); die Einsteinsche Relativitätstheorie (von Einstein); Grimmsche Märchen, Grimmsches Wörterbuch (der Brüder Grimm); die Heinischen Reisebilder (von Heine), aber: eine heinische Ironie (nach der Art Heines); die Homerischen Epen (von Homer), aber: ein homerisches Gelächter
die Kopernikanischen Schriften (von Kopernikus), aber: das kopernikanische Weltsystem (nach ihm benannt); Mozartsche Kompositionen (Kompositionen Mozarts, von Mozart), aber: die Kompositionen wirken mozartisch (sind im Stile Mozarts); das Müllersche Grundstück (Müllers Grundstück); das Ohmsche Gesetz, aber: der ohmsche Widerstand (nach Ohm benannt)
Platonische Schriften (Schriften Platons, von Platon), aber: platonische Liebe (eine Liebe, die dem Geist Platons entspricht); Pythagoreische Philosophie (des Pythagoras), aber: pythagoreischer Lehrsatz; das Wilhelminische Zeitalter (des Kaisers Wilhelm II.), aber: die ottonische Kunst (die Kunst zur Zeit der Ottonen)

● Immer klein schreibt man die von Personennamen abgeleiteten Adjektive auf *-istisch, -esk* und *-haft* und die Zusammensetzungen mit *vor-, nach-* usw.:

darwinistische Auffassungen, kafkaeske Gestalten, eulenspiegelhaftes Treiben; vorlutherische Bibelübersetzungen

Frankfurter Würstchen

(168) Die von erdkundlichen Namen abgeleiteten Wörter auf *-er* schreibt man immer groß:

der/ein Frankfurter (Bewohner Frankfurts), Frankfurter Schwarz, ein Paar Frankfurter [Würstchen], die Frankfurter Allgemeine [Zeitung] (Abk.: FAZ), die Frankfurter Bevölkerung; Holländer Käse, Kölner Dom, die Mannheimer Verkehrsbetriebe, die Wiener Kirchen usw.
(Unterscheide:) ein deutscher, österreichischer und Schweizer Vertreter

Zahladjektive

(169) Zahladjektive (Numeralia) wie *zwei, zweiter, achtel* usw. schreibt man klein:

er zählte eins, zwei, drei; als dritter ins Ziel kommen; hundert Zigaretten, tausend Soldaten; 200,– DM, in Worten: zweihundert usw.

● Dies gilt auch
○ wenn man die Zahladjektive in Verbindung mit einem Artikel, Pronomen, einer Präposition gebraucht:

die vier, ein achtel Liter; zum ersten, zum zweiten, zum dritten usw.; wir sechs
(In Briefen:) Ihr lieben zwei!
○ entsprechend nach Wörtern wie *alle, einige* usw.:
alle sieben, einige tausend (↑171) Flaschen usw.

(170) Erst dann (meist nach einem Artikel oder Pronomen) schreibt man groß, wenn nicht mehr die Anzahl gemeint ist, sondern wenn

das Zahlwort für ein Substantiv steht, wenn es einen Begriff, ein „Ding", eine „Person" meint, z.B. *er fährt mit der Acht* (=*mit der [Straßenbahn]linie 8*):

Zur Schreibung der Zahladjektive in Namen ↑ 179ff.

er zählte eins, zwei, drei, aber: die Eins, die Zahl Zwei, die Ziffer Drei, in Latein eine Vier (Note) schreiben, eine Vier/drei Einsen würfeln; wir sechs, ihr drei, von uns dreien, wir sind zu vieren/viert; alle sieben, aber: die böse Sieben, die verhängnisvolle Dreizehn
die Zahlen von eins bis acht, aber: eine römische Zehn, eine arabische Acht, eine Acht im Kartenspiel, er fährt mit der Acht ([Straßenbahn]linie 8), eine Acht fahren (im Eislauf)
er ist über drei [Jahre]; es schlägt neun, es ist [um] acht [Uhr]; null Fehler haben, null Grad/Uhr, aber: die Null, das Thermometer steht auf Null, gleich Null sein, er ist eine Null, Null Komma nichts, der Null (Skat)
(in festen Wendungen:) er war eins, zwei, drei damit fertig, das ist eins (a Ia) nicht bis drei zählen können, auf allen vieren kriechen, alle viere von sich strecken, fünf gerade sein lassen, sieben auf einen Streich, alle neune werfen
der, die, das erste (der Zählung, der Reihe nach), aber: er ist der Erste in der Klasse (der Leistung nach), die Ersten unter Gleichen; der erste, der zweite, der dritte; der erste, der das sagte; der erste beste, als dritter ins Ziel kommen, die ersten vier, die vier ersten, von dreien der dritte
aber: er ist der Dritte im Bunde, ein Dritter (Unbeteiligter), es bleibt noch ein Drittes zu erwähnen; der erste Januar, aber: der Erste des Monats, am Ersten des Monats, vom nächsten Ersten an; das erste, was er sah, aber: das Erste und [das] Letzte (Anfang und Ende); zum ersten, zum zweiten, zum dritten, zum letzten; fürs erste (zunächst)

hundert/Hundert – achtel/Achtel

(171) Klein schreibt man das reine Zahladjektiv *hundert, tausend,* das immer ungebeugt ist und zumeist als Attribut gebraucht wird; groß schreibt man das Zahlwort als Maßangabe für hundert bzw. tausend Einheiten oder – im Plural – als Bezeichnung für eine unbestimmte Zahl von Hunderten bzw. Tausenden:

hundert Zigaretten, tausend Grüße, mehr als hundert Bücher, an die tausend Soldaten, viele hundert Lampions, mehrere hundert Menschen, einige tausend Flaschen, ein paar tausend Zuschauer
aber: ein halbes Hundert, vier vom Hundert, das zweite Tausend, wir haben einige Hundert Büroklammern (Packungen von je hundert Stück) geliefert, das dritte Tausend dieser Lieferung, die Summe geht in die Tausende, viele Hunderte, einige Tausende
(auch:) das Brüllen Hunderter von verdurstenden Rindern, die Anstrengung Tausender [von] Menschen

● Klein schreibt man *achtel,* wenn es als Attribut vor Maß- und Gewichtsangaben steht; als Substantiv schreibt man es groß:

ein achtel Zentner, drei viertel Liter Milch
aber: ein Achtel des Weges haben wir zurückgelegt, er hat zwei Drittel des Betrages zurückgezahlt, ein Viertel Mehl, ein Achtel Rotwein, ein Achtel vom Zentner

4.4 Pronomen und ihr substantivischer Gebrauch

(172) Pronomen (Fürwörter) wie *er, dieser, alle, viele* usw. wie auch den Artikel schreibt man klein:

ich, du, er, sie, es, wir, ihr, sie, dieser, solcher, welcher, wer, was, beide, einige Menschen, etwas Brot, jeder[mann], jemand, man, manches, nichts, niemand, sämtliches, viel, wenig, von uns, über jmdn., einer für alle und alle für einen, allerhand, allerlei usw.

● Dies gilt auch
○ wenn man die Pronomen in Verbindung mit einem Artikel oder Pro-

nomen gebraucht oder wenn sie sich auf ein vorangehendes Substantiv beziehen:

die beiden, der eine, der andere, das meiste, nicht das mindeste, das wenigste, ein anderer, ein jeder, wir grüßen beide/alle, wir beide, uns beiden, am wenigsten, am meisten, zum mindesten usw.
Wem gehört der Garten? Es ist der meinige/meine, der deinige/deine, der eurige/ euere. – Diese Männer sind schon gestern dort gewesen, und ich habe dieselben heute noch einmal gesehen.

○ entsprechend nach Wörtern wie *allerlei, alles, etwas, genug, viel* usw:

allerlei anderes, alles andere, nichts anderes [Neues], etwas anderes, alle beide usw.

● Beachte die Schreibung:

ein bißchen (=ein wenig) Brot, das bißchen Geld, ein klein bißchen, sie tanzten ein bißchen, aber: ein kleiner Bissen Brot, ein Bißchen/Bißlein (kleiner Bissen); ein paar (=einige) Schuhe, aber: ein Paar (=zwei zusammengehörende) Schuhe.
Zur Schreibung der Pronomen in Titeln ↑ 143, in der Anrede ↑ 145 ff.

(173) Pronomen mit vorangehendem Artikel oder Pronomen schreibt man groß, wenn sie für ein Substantiv stehen, wenn sie einen substantivischen Begriff meinen, z.B. *es ist ein Er* (=*es ist ein Mann*):

die Dein[ig]en (deine Angehörigen)/du mußt das Dein[ig]e (das, was dir zukommt) tun, das traute Du/jmdm. das Du anbieten, es ist ein Er (ein Mann)/ein Er und eine Sie saßen dort, ein gewisses Etwas, die Euer[e]n/Euren/Eurigen, das liebe Ich/mein anderes Ich, ein gewisser Jemand, das Mein und das Dein (aber: mein und dein verwechseln), ein Nichts, jedem das Seine/er muß das Sein[ig]e tun, das steife Sie, es ist eine Sie, die Unser[e]n/Unsern/Unsrigen, einer der Unseren, das Allerlei, Leipziger Allerlei usw.

Der Einfachheit der praktischen Beschreibung wegen habe ich Wörter wie *viel, wenig, andere* u.a. zu den

Pronomen gerechnet, obwohl theoretische Gründe dafür sprechen, sie als Adjektive (indefinite Zahladjektive) anzusehen.

4.5 Partikeln und Interjektionen und ihr substantivischer Gebrauch

(174) Partikeln, d.h. Adverbien (Umstandswörter) wie *bald,* Präpositionen (Verhältniswörter) wie *für,* Konjunktionen (Bindewörter) wie *wenn.*
sowie Interjektionen (Empfindungs-/ Ausrufewörter) wie *ach*
schreibt man klein, selbst wenn sie aus Substantiven entstanden sind.
Adverbien:

anfangs, flugs, gestern, heute, kreuz und quer, mitten, morgen, morgens, rings, sofort, spornstreichs, vielleicht; die Mode von morgen, zwischen gestern und morgen, tags darauf; Farbe für innen

● Dies gilt auch dann, wenn man die Adverbien in Verbindung mit einem Artikel oder Pronomen gebraucht und sie durch ein einfaches Adverb ersetzt werden können:

des öfteren (häufig), am ehesten (frühestens), im voraus (vorher) usw.
Zur Schreibung von Zeitangaben ↑ 149.

Präpositionen und Konjunktionen:

außer, in, wegen, vor der Tür; weil, da, als; angesichts, [an]statt, ausgangs, behufs, betreffs, dank, eingangs, falls, kraft, laut, mangels, mittels[t], namens, seitens, teils-teils, trotz, vermöge, zwecks

Interjektionen:

bim bam!, bim, bam, bum!, ha!, muh, trara usw.

(175) Partikeln und Interjektionen – meist nach einem Artikel oder Pronomen – schreibt man groß, wenn sie für ein Substantiv stehen, wenn sie einen substantivischen Begriff meinen, z.B. *das Jetzt (=die Gegen-*

wart, der jetzige Zeitraum):

das Ja und Nein, das Drum und Dran, das Auf und Nieder, das Jetzt, zwischen [dem] Gestern und [dem] Morgen liegt das Heute, das Aus, das Diesseits, das Jenseits, ein fürchterliches Hin und Her, das Warum und Weshalb einer Sache ergründen; das Für und/oder [das] Wider, alles/ohne Wenn und Aber, es gab allerhand Auf und Ab; dein Weh und Ach, das Bimbam, das Ticktack, das Töfftöff, das Trara, das Hottehü usw.

● Werden mehrteilige Konjunktionen substantivisch gebraucht, dann ist darauf zu achten, ob zwischen die Teile weitere Wörter treten können. Ist dies der Fall (*entweder* er kommt, *oder* er braucht nie mehr zu kommen), dann werden bei substantivischem Gebrauch beide Teile groß geschrieben: *das Entweder-Oder.*
● Bilden zwei Bestandteile eine durch andere Wörter nicht trennbare Einheit, dann wird der zweite Bestandteil klein geschrieben:
das Als-ob.
Die Verbindung beider Regeln führt zu der Schreibung:
das Sowohl-Als-auch.

4.6 Sonstiges

Einzelbuchstaben

(176) Substantivisch gebrauchte Einzelbuchstaben schreibt man im allgemeinen groß:

das A, das B usw., des A, die A; von A bis Z, das A und [das] O, jmdm. ein X für ein U vormachen

● Dies gilt auch dann, wenn die Form des Großbuchstabens gemeint ist:

der Ausschnitt hat die Form eines V; (in Zusammensetzungen mit Bindestrich:) I-förmig, O-Beine, O-beinig, S-förmig, S-Kuchen, S-Kurve, T-förmig, T-Träger, U-förmig, V-Ausschnitt, X-Beine, X-beinig, X-Haken

● Ist der Kleinbuchstabe gemeint, wie er im Schriftbild vorkommt, dann schreibt man klein:

das a in Land, das b in blau usw.; der Punkt auf dem i. (In Zusammensetzungen mit Bindestrich:) das Schluß-e, Dehnungs-h, Fugen-s, Endungs-t; (aber bei der Lautbezeichnung:) Zungen-R; (zur Kennzeichnung einer hauptwörtlichen Zusammensetzung:) der A-Laut, B-Laut usw.; I-Punkt

Beachte die Schreibung der Buchstaben, wenn sie – zumeist fachsprachlich – als Zeichen verwendet werden:

ein Klavierkonzert in a[-Moll], in A[-Dur], ein eingestrichenes f; Blutgruppe A; der Laut langes a; R (Formelzeichen für den elektr. Widerstand), n-l, n-Eck, n-fach, π (Ludolfsche Zahl), 2π-fach, γ-Strahlen, X-Chromosom, Y-Chromosom, die gesuchte Größe sei x, x-Achse, y-Achse, x-beliebig, x-mal, x-te, x-fach; (allgemein zur Kennzeichnung des hauptwörtlichen Gebrauches:) das X-fache, (aber in der Mathematik:) das n-fache

Reine Anführung von Wörtern

(177) Wird ein nichtsubstantivisches Wort nur angeführt, nur genannt, so wird es immer, auch etwa am Satzanfang oder in Verbindung mit einem Artikel, klein geschrieben:

Es ist umstritten, ob „trotzdem" unterordnend gebraucht werden darf. Sie hat mit einem knappen „ausreichend" bestanden. Das Barometer steht auf schön. Er hat das „und" in diesem Satz übersehen. [Das Wort] aber hat verschiedene Bedeutungen.

Abkürzungen in Zusammensetzungen

(178) Die Groß- oder Kleinschreibung von Abkürzungen bleibt auch dann erhalten, wenn diese Bestandteil einer Zusammensetzung sind. Zusammensetzungen dieser Art werden mit Bindestrich geschrieben.

Tbc-krank, Lungen-Tbc, US-amerikanisch, km-Zahl, a.-c.-i.-Verben

● Dies gilt auch für bestimmte Zusammensetzungen mit Wörtern oder Wortteilen:

daß-Satz, ung-Bildung

5 Namen

Mit Namen bezeichnet man in der Regel einzelne Dinge oder Lebewesen, die so, wie sie sind, nur einmal vorkommen.

Es gibt Namen von Personen, erdkundliche Namen (Straßennamen), Namen von Gebäuden, von Institutionen, von Zeitschriften und Zeitungen, Namen von Gestirnen, von Schiffen, Flugzeugen usw.

(179) Namen schreibt man groß.
Da einteilige Namen und der Kern mehrteiliger Namen Substantive sind und als solche bereits groß geschrieben werden, betrifft bei der geltenden Rechtschreibung diese Regel die mehrteiligen Namen.

● Adjektive (auch Zahladjektive) und Partizipien schreibt man groß, wenn sie zu einem mehrteiligen Namen gehören:

Friedrich der Große, die Breite Straße, das Schwarze Meer, Gasthaus „Zum Armen Ritter", der Schiefe Turm (von Pisa), der Fliegende Holländer, Heinrich der Achte, die Sieben Schwaben, Wirkendes Wort usw.

Adjektive, die nicht am Anfang eines Namens stehen, werden mitunter klein geschrieben:

Institut für deutsche Sprache, aber: Verein Deutscher Ingenieure
Zu *platonisch*/*Platonisch* ↑ 167.

Feste Begriffe u.a.

(180) Von den Namen im strengen Sinne sind Tier- und Pflanzenbezeichnungen wie etwa *der deutsche Schäferhund, schwarze Johannisbeeren* sowie Fügungen, feste Begriffe wie *italienischer Salat, angewandte Physik* usw. streng zu unterscheiden. In ihnen schreibt man die Adjektive und Partizipien klein.

● Im Fachschrifttum vor allem der Botanik und der Zoologie werden bestimmte deutsche Bezeichnungen für Pflanzen und Tiere groß geschrieben, um sie als Benennungen für typisierte Gattungen von allgemeinen Bezeichnungen abzuheben. Diese Schreibung sollte auf den Bereich der Fachsprache beschränkt bleiben:

das ist ein roter Milan (ein Milan mit roter Farbe), aber (fachspr.): das ist ein Roter Milan (ein Vertreter der Gattung Milvus milvus); (entsprechend:) die Weiße Lilie u.a.

Beispiele

Heinrich der Achte; die Allgemeine Ortskrankenkasse, der Allgemeine Deutsche Automobil-Club, aber: allgemeine Erläuterungen; alpine Kombination; der Alte Fritz, die Alte (antike) Geschichte, die Alte Welt, aber: jmdn. zum alten Eisen werfen; angewandt ↑ 181; arithmetisches Mittel; der Atlantische Ozean, aber: das atlantische Kabel; das Auswärtige Amt, aber: der auswärtige Dienst das Blaue Band des Ozeans, die Blaue Grotte (von Capri), das Blaue Kreuz, der Blaue Reiter, aber: Aal blau, die blaue Blume, blaue Bohnen, der blaue Brief, die blauen Jungs, die blaue Mauritius, blauer Montag; das Böhmische Mittelgebirge, aber: das sind mir böhmische Dörfer; Breite Straße (Straßenname), die bürgerlichen Ehrenrechte, bürgerliches Recht; die Chinesische Mauer, aber: chinesische Seide; chirurgisch ↑ 181 die Deutsche Bundesbahn, die Deutsche Bundesbank, die Deutsche Bundespost, die Deutsche Demokratische Republik,

Deutscher Fußballbund, der Deutsche Gewerkschaftsbund, die Deutsche Lebens-Rettungs-Gesellschaft, Deutsches Rotes Kreuz, aber: die deutsche Bundesrepublik (kein Name!), die deutsche Einheit, die deutsche Frage, der deutsche Schäferhund; dialektischer Materialismus, dialektische Methode; die Heiligen Drei Könige, An den Drei Pfählen (Kioskname); der Dreißigjährige Krieg, aber: dreißigjährige Frau; Friedrich der Dritte, aber: der dritte Stand einstweilige Verfügung; das Eiserne Tor (Donau), der Eiserne Vorhang (weltanschauliche Grenze zwischen Ost und West), aber: der eiserne Vorhang (feuersicherer Abschluß der Bühne gegen den Zuschauerraum), die eiserne Hochzeit, die eiserne Ration; das Englische Fräulein (Frauenorden), aber: englische Broschur, die englische Dogge, die englische Krankheit, englisches Pflaster, englischer Trab (↑ auch 181); Otto der Erste, die Erste Hilfe, der Erste Mai (Feiertag), der Erste Schlesische Krieg, der Erste Staatsanwalt, aber: der erste/(häufig bereits als Titel:) Erste Weltkrieg, die erste Geige, der erste Geiger, das erste Programm, der erste Rang, der erste Stock (↑ 181); die Ewige Lampe/das Ewige Licht (in kath. Kirchen), die Ewige Stadt (Rom), aber: der ewige Frieden, das ewige Leben, ewiger Schnee, die ewige Seligkeit der Ferne Orient, der Ferne Osten; das Fleißige Lieschen (eine Blume); der Fliegende Holländer, aber: fliegende Brigade, fliegende Fische, fliegende Hitze, fliegende Untertasse; die Fränkische Schweiz; Französische Revolution, aber: französische Broschur; Sender Freies Berlin, Freie Demokratische Partei, Freie Deutsche Jugend, Freie und Hansestadt Hamburg, aber: der freie Fall, die freie Marktwirtschaft, freier Schriftsteller, freie Wahlen; Ludwig der Fromme der Gelbe Fluß, aber: das gelbe Blinklicht, das gelbe Fieber, die gelbe Gefahr, die gelbe Rasse, gelbe Rüben; geometrisches Mittel, geometrischer Ort; die Goldene Aue, das Goldene Kalb, der Goldene Sonntag, das Goldene Vlies, aber: goldene Hochzeit, goldene Medaille, den goldenen Mittelweg einschlagen; die Grauen Schwestern (Kongregation), aber: der graue Alltag, der graue Markt, grauer Star (↑ auch 181); Otto der Große, der Große Bär (Sternbild), Großer Belt, der Große Kurfürst, das Große Los, der Große Schweiger (Moltke), der Große Wagen (Sternbild), aber: eine große Anfrage, die großen Ferien; der Grüne Donnerstag, die Grüne Insel (Irland), der Grüne Plan, die Grüne Woche, aber: eine grüne Witwe, am grünen Tisch, die grüne Versicherungskarte, die grüne Welle; das Kap der Guten Hoffnung

der Heilige Abend, die Heilige Allianz, die Heilige Dreifaltigkeit, die Heiligen Drei Könige, der Heilige Geist, die Heilige Schrift, der Heilige Vater, aber: das heilige Abendmahl, das heilige Pfingstfest; ein heißer Draht; die Hohen Tauern, Hohe Schule (beim Reiten), aber: das hohe C, der hohe Chor, die hohe Jagd, auf hoher See, höhere (↑ 181); die Holsteinische Schweiz, aber: holsteinische Butter; hydraulische Bremse, hydraulische Presse

der Indische Ozean, aber: der indische Elefant; italienischer Salat; kalte Ente, kalte Küche, kalter Krieg; Pippin der Kleine, der Kleine Bär (Sternbild), Klein Dora, der Kleine Wagen (Sternbild), aber: eine kleine Anfrage, das sind kleine Fische, das Auto für den kleinen Mann; Kölnisch[es] Wasser, aber: kölnischer Witz; landwirtschaftlich ↑ 181; Lange Gasse (Straßenname), der Lange Marsch (der chin. Kommunisten); medizinisch ↑ 181; das Mittelländische Meer, aber: mittelländisches Klima

die Neue Welt; die Niederen Tauern, aber: der niedere Adel, die niedere Jagd, aus niederem Stande; der Nordische Krieg; aber: nordische Kälte, nordische Kombination; pädagogisch ↑ 181; die Olympischen Spiele, Internationales Olympisches Komitee, aber: olympisches Dorf, olympischer Eid; der Pazifische Ozean, aber: pazifische Inseln; physikalisch ↑ 181; polytechnische Erziehung regierend ↑ 181; der Rheinische Merkur, das Rheinische Schiefergebirge, Rheinische Stahlwerke, aber: rheinischer Humor und Witz; das Römische Reich, aber: römisches Bad, römisches Recht, römische Ziffern; die Rote Armee, die Rote Erde (Westfalen), das Rote Kreuz, das Rote Meer, aber: rote Bete, rote

Blutkörperchen, rote Grütze, rote Johannisbeere, rote Rübe; russische Eier die Sächsische Schweiz; der Schiefe Turm von Pisa, aber: die schiefe Ebene; Philipp der Schöne, aber: das schöne Geschlecht; die Schwäbische Alb; das schwache Geschlecht; das Schwarze Brett, Schwarze Magie, das Schwarze Meer, der Schwarze Tod, aber: schwarze Blattern, schwarzer Humor, schwarzer Kreis, die schwarze Liste, schwarzer Markt, schwarzes Schaf, schwarzer Tee (↑ 181); er hat den sechsten Sinn dafür; die Sieben Schwaben; der Siebzehnte Juni (Gedenktag), aber: der siebzehnte Mai; Silbernes Lorbeerblatt, Silberner Sonntag, aber: silberne Hochzeit; die soziale Frage, soziale Marktwirtschaft, sozialer Wohnungsbau; Sozialistische Einheitspartei Deutschlands, aber: sozialistischer Realismus

technisch ↑ 181; das Tote Meer, aber: ein totes Geleise/Gleis; die Vereinigten Staaten [von Amerika]; volkseigen ↑ 181; die vierte Dimension, der vierte Stand; der Weiße Berg, das Weiße Haus (in Washington), die Weiße Rose, der Weiße Sonntag, der Weiße Tod, aber: die weiße Fahne, weißer Fluß (Krankheit), weißer Jahrgang, weißer Kreis, der weiße Sport, weiße Mäuse, weiße Maus (Polizist); der Westfälische Friede, die Westfälische Pforte, aber: westfälischer Schinken; der Zwanzigste Juli (Gedenktag), aber: der zwanzigste Mai; Zweites Deutsches Fernsehen, das Zweite Gesicht, aber: der zweite (häufig bereits als Titel:) Zweite Weltkrieg, seine zweite Natur, das zweite Programm

Name oder allgemeine Bezeichnung?

(181) In bestimmten Fällen muß der Schreiber darauf achten, ob Adjektive usw. Bestandteile von allgemeinen Bezeichnungen oder von Namen sind. Im ersten Fall muß er sie klein, im zweiten Falle groß schreiben.

höhere/Höhere Schule

Schwierigkeiten entstehen vor allem dort, wo allgemeine Bezeichnungen, z.B. *höhere Schule,* auch in Namen von Schulen, Instituten, Universitäten u.ä. vorkommen. Die Bezeichnung *höhere Schule* etwa in dem Beispiel *ich besuche eine höhere Schule* ist kein Name; *höhere* wird deshalb klein geschrieben. Die Bezeichnung *höhere Schule* kann aber auch im Namen einer bestimmten Schule auftreten; dieser wird groß geschrieben: die *Höhere Handelsschule II Mannheim:*

Institut für Angewandte Physik, aber: die Institute für angewandte Physik; Chirurgische Universitätsklinik Heidelberg, aber: jede Universität hat eine chirurgische Universitätsklinik; Englischer Garten in Berlin, aber: nur wenige Städte haben einen englischen Garten; Höhere Handelsschule II Mannheim, aber: er besucht eine höhere Handelsschule Landwirtschaftliche Produktionsgenossenschaft Einheit (in Dallgow), aber: in der DDR gibt es viele landwirtschaftliche Produktionsgenossenschaften; Medizinische Klinik des Städtischen Krankenhauses Wiesbaden, aber: das Krankenhaus hat eine medizinische Klinik; Deutsche Medizinische Wochenschrift, aber: dies ist eine medizinische Wochenschrift
Pädagogische Hochschule in Münster, aber: viele Städte haben eine pädagogische Hochschule; das Physikalische Institut der Universität Frankfurt, aber: die physikalischen Institute; Technische Hochschule Darmstadt, aber: die technischen Hochschulen in der Bundesrepublik; Technische Universität Berlin, aber: ich besuche eine technische Universität; Volkseigener Betrieb Leipziger Druckhaus, aber: in der DDR gibt es volkseigene Betriebe

graue/Graue Eminenz

Die *Graue Eminenz* wird der 1909 gestorbene deutsche Diplomat Fried-
rich von Holstein genannt, der selbst noch nach der Versetzung in den Ruhestand großen politischen Einfluß hatte. Dieser Name, der als solcher groß geschrieben wird, entwickelte sich zu einer allgemeinen Bezeichnung für eine nach außen kaum in Erscheinung tretende, aber einflußreiche [politische] Persönlichkeit; in dieser allgemeinen Bezeichnung wird *grau* klein geschrieben:

die Graue Eminenz (F. v. Holstein), aber: eine graue Eminenz; entsprechend: der Schwarze Freitag (Name eines Freitags mit großen Börsenstürzen in Amerika), aber: ein schwarzer Freitag (allg. Bezeichnung für: Unglückstag [an der Börse])

technischer/Technischer Zeichner

Schwierigkeiten entstehen auch dort, wo allgemeine Bezeichnungen, z.B. *technischer Zeichner,* auch als Titel in Verbindung mit Namen von Personen vorkommen. Die Bezeichnung *technischer Zeichner* etwa in dem Beispiel *er will technischer Zeichner werden* ist kein Name, sondern soll nur den entsprechenden Beruf bezeichnen; *technischer* wird deshalb klein geschrieben. Die Bezeichnung *technischer Zeichner* kann aber auch als Titel in Verbindung mit dem Namen etwa im Briefkopf, auf Visitenkarten usw. vorkommen und wird groß geschrieben: *Hans Meier, Technischer Zeichner:*

Fritz Schulz, Erster Bürgermeister, aber: er wurde zum ersten Bürgermeister gewählt; Karl Meier, Erster Vorsitzender, aber: jede Gesellschaft hat einen ersten und einen zweiten Vorsitzenden; Schütz, Regierender Bürgermeister, aber: der damals regierende Bürgermeister hieß Brandt; Hans Meier, Technischer Zeichner, aber: er wird technischer Zeichner

Artikel, Präpositionen, Konjunktionen

(182) Artikel, Präpositionen und Konjunktionen im Innern mehrteiliger Namen schreibt man klein. Am Anfang eines Namens schreibt man sie groß:

Friedrich *der* Große, Holbein *der* Jüngere, Gasthaus *zum* Löwen, Gasthaus *an den* Drei Kastanien, Frankfurt *am* Main, Frankenstein *in* Schlesien, Freie *und* Hansestadt Hamburg, Unterwalden *nid/ ob dem* Wald

Der Gewerkschafter (Zeitschrift), *Am* Warmen Damm, *An* den Drei Kastanien (Kiosk), *Im* Krummen Felde, *Im* Treppchen, *In* der Mittleren Holdergasse, *Unter* den Linden, *Zur* Alten Post, *Zur* Linde

● Wird der Artikel zu Beginn durch Deklination geändert, dann gilt er nicht als Teil des Namens und wird entsprechend klein geschrieben (↑ 142):

Ich habe in *dem* Spiegel gelesen, daß ...
In *der* Welt stand. Aber: In der Zeitung „*Die* Welt" ... (Oder:) In der Zeitung *Die* Welt ... Der Umfang des Magazins „*Der* Spiegel". (Oder:) Der Umfang des Magazins *Der* Spiegel

Die Wörter *von, van, de* und *ten* in Personennamen schreibt man auch am Anfang des Namens klein:

von Gruber, *de* Gaulle, *ten* Humberg

Zur Schreibung am Satzanfang ↑ 140.

III. Zusammen- oder Getrenntschreibung

Für die Zusammen- oder Getrenntschreibung[1] der Wörter gibt es keine allgemeingültige Regel.

Wenn zwei gedanklich zusammengehörende Wörter ihre volle Bedeutung und damit ihre Selbständigkeit bewahrt haben, sollte man sie getrennt schreiben. Doch gibt es viele Verbindungen dieser Art, die nach der geltenden Rechtschreibung trotzdem zusammengeschrieben werden müssen.

Häufig zeigt ein Hauptton auf dem ersten Bestandteil einer Fügung Zusammenschreibung an, Betonung beider Bestandteile Getrenntschreibung. Jedoch ist die Betonung nicht immer eindeutig.

Im folgenden wird die Zusammenoder Getrenntschreibung bei Fügungen

mit einem Verb als zweitem Bestandteil, als Grundwort (↑ 183 ff.)

mit einem Adjektiv oder Partizip als Grundwort (↑ 199 ff.)

im einzelnen abgehandelt.

Der dritte Abschnitt (↑ 213 ff.) stellt Adverbien, Präpositionen und Konjunktionen dar, die aus Fügungen entstanden sind.

Zur Setzung des Bindestrichs ↑ 223.

● Beachte die Grundregel:
In Zweifelsfällen schreibt man getrennt.

---

[1] Für die Überarbeitung habe ich folgende Arbeit mit benutzt: P. Kessel, Getrennt- und Zusammenschreibung als Problem der deutschen Orthographie. Bonn 1977.

1 Verb als Grundwort

1.1 Verb, Adjektiv, Adverb +Verb

(183) Verbindungen aus einem Verb, Adjektiv oder Adverb mit einem Verb (z.B. *gut +schreiben*) können – allgemein gesprochen – getrennt oder zusammengeschriebe: werden. Es läßt sich folgende Grundregel aufstellen, die im Einzelfall näher erläutert werden muß:

● Man schreibt in der Regel zusammen, wenn durch die Verbindung ein neuer Begriff (übertragene Bedeutung) entsteht, den die getrennt nebeneinander stehenden Wörter nicht ausdrücken (*eine Summe gutschreiben = anrechnen*).
Bei bestimmten Gruppen hat die ganze Fügung einen Hauptton auf dem ersten Bestandteil.

● Man schreibt in der Regel getrennt, wenn zwei gedanklich zusammengehörende Wörter ihren je eigenen Sinn und ihre Eigenständigkeit als Satzteil bewahrt haben (*dieser Schüler kann gut schreiben*).
Beide Wörter tragen entsprechend einen Hauptton.
Beachte:
Ein an sich zusammengesetztes Verb wird getrennt geschrieben, wenn der erste Bestandteil einer flektierten Form am Satzanfang steht: *Fest steht, daß ... Auffällt, daß ...*
Zusammensetzungen mit *sein* oder *werden* werden nur im Infinitiv und Partizip zusammengeschrieben: *dabeisein, dabeigewesen*, aber: *wenn er dabei ist/war*

Verb +Verb

(184) Zwei Verben (z.B. *sitzen +bleiben*) schreibt man in der Regel dann zusammen, wenn durch die Ver-

bindung ein neuer Begriff entsteht (*er wird in der Schule sitzenbleiben = er wird nicht versetzt werden*).
Entsteht kein neuer Begriff, so schreibt man in einigen Fällen (z.B. *spazierengehen*) trotzdem zusammen, in der Regel aber getrennt (*er soll auf der Bank sitzen bleiben*).
Betroffen sind vor allem folgende Verben:

-bleiben (zusammen): bestehenbleiben; haftenbleiben; klebenbleiben (vom Leim; in der Schule); du sollst im Bett liegenbleiben, die Brille ist liegenblieben (vergessen worden); das Geschoß ist in der Mauer steckengeblieben, er ist bei seinem Vortrag steckengeblieben (zusammen oder getrennt:) er ist an einem Nagel hängengeblieben, von dem Gehörten ist wenig bei ihm hängengeblieben, er ist in der Schule hängengeblieben, aber: das Bild soll an der Wand hängen bleiben; er wird in der Schule sitzenbleiben (nicht versetzt werden), sie ist sitzengeblieben (nicht geheiratet worden), er ist auf seiner Ware sitzengeblieben (hat sie nicht verkaufen können), aber: du sollst auf dieser Bank sitzen bleiben; die Uhr ist stehengeblieben (nicht mehr im Gange), der Fehler ist stehengeblieben (nicht verbessert worden), er soll stehenbleiben (anhalten), aber: du mußt bei der Begrüßung stehen bleiben, er durfte sich nicht setzen und mußte stehen bleiben (getrennt:) erhalten bleiben
-gehen (zusammen): unser Anteil wird uns schon nicht flötengehen (verlorengehen); spazierengehen (zusammen oder getrennt:) baden (ins Bad) gehen, aber: badengehen (verlieren) (getrennt:) angeln, schlafen, schwimmen, segeln, spielen usw. gehen
-lassen (zusammen oder getrennt): er soll das Rauchen bleibenlassen (unterlassen), das wird er bleibenlassen (nicht tun), aber: er wird uns hier bleiben lassen; er hat sein Vorhaben fahrenlassen (aufgegeben), aber: er hat sie nach Paris fahren lassen; er hat seine Absicht fallenlassen (aufgegeben), der Minister hat seinen Sekretär fallenlassen (sich von ihm losgesagt), eine Bemerkung fallenlassen (äußern), aber: einen Teller fallen lassen,

die Maske fallen lassen (sein wahres Gesicht zeigen); du sollst ihn gehenlassen (in Ruhe lassen), er soll sich nicht gehenlassen (soll nicht nachlässig sein), aber: du sollst ihn nach Hause gehen lassen, den Teig gehen lassen; er hat seinen Hut hängenlassen (vergessen), aber: kann ich den Hut hier hängen lassen?, er hat den Verräter hängen lassen; den Hund [viel] laufen lassen, aber: den Gefangenen laufenlassen; er hat seine Tasche liegenlassen (vergessen), jmdn. links liegenlassen (nicht beachten), aber: kann ich das Buch an seinem Platz liegen lassen?; etwas schießenlassen (aufgeben), aber: mit dem Gewehr schießen lassen; ich möchte das seinlassen (nicht tun), aber: er soll ihn jetzt seinen Freund sein lassen; er hat ihn sitzenlassen (im Stich gelassen), man hat ihn Ostern sitzenlassen (nicht versetzt), aber: er hat dich gern auf dem Stuhl sitzen lassen; er hat den Schlüssel steckenlassen (nicht abgezogen), aber: er hat ihn Bohnenstangen stecken lassen; man hat ihn einfach stehenlassen (man hat sich nicht um ihn gekümmert), er hat die Suppe stehenlassen (nicht gegessen), er hat seinen Spazierstock stehenlassen (vergessen), aber: man hat ihn die ganze Zeit stehen (nicht sitzen) lassen (getrennt:) es dabei bewenden lassen; jmdn. etwas fühlen, glauben, merken, sehen, spüren, wissen usw. lassen; jmdn. rufen lassen; ein Diktat schreiben lassen
-lernen (zusammen): jmdn. kennenlernen, liebenlernen (sympathisch finden), schätzenlernen (getrennt:) schätzen/das Schätzen lernen, lieben/das Lieben lernen; Klavier spielen, laufen, lesen, schwimmen usw. lernen
spazieren- (zusammen): spazierenfahren, -gehen, -reiten

● Folgende Verben werden immer vom vorangehenden Verb getrennt geschrieben:

er wird kommen *dürfen, können, mögen, müssen, sollen, wollen*
das Fieber kommen *fühlen*, er wird mich kommen *heißen*, er wird mir waschen *helfen*, jmdn. kommen *hören*, jmdn. reiten *lehren*, jmdn. lachen *machen*, jmdn. kommen *sehen*

Adjektiv (Partizip) +Verb

(185) Steht vor einem Verb (z.B. *glauben*) ein Adjektiv (z.B. *fest*), dann schreibt man in der Regel getrennt, wenn beide Wörter eigenständige Satzteile sind. Das Adjektiv ist in diesem Fall eine Umstandsangabe. Wichtig ist die Betonung (*fest glauben*).

Man schreibt zusammen, wenn das Adjektiv kein selbständiger Satzteil ist und ein neuer Begriff entsteht. Wichtig ist die Betonung (*jmdn. kaltstellen=jmdn. einflußlos machen; etwas gutschreiben=anrechnen*).

● Oft werden auch durch die unterschiedliche Schreibung Unterschiede der Bedeutung [und Wortklassenzugehörigkeit] kenntlich gemacht (*gleichbleiben=unverändert bleiben*, aber: *gleich bleiben=sofort bleiben*). Wörter mit übertragener Bedeutung wie *leichtfallen, schwernehmen* schreibt man getrennt, wenn der erste Bestandteil durch ein steigerndes *zu* u.ä. näher bestimmt ist (*er hat das zu schwer genommen*).

(186) Häufig läßt sich jedoch die jeweilige Schreibung einer solchen Verbindung nicht begründen [noch an der Betonung erkennen]. So schreibt man z.B. (*die Suppe*) *warm machen* getrennt, aber (*den Hasen*) *totschießen* zusammen, obwohl für diese unterschiedliche Schreibung kein einleuchtender Grund vorliegt.

Zahlreiche Wörter mit der Bedeutung ‚töten' werden wie *totschießen* zusammengeschrieben (*totdrücken, -machen, -schlagen;* auch: *sich totarbeiten, sich totlachen* usw.). Vgl. aber *tot sein.*

Die Reihe der Zeitwörter, die in Verbindung mit *warm* auftreten, werden wie *warm machen* getrennt geschrieben (*warm halten, stellen* usw., aber: *sich jmdn. warmhalten*).

Ähnliche Reihen von zusammengeschriebenen Verbindungen mit Verben bilden *fern* (*fernhalten, -bleiben* usw.), *gefangen* (*gefangenhalten, -nehmen, -setzen*), *heilig* (*heilighalten, -sprechen*), *kaputt* (*kaputtmachen, sich kaputtlachen*), *sauber* (*sauberhalten* usw.).

Ernst, frisch, getrennt, satt, stark, weit, wichtig und in der Regel *neu* werden vom folgenden Verb getrennt geschrieben.

Die folgende Aufstellung enthält einige der entsprechenden Verbindungen:

aufrecht (gerade, in aufrechter Haltung) sitzen, stehen, stellen, sich aufrecht halten, aber: aufrechterhalten (bestehenbleiben lassen); er hat mich mit ihm bekannt gemacht, mit jmdm. bekannt werden, aber: er hat die Verfügung bekanntgegeben, das Gesetz wurde bekanntgemacht (veröffentlicht), der Wortlaut darf nicht bekanntwerden; sich bereit erklären, halten, finden, zu etwas bereit sein, aber: das Geld bereithalten, bereitlegen, die Bücher werden bereitliegen, er hat alles bereitgemacht, bereitgestellt, es hatte alles bereitgestanden; die Stoßstange blank machen, polieren, reiben, aber: (den Säbel) blankziehen; das Kleid blau färben, sich mit Tinte blau machen, er wird schon wieder blau (betrunken) sein, aber: wir haben heute blaugemacht (nicht gearbeitet); blind sein, werden, aber: blindfliegen, blindschreiben

das Faß wird dicht halten, ein Faß dicht machen, aber: er wird schon dichthalten (schweigen), das Lokal hat dichtgemacht (geschlossen); einen Kuchen fertig (im endgültigen Zustand) [nach Hause] bringen, aber: etwas fertigbringen (vollenden), etwas fertigmachen (vollenden), jmdn. fertigmachen (erledigen); eine Schleife fest binden, aber: etwas festbinden (anbinden); eine Arbeit flott (schnell) erledigen, ein Buch flott schreiben, aber: ein Schiff flottmachen (zur Fahrt fertigmachen); frei (nicht abhängig, nicht gestützt) bleiben, sein, werden, ein Gewicht frei (ohne Stütze) halten, einen Vortrag frei (ohne Manuskript) halten, sprechen, aber: jmdn. freihalten (für jmdn. bezahlen), den Stuhl/die Einfahrt freihalten, freikommen (loskommen); frei (ohne Stütze) stehen, das Haus soll frei (allein, ohne andere Häuser) stehen, aber: das soll dir freistehen (gestattet sein), das Haus wird noch freistehen (leer sein)

ganz machen; gefangenhalten, aber: gefesselt halten; geheim erledigen, geheim bleiben, aber: geheimhalten, geheimtun; genau nehmen, genau rechnen; getrennt schreiben; er hat sich gerade (soeben) gesetzt, gerade (soeben) halten, stellen, sitzen, stehen, (mit einem bereits zusammengesetzten Verb:) du sollst das Tischtuch gerade hinlegen, aber: sich geradehalten (sich aufrecht halten), geradestellen, geradesitzen, geradestehen (aufrecht stellen usw.); etwas gering schätzen (niedrig veranschlagen), aber: geringachten/geringschätzen (verachten); gesund sein, werden, einen Kranken gesund machen, jmdn. gesund schreiben, aber: jmdn. gesundbeten, sich gesundmachen/gesundstoßen (an etwas viel verdienen), sich gesundschrumpfen; groß sein, werden, ein Wort groß schreiben, aber: Kino wird bei ihnen großgeschrieben (sehr geschätzt), großtun/sich großmachen (prahlen), großziehen; er wird es gut haben, mit jmdn. gut auskommen, er kann in den Schuhen gut gehen, die Bücher werden gut gehen, er kann gut schreiben, aber: es wird ihm auch weiterhin gutgehen, das ist zum Glück noch einmal gutgegangen, gutschreiben/gutbringen (anrechnen)

das Wetter ist kalt geblieben, aber: er ist bei dieser Nachricht kaltgeblieben (hat die Ruhe bewahrt), kaltwalzen; klarkommen; klug (verständig) reden, aber: klugreden (alles besser wissen wollen); krank sein, werden, liegen, jmdn. krank schreiben, aber: sich kranklachen, krankfeiern, krankmachen; krumm (gekrümmt) gehen, etwas krumm biegen, aber: sich krummlachen, sich krummlegen, etwas krummnehmen; das Kleid kurz schneiden, sich kurz fassen, aber: kurzarbeiten, kurzhalten, kurzschließen, kurztreten

leicht vgl. schwer; den Knoten locker machen, aber: Geld lockermachen; die Sorgen los sein, haben, aber: losbinden, losfahren, loskaufen, loswerden usw.

matt setzen; nahe (in der Nähe) stehen, aber: jmdm. nahestehen (befreundet, vertraut sein); etwas rein halten, machen; die Wurst wird schlecht sein, werden, er wird schlecht singen, er kann schlecht gehen, aber: schlechtgehen (sich in einer üblen Lage befinden); etwas schlecht machen (schlecht ausführen), aber: jmdn. schlechtmachen (herabsetzen); schön sein, werden, anziehen, singen, ein Kleid schön färben, aber: schönfärben ([zu] günstig darstellen); er hat dies schön gemacht, aber: sie hat sich schöngemacht; schwarz färben, machen, aber: schwarzarbeiten, schwarzfahren, schwarzhören, schwarzschlachten, schwarzsehen; er ist schwer gefallen, aber: die Arbeit ist ihm schwergefallen, aber: die Arbeit ist ihm zu schwer gefallen; steif sein, werden, kochen, machen, das Bein steif halten, aber: die Ohren/den Nacken steifhalten (sich behaupten); strengnehmen

das Holz trocken (an einen trockenen Ort) legen, aber: das Kind trockenlegen/trockenreiben; übel sein, werden, riechen, aber: jmdm. etwas übelnehmen, jmdm. übeltun/übelwollen; übrig haben, sein, aber: übrigbehalten, übrigbleiben, übriglassen; verloren sein, aber: verlorengehen; voll sein, werden, den Mund voll nehmen, aber: volladen, vollbringen, vollfüllen, vollführen usw.; wach sein, werden, bleiben, sich wach halten, aber: jmds. Interesse wachhalten; wahr sein, werden, halten, aber: er will es nicht wahrhaben (nicht gelten lassen), wahrsagen

Adverb +Verb

(187) Verbindungen aus Adverb und Verb schreibt man in der Regel getrennt, wenn beide Wörter eigenständige Satzteile sind. Das Adverb bildet in diesem Fall eine Umstandsangabe. Beachte die Betonung (*du sollst da [= dort] bleiben*)!
Man schreibt in der Regel zusammen, wenn ein neuer Begriff entsteht. Be-

achte die Betonung (*du sollst dableiben=nicht weggehen*)!

abseits stehen, sein; den Weg abwärts (nach unten) fahren, gehen, aber: es ist mit ihm abwärtsgegangen (schlechter gegangen); den Weg aufwärts (nach oben) fahren, gehen, aber: es wird mit ihm aufwärtsgehen (besser werden); auswendig lernen, wissen; barfuß laufen usw.; beisammen sein, aber: er wird nicht mehr ganz beisammensein (rüstig sein, bei Verstand sein), er wird das Geld beisammenhaben, beisammenbleiben, -sitzen, -stehen; daheim bleiben, sein, sitzen; einig sein, einig werden; entgegenkommen usw.; entzwei sein, aber: entzweibrechen usw.

fehlbesetzen usw.; gegenüber (dort drüben, auf der anderen Seite) stehen zwei Neubauten, aber: sie werden sich immer feindlich gegenüberstehen; innehaben, innehalten, innesein, innewerden, innewohnen; leckschlagen; leid tun, leid werden; quer legen usw.; vorangehen usw.; vorwärts (nach vorn) bringen, gehen, kommen, aber: jmdn. vorwärtsbringen (fördern), vorwärtsgehen (besser werden), vorwärtskommen (im Beruf usw.

vorankommen)

er kann weiter werfen als ich, er wird dir weiter (weiterhin) helfen, aber: er wird dies weiterbefördern, wir werden weiterspielen, weiterbestehen; sich wohl fühlen, wohl sein, es ist mir wohl ergangen, er wird es wohl (wahrscheinlich) tun, wollen, aber: das hat mir wohlgetan (war mir angenehm), er hat mir stets wohlgewollt

er wird dies zuvor (vorher) tun, erledigen, aber: er wird ihm zuvorkommen (er wird schneller sein als er), er wird ihm dies zuvortun (ihm gegenüber besser tun); zuwider sein, werden, aber: zuwiderhandeln (Verbotenes tun), zuwiderlaufen (entgegenstehen)

(beachte auch:) etwas freiheraus sagen, aber: etwas frei (ohne Hemmung) heraussagen; woher er kommt, weiß ich nicht; er geht wieder hin, woher er gekommen ist, aber: er geht wieder hin, wo er hergekommen ist; ich weiß nicht, wohin er geht, aber: ich weiß nicht, wo er hingeht; ich weiß nicht, wohinaus du willst, aber: ich weiß nicht, wo du hinauswillst

● Beachte den Unterschied zwischen zwei selbständigen Adverbien, die zu einer Umstandsangabe verbunden sind, und Zusammensetzungen mit dem Ergänzungsstrich:

ab und zu (gelegentlich) nehmen, aber: ab- und zunehmen (abnehmen und zunehmen); entsprechend:) auf und ab (ohne bestimmtes Ziel) gehen, aber: auf- und absteigen (aufsteigen und absteigen); weder aus noch ein wissen, bei jmdm. aus und ein gehen (bei ihm verkehren), aber: aus- und eingehende (ausgehende und eingehende) Waren; hin und her (ohne bestimmtes Ziel) laufen, aber: hin- und herlaufen (hin- und wieder zurücklaufen)

Beachte besonders die folgenden Adverbien und ihren Gebrauch:

da/dabei usw./daran/darauf usw. +Verb

(188) *Da, dabei, daran, darauf* usw. schreibt man vom folgenden Verb getrennt, wenn sie entweder als Umstandsangabe des Ortes (*da [=dort] sein*) oder aber wenn sie hinweisend (*er muß dabei [bei der Arbeit] stehen*) gebraucht werden. Sie sind selbständiger Satzteil. Beide Wörter sind betont.

Man schreibt sie mit dem zumeist einfachen Verb zusammen, wenn ein neuer Begriff entsteht (*dasein=vorhanden, gegenwärtig sein; dabeistehen=stehend zugegen sein*). Nur der erste Bestandteil der Zusammensetzung ist betont:

dabei bleiben, daß ..., aber: dabeibleiben (bei einer Tätigkeit); ich kann nicht dafür sein, jmdn. dafür (für einen Schuft) halten, aber: dafürhalten (meinen); dagegen sein, ein Tuch dagegen (gegen die Stirn) halten, aber: seine Meinung dagegenhalten (erwidern); das wird daher kommen, daß ..., aber: langsam daherkommen (schlendern), daherreden; dahin (an einen bestimmten Ort) fliegen, gehen, aber: die Zeit wird dahinfliegen, dahingehen (vergehen); die Blume dahin-

ter (hinter den Spiegel) stecken, aber: was wird dahinterstecken?
laß es da (an dem Platz) liegen, aber: wie sie daliegen (hingestreckt liegen); daneben (neben jmdm.) gehen, aber: es wird danebengehen (mißlingen); er wird nichts daran (an dem Auto) machen, aber: er wird sich daranmachen (damit beginnen) müssen; ... daß die Bücher darüber (über dem Schränkchen) stehen, aber: darüberstehen (überlegen sein); darum (aus diesem Grunde) kommen, aber: er wird nicht darumkommen, es zu tun (er wird es tun müssen)
da (dort) stehen, aber: er wird wieder groß dastehen; das wird davon kommen, daß..., aber: er ist noch einmal davongekommen
(beachte auch:) darauf ausgehen, gehen, eingehen, kommen, legen, aber: draufgehen, -legen; darauflos gehen, aber: drauflosgehen, -reiten; sein Vermögen wurde daraufhin (infolgedessen) beschlagnahmt, aber: alles wird darauf hindeuten, daß ...

einander +Zeitwort

(189) Die mit -einander gebildeten Adverbien wie an-, auf-, aus-, bei-, gegen-, miteinander usw. schreibt man vom folgenden Verb in der Regel dann getrennt, wenn sie [als Ausdruck einer Gegenseitigkeit und Wechselbezüglichkeit] ihre Selbständigkeit bewahrt haben (aneinander denken=an sich gegenseitig, einer an den anderen denken). Beide Wörter sind betont.
Man schreibt in der Regel dann zusammen, wenn das Adverb die Bedeutung des Verbs näher bestimmt, abtönt, modifiziert (gegeneinanderstoßen=zusammenstoßen) oder wenn ein neuer Begriff entsteht (er wird nicht beieinandersein=nicht ganz bei Verstand sein). Nur der erste Bestandteil trägt einen Haupton.

● Man schreibt in der Regel auch dann getrennt, wenn das Adverb zu einem bereits zusammengesetzten

Verb tritt (die Bretter aneinander anlegen) und wenn das Verb besonders betont ist, etwa wenn ein zweites zu ihm in Gegensatz tritt (man soll die Bretter aneinander legen, nicht aneinander schieben). Beachte die Betonung!

aneinander: es ist schön, daß sie aneinander (an sich gegenseitig, einer an den anderen) denken, aber: die Steine aneinanderfügen, die Bretter aneinanderlegen; die Bretter aneinander-, nicht aufeinanderlegen; die Grundstücke werden aneinandergrenzen, die Zahlen aneinanderreihen, sie sind aneinandergeraten (in Streit geraten); (beachte:) die Bretter aneinander anlegen, aneinander vorbeireden; die Bretter aneinander legen [nicht schieben]
aufeinander: aufeinander (auf sich gegenseitig) achten, warten, aber: aufeinanderfahren, -folgen, -legen, -liegen, -stellen; die Bücher aufeinander-, nicht aneinanderlegen; (beachte:) die Autos sind aufeinander aufgefahren; aufeinander liegen [nicht stehen]
auseinander: auseinander sein, die Werke werden weit auseinander (voneinander getrennt) liegen, sich auseinander (getrennt) setzen, aber: sich auseinanderleben, auseinandergehen, -laufen (sich trennen), etwas auseinanderhalten (trennen), etwas auseinandersetzen (erklären) auseinanderdividieren; (beachte:) ihr sollt auseinander gehen [nicht laufen]
beieinander: beieinander (einer bei dem anderen) sein, aber: er wird nicht ganz beieinandersein (bei Verstand/gesund sein), beieinanderbleiben, -hocken, -sitzen, -stehen, das Geld beieinanderhaben
durcheinander: er wird völlig durcheinander (verwirrt) sein, alles durcheinander essen und trinken, aber: durcheinanderbringen, -laufen, -reden, -werfen
füreinander (getrennt): wir wollen immer füreinander (für uns gegenseitig) einstehen, leben
gegeneinander: sie werden gegeneinander (einer gegen den anderen) kämpfen, aber: die Bretter gegeneinanderstellen, die Autos sind gegeneinandergestoßen (zusammengestoßen), gegeneinanderstehen (sich feindlich gegenüberstehen);

(beachte:) sie werden gegeneinander ankämpfen; die Bretter gegeneinander stellen [nicht werfen]

hintereinander: er soll die Briefe hintereinander (in einem Zuge, sofort) schreiben, aber: die Namen in einer Liste hintereinanderschreiben, die Schiläufer sind hintereinandergelaufen (in einer Reihe); zwei elektrische Widerstände hintereinanderschalten, sie werden hintereinandersitzen, sie sollen hintereinander-, nicht nebeneinandersitzen; (beachte:) hintereinander herlaufen; sie sollen hintereinander stehen [nicht sitzen]

ineinander: sie werden ineinander (in sich gegenseitig) aufgehen, die Fäden haben sich ineinander (sich gegenseitig) verschlungen, aber: die Linien sollen ineinanderfließen, die Teile ineinanderfügen, die Räder werden ineinandergreifen, die Teile ineinander-, nicht aneinanderfügen; (beachte:) die Teile ineinander einfügen; die Teile ineinander fügen [nicht stoßen]

miteinander (getrennt): miteinander (mit sich gegenseitig) auskommen, leben, spielen

nacheinander (getrennt): sie wollen nacheinander (gegenseitig nach sich) schauen, die Autos werden nacheinander (in Abständen) starten, sie sind nacheinander gekommen

nebeneinander: die Sachen nebeneinanderlegen, die Fahrräder nebeneinanderstellen, nebeneinandersitzen, nebeneinanderliegen, sie sollen nebeneinander-, nicht hintereinandersitzen; (beachte:) nebeneinander herunterrutschen; wir wollen nebeneinander sitzen [nicht stehen]

übereinander: übereinander (über sich gegenseitig) reden, sprechen, aber: die Bilder übereinanderhängen, die Beine übereinanderschlagen, die Pakete dürfen nicht übereinander-, sie sollen nebeneinanderliegen, übereinanderschichten, die Turner haben bei der Pyramide übereinandergestanden; (beachte:) übereinander aufhängen, anordnen; übereinander stehen [nicht liegen]

umeinander (getrennt): sich umeinander (gegenseitig um sich) kümmern

untereinander: untereinander tauschen, aber: alles untereinanderstellen, untereinanderstehen

voneinander: etwas voneinander haben,

voneinander scheiden, wissen, aber: voneinandergehen (sich trennen)

voreinander (getrennt): sich voreinander fürchten, hüten, voreinander stehen, sich voreinander hinstellen

zueinander: zueinander passen, sprechen, aber: zueinanderfinden, sich zueinandergesellen

mit +Verb

190　*Mit* schreibt man vom folgenden Verb getrennt, wenn es soviel wie ‚auch' bedeutet. Es drückt eine vorübergehende Beteiligung oder einen Anschluß aus *(du kannst heute einmal mit arbeiten; die Kosten sind mit berechnet)* und ist dabei selbständiger Satzteil. Beide Wörter sind betont.

Man schreibt zusammen, wenn *mit* eine dauernde Teilnahme oder Vereinigung ausdrückt *(du kannst an diesem Buch mitarbeiten)* oder aber wenn durch die Verbindung ein neuer Begriff entsteht *(jmdn. mitreißen = begeistern)*. In der Regel ist *mit* als erster Bestandteil der Zusammensetzung betont:

das kann ich nicht mit ansehen, das ist mit zu berücksichtigen; jmdm. ein Buch mitbringen (schenken), mitfahren, jmdn. mitnehmen, mitreden, mitreisen, mitreißen (begeistern), mitspielen; mitteilen (melden), aber: mit teilen (an einer Teilung teilnehmen); mittun, mitwirken; (beachte:) jmdn. mit fortreißen

wieder +Verb

191　*Wieder* schreibt man mit dem folgenden Verb zusammen, wenn es die Bedeutung ‚zurück' hat *(wiederholen = zurückholen)* oder aber die Bedeutung ‚erneut, nochmals' hat, dabei aber übertragene Bedeutung vorliegt *(wiederholen = erneut sagen)*. Entweder ist nur *wieder* oder aber nur das folgende Verb betont.

Man schreibt getrennt, wenn *wieder* die Bedeutung ‚erneut, nochmals' hat, dabei aber ursprüngliche Bedeutung vorliegt *(wieder holen=nochmals holen)*. Sowohl *wieder* als auch das folgende Verb sind betont:

den Staat wiederaufbauen, aber: er wird die Mauer wieder aufbauen; eine Verordnung wiederaufheben (rückgängig machen), aber: du sollst den Ball wieder aufheben; seine Arbeit wiederaufnehmen (sich erneut damit befassen), aber: den Korb wieder aufnehmen; jmdn. wiederaufrichten (innerlich stärken), aber: den Mast wieder aufrichten; wiederaufsuchen oder wieder aufsuchen (erneut besuchen); wiederauftauchen (erneut erscheinen), aber: die Ente ist wieder aufgetaucht
wiedererhalten; wiedererkennen; wiedererlangen; wiedergewinnen (zurückgewinnen), aber: wieder (nochmals) gewinnen; seinen Fehler wiedergutmachen, aber: er hat seine Aufgabe wieder gut gemacht; wiederhaben (zurückbekommen); die früheren Beziehungen wiederherstellen, aber: wieder herstellen (nochmals anfertigen); wiederholen (zurückholen), wiederholen (erneut sagen), aber: wieder (nochmals) holen; wiederkäuen; wiederkommen (zurückkommen), aber: wieder (nochmals) kommen; jmdn. wiedersehen, aber: er konnte wieder sehen; wiedervergelten

zusammen +Verb

(192) *Zusammen* schreibt man vom folgenden Verb getrennt, wenn es die Bedeutung ‚gemeinsam, gleichzeitig' hat *(wir wollen das Buch zusammen [=gemeinsam] schreiben)*. Beide Wörter werden betont.
Man schreibt zusammen, wenn *zusammen* die Bedeutung ‚in eins, in sich hinein, vereint' hat *(„wieder" ist mit dem Verb zusammenzuschreiben [=in eins zu schreiben])*. Nur *zusammen* als erster Bestandteil der Zusammensetzung wird betont:

die Zähne zusammenbeißen; zusammenbrechen; die Gegner zusammenbringen

(vereinen), aber: sie werden die Koffer zusammen bringen; zusammenfahren (aufeinanderfahren, erschrecken), aber: sie werden zusammen (gemeinsam) fahren; das Haus wird zusammenfallen (einstürzen), aber: die Kinder sind zusammen (gleichzeitig) gefallen
wir werden zusammenkommen (uns treffen), aber: wir werden zusammen (gemeinsam) kommen; zusammenlaufen (sich treffen; gerinnen), aber: wir werden zusammen (gemeinsam) laufen; sich zusammenreißen (sich beherrschen); zusammensacken; jmdn. zusammenschlagen
sich zusammenschließen (sich vereinigen); zusammenstoßen (aufeinanderprallen); zusammenstürzen (einstürzen), aber: die Pferde sind zusammen (gemeinsam) gestürzt; das Holz zusammentragen (sammeln), aber: den Koffer zusammen (gemeinsam) tragen; Zahlen zusammenzählen (addieren), aber: das Geld zusammen (gemeinsam) zählen; Zahlen/Truppen zusammenziehen (addieren/vereinigen), aber: den Wagen zusammen (gemeinsam) ziehen

1.2 Substantiv +Verb

(193) Man schreibt ein Substantiv in der Regel mit einem folgenden Verb zusammen, wenn es seine Selbständigkeit, seinen Eigenwert, verloren hat und die Vorstellung von der Tätigkeit vorherrscht (z.B. *eislaufen*).
Man schreibt es in der Regel vom Verb getrennt, wenn es als selbständiger Satzteil anzusehen ist (z.B. *Auto fahren*).

Auto fahren – eislaufen – angst sein

(194) Neben der Frage nach der Zusammen- oder Getrenntschreibung stellt sich bei bestimmten Verbindungen auch die Frage nach der Groß- oder Kleinschreibung des Substantivs.
Neben Verbindungen, die trotz inhaltlicher Zusammengehörigkeit ge-

trennt und in denen das Substantiv groß geschrieben wird (z.B. *Auto fahren, Ski laufen;* ↑ 151), gibt es ähnliche Verbindungen, die in bestimmten Formen zusammen-, in anderen Formen getrennt geschrieben werden, bei denen aber das Substantiv in den getrennten Formen klein oder groß geschrieben wird (*radfahren, eislaufen, ich laufe eis,* aber: *ich fahre Rad;* ↑ 152).

Darüber hinaus gibt es eine Gruppe von Verbindungen, die von vornherein getrennt geschrieben werden, in denen jedoch das Substantiv klein geschrieben wird (*mir ist angst, angst sein;* ↑ 150).

Wegen der doppelten Fragestellung sind die Verbindungen der genannten Gruppen bereits bei der Groß- oder Kleinschreibung abgehandelt worden (↑ 150ff.).

dienstverpflichten – sandstrahlen

(195) Eine Gruppe von Verbindungen wird nur zusammengeschrieben. Viele von ihnen kommen nur im Infinitiv [und im Partizip Perfekt] vor.

Die folgende Liste umfaßt die meisten dieser Wörter mit den Stammformen, die üblicherweise vorkommen:

bauchreden, bausparen (bauzusparen), bergsteigen (berggestiegen, bergzusteigen), bildhauern (gebildhauert), brandmarken (brandmarke, gebrandmarkt, zu brandmarken), bruchlanden (bruchgelandet, bruchzulanden), bruchrechnen, brustschwimmen, danksagen (danksagtest, dankgesagt, dankzusagen; auch: Dank sagen, ↑ 151) dienstverpflichten (dienstverpflichtet)

ehebrechen (aber: er bricht die Ehe, hat die Ehe gebrochen, die Ehe zu brechen), feuerwerken (gefeuerwerkt, zu feuerwerken), generalüberholen, generalüberholt, gewährleisten (gewährleiste, gewährleistet, zu gewährleisten; aber: ich leiste [dafür] Gewähr), handarbeiten (aber als

Adjektiv: das Deckchen ist handgearbeitet), handhaben (handhabte, gehandhabt, zu handhaben), hausschlachten (hausgeschlachtet, hauszuschlachten), kopfrechnen, kurpfuschen (kurpfusche, gekurpfuscht, zu kurpfuschen) lobpreisen (lobpreise, lobpreistest und lobpriesest, gelobpreist und lobgepriesen, zu lobpreisen), lobhudeln (lobhudele, gelobhudelt, zu lobhudeln), lobsingen (lobsinge, lobsang, lobgesungen, zu lobsingen), maßregeln (maßregele, gemaßregelt, zu maßregeln), moorbaden, nachtwandeln (nachtwandele, genachtwandelt, zu nachtwandeln), nasführen (nasführe, genasführt, zu nasführen), notlanden (notlande, notgelandet, notzulanden), notschlachten (wie: notlanden), nottaufen (wie: notlanden), notwassern (wie: notlanden), notzüchtigen (notzüchtige, genotzüchtigt, zu notzüchtigen) prämiensparen, preiskegeln, probearbeiten (probegearbeitet, probezuarbeiten), probefahren (wie: probearbeiten), probesingen (wie: probearbeiten), punktschweißen, rückenschwimmen, sandstrahlen (gesandstrahlt, zu sandstrahlen), schaustehen (aber: zur Schau stehen), schaustellen (aber: zur Schau stellen), schiedsrichtern (schiedsrichtere, geschiedsrichtert, zu schiedsrichtern), schlußfolgern (schlußfolgere, geschlußfolgert, zu schlußfolgern), schutzimpfen (schutzimpfe, schutzgeimpft, schutzzuimpfen)

segelfliegen, seilhüpfen (seilgehüpft, seilzuhüpfen), seilspringen (wie: seilhüpfen), seiltanzen (wie: seilhüpfen), seitenschwimmen, staubsaugen (staubsauge, staubgesaugt, staubzusaugen; auch: Staub saugen, ↑ 151), strafversetzen (strafversetzt), taschenspielern (getaschenspielert), wetterleuchten (wetterleuchtet, gewetterleuchtet, zu wetterleuchten), wettlaufen, wettrennen, wettstreiten, wetturnen, zwangsräumen (zwangsgeräumt), (entsprechend:) zwangsumsiedeln, zwangsverschicken, zwangsverschleppen

Zu Fügungen aus Präposition + Substantiv + Verb (*in Frage kommen, instand setzen*) ↑ 153f.

Zum substantivischen Gebrauch (*das Eislaufen, das Maßregeln, das Instandsetzen*) ↑ 156.

1.3 „zu" + Verb

Das *zu*, das zusammen mit dem Infinitiv (Grundform) auftritt *(um zu singen)*, ist immer unbetont.
Davon zu unterscheiden ist das Adverb *zu*, das mit dem Verb zusammengeschrieben werden kann und dann immer betont ist *(die Tür zuhalten)*.

Bei einfachen Verben

(196) Bei einfachen Verben steht das *zu* immer getrennt vor dem Infinitiv:

er hoffte zu kommen; er beabsichtigte, sie zu suchen
(entsprechend:) sofort zu erledigende Arbeiten; der zu Versichernde

Bei zusammengesetzten Verben

(197) Bei diesen muß man feste und unfeste Zusammensetzungen unterscheiden.
Bei fest zusammengesetzten Verben wird der erste Bestandteil nie vom Verb getrennt. Der Ton liegt auf dem Verb:

unterschätzen, ich unterschätze, unterschätzte, habe unterschätzt; übersętzen (ein Buch), ich übersętze, übersętzte, habe übersętzt

Das *zu* steht wie bei den einfachen Verben vor dem Infinitiv:

er beschloß, das Buch zu übersetzen
(entsprechend:) nicht zu unterschätzende Schwierigkeiten; das zu Unterschätzende

Bei unfest zusammengesetzten Verben ist der erste Bestandteil nur in bestimmten Formen mit dem Verb fest verbunden. Der erste Bestandteil trägt den Ton:

anführen, anführend, angeführt, ... daß er anführt, aber: er führt an, führte an; (mit *haben*:) anhaben, anhabend, angehabt, ... daß er es anhat, aber: er hat an, hatte an; (mit *sein*:) dasein, daseiend, dagewesen, aber: er ist da, war da, daß er da ist/war

(mit *werden*:) loswerden, losgeworden, aber: er wird das Buch los, daß er es los wird/wurde

Das *zu* steht bei Infinitiven zwischen den beiden Bestandteilen:

er hoffte, pünktlich anzukommen; er wünschte, diese Nachricht bekanntzugeben; etwas anzuhaben; um dazusein; um es loszuwerden
(entsprechend:) die Zahl der aufzunehmenden Flüchtlinge; der Aufzunehmende

● Unterscheide fest und unfest zusammengesetzte Verben:

die Bücher zu übersetzen, die zu übersetzenden Bücher, aber: um auf einer Fähre überzusetzen, das übersetzende Auto; um die feindlichen Linien zu durchbrechen, aber: um den Stock durchzubrechen; um das Volk mit neuen Ideen zu durchsetzen, aber: um sich in der neuen Umgebung durchzusetzen; um die Vokabeln zu wiederholen, aber: um sein Buch wiederzuholen

● Unterscheide getrennt geschriebene Fügungen und zusammengesetzte Verben:

freund sein – um freund zu sein; Auto fahren – um Auto zu fahren; instand halten – um instand zu halten; gehen können – um gehen zu können, aber: radfahren – um radzufahren, sitzenbleiben – um sitzenzubleiben; festbinden – um festzubinden; dableiben – um dazubleiben; aufeinanderfahren – um aufeinanderzufahren

Zu Zusammensetzungen wie *bausparen, brandmarken* usw. ↑ 195.

zu in Zusammensetzungen

(198) Das mit dem Infinitiv auftretende *zu* ist von dem Adverb *zu* zu unterscheiden, das mit einem Verb eine Zusammensetzung bilden kann. Es ist dann immer betont:

eine Tür zuhalten, aber: um den Preis zu halten; etwas zugeben, aber: um ihm etwas zu geben

● Zu unterscheiden ist zwischen *zu* als erstem Bestandteil einer Zusammensetzung und als freier Umstandsangabe:

er ist auf mich zugegangen, aber: er wollte langsam dem Wald zu (= waldwärts) gehen; der Vogel ist ihm zugeflogen, aber: der Vogel ist auf ihn zu (in Richtung auf ihn) geflogen

2 Partizip oder Adjektiv als Grundwort

(199) Verbindungen aus Substantiv, Adjektiv, Pronomen oder Adverb mit einem Partizip (z.B. *weich + gekocht*) oder mit einem Adjektiv (z.B. *leicht + verdaulich*) können – allgemein gesprochen – getrennt oder zusammengeschrieben werden.
Es läßt sich folgende Grundregel aufstellen, die im Einzelfall näher erläutert werden muß:

● Man schreibt in der Regel zusammen, wenn die Fügung als Ganzes wie ein Adjektiv gebraucht, d.h. als Einheit angesehen wird. Die ganze Fügung hat einen Haupton, der auf dem ersten Bestandteil liegt *(ein weichgekochtes Ei, eine leichtverdauliche Speise).*

● Man schreibt in der Regel getrennt, wenn beide Wörter als selbständige Satzteile anzusehen sind *(eine leicht verdauliche Speise, die Speise ist leicht verdaulich).* Steht ein zweites Partizip als Grundwort, dann wird es als Form des Verbs und das vorangehende Wort als selbständige nähere Bestimmung (etwa als Umstandsangabe) angesehen *(ein weich gekochtes Ei, das Ei ist weich gekocht).*
Die Selbständigkeit des ersten Wortes kann durch eine weitere Bestimmung besonders unterstrichen werden *(ein sehr weich gekochtes Ei, eine wirklich leicht verdauliche Speise).* Beide Wörter tragen entsprechend einen Haupton.

(200) Man schreibt immer zusammen, wenn die Verbindung eine Eigenschaft bezeichnet, die für eine Gruppe von Dingen typisch ist, d.h. eine Dauereigenschaft, die eine bestimmte Gruppe *(metallverarbeitende Industrie)* von einer anderen Gruppe *(holzverarbeitende Industrie)* als Klasse unterscheidet. Man spricht hier von klassenbildendem Gebrauch. Steht eine nähere Bestimmung beim ersten Bestandteil einer sonst klassenbildend gebrauchten Zusammensetzung, dann schreibt man getrennt; es handelt sich dabei im allgemeinen nicht mehr um den klassenbildenden Gebrauch *(der viel Eisen verarbeitende Schlosser).*
Zum Bindestrich *(eine schaurig-schöne Geschichte)* ↑ 235 ff.

Substantiv + Partizip

grauenerregend/eisenverarbeitend

(201) In der Verbindung aus einem Substantiv (z.B. *Grauen*) und einem ersten Partizip (z.B. *erregend*) steht das Substantiv häufig im Akkusativ (Wenfall): *[großes] Grauen erregend.*
Verbindungen dieser Art, die nur vereinzelt gebraucht werden und noch nicht fest sind, kann man zusammen- oder getrennt schreiben, wenn sie als Attribut bei einem Substantiv stehen:

die laubtragenden Bäume erfreuten ihn, aber: es gab an den Südhängen viele noch Laub tragende Bäume; der pfeiferauchende Alte, aber: der Pfeife rauchende Alte; das walzertanzende Paar, aber: das Walzer tanzende Paar.
(Mit einer weiteren Bestimmung beim Substantiv, ↑ 199:) dieser schönes Laub tragende Baum, der eine Pfeife rauchende Mann

Einige dieser Verbindungen sind bereits verhältnismäßig fest. Als Attribut zu einem Substantiv schreibt man

sie in der Regel zusammen *(ein grauenerregender Anblick)*. Bei [über]-
deutlicher Betonung kann man getrennt schreiben *(ein Grauen erregender Anblick)*. Immer getrennt schreibt
man dann, wenn eine weitere Bestimmung beim Substantiv steht *(ein heftiges Grauen erregend,* ↑ 199):

ein grauenerregender Anblick (gelegentlich und nur bei [über]deutlicher Betonung: ein Grauen erregender Anblick),
aber (mit einer weiteren Bestimmung
beim Substantiv): ein heftiges Grauen erregender Anblick
(entsprechend:) ein achtungsgebietendes
Verhalten, aber: hohe Achtung gebie-
tend; ein atem[be]raubendes Fußball-
spiel; ein aufsehenerregender Bericht,
aber: großes Aufsehen erregend; der auf-
sichtführende Lehrer, aber: eine strenge
Aufsicht führend; eine bahnbrechende
Erfindung, aber: sich eine Bahn bre-
chend; ein besorgniserregender Vorfall,
aber: große Besorgnis erregend
der diensttuende Beamte, aber: der nur
seinen Dienst tuende Beamte; ein ekel-
erregender Anblick, aber: großen Ekel
erregend; ein erfolgversprechender Anfang, aber: viel Erfolg versprechend; ein
furchteinflößendes Äußeres, aber: große
Furcht einflößend; die gewerbetreibende
Bevölkerung, aber: ein eigenartiges Ge-
werbe treibend; eine gewinnbringende
Veranstaltung, aber: großen Gewinn
bringend; ein herzerquickender Anblick,
aber: alle Herzen erquickend
die notleidende Bevölkerung, aber: große
Not leidend; ein richtungweisender Gedanke, aber: in nördliche Richtung wei-
send; eine segenbringende Einrichtung,
aber: großen Segen bringend; eine stau-
nenerregende Fertigkeit, aber: ein großes
Staunen erregend; eine unheilbringende
Entwicklung, aber: viel Unheil bringend;
ein vertrauenerweckender Mann, aber:
das Vertrauen erweckend; ein weltbewe-
gendes Ereignis, aber: die Welt bewe-
gend; ein zeitraubender Vorgang, aber:
die Zeit raubend

202 Die in 201 genannten Verbindungen werden prädikativ gewöhnlich zusammengeschrieben, so-

fern sie überhaupt prädikativ verwendet werden können:

diese Erfindung ist bahnbrechend, der
Anblick war ekelerregend, der Anfang
war erfolgversprechend, dieser Vorgang
ist sehr zeitraubend gewesen

● Klassenbildende Verbindungen
(↑ 200) schreibt man immer zusammen:

die eisenverarbeitende Industrie, die Industrie ist eisenverarbeitend
(entsprechend:) besitzanzeigende Fürwörter, blutreinigender Tee, blutstillende
Watte, feuerspeiende Berge, fleischfres-
sende Pflanzen, holzverarbeitende Industrie, kostendeckender Umsatz, metallverarbeitende Industrie, satzeinleitende
Konjunktionen, schmerzstillende Tablet-
ten, spanabhebende Maschinen, wasser-
abweisende Stoffe, wohnung[s]suchende
Familien

angsterfüllt/weltbekannt

203 Die Verbindung von einem
Substantiv und einem zweiten
Partizip (gelegentlich auch einem ersten Partizip) (z.B. *angsterfüllt, weltbekannt)* läßt sich häufig auf ein Ge-
füge mit einer Präposition oder mit
einem Substantiv im Dativ (Wemfall)
zurückführen *(von Angst erfüllt, der
Welt bekannt)*.
Diese Fügungen schreibt man immer
(sowohl attributiv wie auch prädikativ) zusammen. Immer getrennt
schreibt man die vollständigen Ge-
füge *(von Angst erfüllt, der Welt bekannt)*, d.h., wenn die Präposition,
der Artikel u.ä. mit genannt ist:

der staubbedeckte Schrank, der Schrank
ist staubbedeckt, aber: der mit Staub be-
deckte Schrank, der Schrank ist mit
Staub bedeckt
(entsprechend:) angsterfüllt, artverwandt, benzinverschmiert, dreckbespritzt, dankerfüllt, fetttriefend, feuer-
zinkt, flugbegeistert, (beachte: flugbereit), freudestrahlend, gefühlserfüllt, ge-
fühlsbetont, gottergeben, handge-

schnitzt, haßerfüllt, hilfeflehend, himmelschreiend, infarktgefährdet

kampfbereit, -gewohnt, krafterfüllt, lebensprühend, pensionsberechtigt, preisgekrönt, rasenbedeckt, rasenbewachsen, (beachte auch: ruhmbegierig), rußbeschmutzt

schicksal[s]ergeben, schmachbedeckt, schuldbeladen, schuldbewußt, seebeschädigt, seelenverwandt, siegestrunken, sinnverwandt, sonn[en]verbrannt, sprachgewandt, stadtbekannt, staubbedeckt, todgeweiht, tropengetestet, unfallgeschädigt

vorfahrt[s]berechtigt, weltbekannt, weltentrückt, wutentbrannt, wutschäumend, zeitgebunden, zielbewußt, zornentbrannt, zornschnaubend

● Bei diesen Verbindungen aus einem einfachen Substantiv und Partizip kann man jeden Fehler von vorneherein vermeiden, wenn man zusammenschreibt. Dies gilt für 201–203.

Adjektiv, Adverb, Pronomen + Partizip, Adjektiv

(204) Wenn Verbindungen aus Adjektiv, Adverb oder Pronomen und einem Partizip oder Adjektiv attributiv bei einem Substantiv stehen, dann kann man sie zusammen- oder getrennt schreiben (↑ 199). Wichtig ist dabei die Betonung *(eine leichtverdauliche Speise – eine leicht verdauliche Speise)*.

Man schreibt sie immer getrennt, wenn das erste Wort eine nähere Bestimmung hat *(das weiter oben erwähnte Buch,* ↑ 199) oder wenn die Verbindung prädikativ verwendet wird, was allerdings nicht immer möglich ist *(die Speise ist leicht verdaulich, das Buch wurde oben erwähnt,* ↑ aber 208).

Adjektiv + Partizip (blankpoliert)

(205) die blankpolierte Stange, aber: die [ganz] blank polierte Stange, die Stange ist blank poliert

(entsprechend:) blaugestreifter Stoff, aber: blau gestreifter Stoff, er ist blau gestreift; das dichtbehaarte Fell, aber: das [sehr] dicht behaarte Fell, das Fell ist dicht behaart; der dünnbewachsene Felsen, aber: der [sehr] dünn bewachsene Felsen, der Felsen ist dünn bewachsen; die engbefreundeten Schüler, aber: die [sehr] eng befreundeten Schüler, die Schüler sind eng befreundet; eine ernstgemeinte Frage, aber: eine [sehr] ernst gemeinte Frage, die Frage ist ernst gemeint

feingemahlenes Mehl, aber: [besonders] fein gemahlenes Mehl, das Mehl ist fein gemahlen; die festgeschnürte Schlinge, aber: die [besonders] fest geschnürte Schlinge, die Schlinge ist fest geschnürt; der fettgedruckte Buchstabe, aber: der [sehr] fett gedruckte Buchstabe, der Buchstabe ist fett gedruckt; ein flottgeschriebenes Buch, aber: ein [überaus] flott geschriebenes Buch, das Buch ist flott geschrieben

gelbgefärbt vgl. blaugestreift; ein getrenntgeschriebenes Wort, aber: ein [immer] getrennt geschriebenes Wort, das Wort wird getrennt geschrieben; gleichgesinnte Männer, aber: die [wirklich] gleich gesinnten Männer, die Männer sind gleich gesinnt (↑ aber „gleichbedeutend" in 208); das großgeschriebene Wort, aber: das [am Anfang] groß geschriebene Wort, das Wort ist groß geschrieben; grüngefärbt vgl. blaugestreift; gutgesinnt vgl. übelgesinnt

die heißersehnte Ankunft, aber: die Ankunft ist heiß ersehnt worden; der hellstrahlende Stern, aber: der [überaus] hell strahlende Stern; ein hochbegabter Mann, aber: ein [überaus] hoch begabter Mann, der Mann ist hoch begabt (↑ aber „hochbetagt" in 208); (entsprechend:) hocherfreut, hochgebildet, hochgeehrt, hochgestellt, hochverehrt; ein langanhaltender Beifall, aber: ein lang anhaltender Beifall; ein leichtverwundeter Soldat, aber: ein [nur] leicht verwundeter Soldat, der Soldat ist leicht verwundet

das neubearbeitete Buch, aber: das neu bearbeitete Buch, das Buch ist neu bearbeitet; die neugeborenen Kinder, aber: diese Kinder sind neu geboren, (gelegentlich auch schon klassenbildend [↑ 208]:) die Kinder sind neugeboren; neuver-

mählt vgl. neugeboren; die reichge-
schmückten Häuser, aber: die [über-
mäßig] reich geschmückten Häuser, die
Häuser sind reich geschmückt
der schlechtberatene Präsident, aber: der
[wirklich] schlecht beratene Präsident,
der Präsident ist schlecht beraten gewesen; schlechtgelaunt vgl. schlechtbera-
ten; die schwachbevölkerte Gegend,
aber: die [sehr] schwach bevölkerte Gegend, die Gegend ist schwach bevölkert;
schwarzgefärbt vgl. blaugestreift; (bezogen auf Sachen:) der schwerbeschädigte
Wagen, aber: ein [so] schwer beschädig-
ter Wagen ..., der Wagen ist schwer be-
schädigt (↑ aber „schwerbeschädigt" in
208); der schwerverletzte Mann, aber:
der [sehr] schwer verletzte Mann, der
Mann ist schwer verletzt; die starkbesie-
delte Gegend, aber: die [sehr] stark besie-
delte Gegend, die Gegend ist stark besie-
delt
ein tieferschütterter Mann, aber: ein
[wirklich] tief erschütterter Mann, der
Mann war tief erschüttert (↑ aber „tiefschürfend" in 208); ein totgeborenes
Kind, aber: das Kind ist tot geboren;
die treusorgende Mutter, aber: die [wirk-
lich] treu sorgende Mutter; die übelge-
sinnten Nachbarn, aber: die [besonders]
übel gesinnten Nachbarn, die Nachbarn
sind übel gesinnt; das weichgekochte Ei,
aber: das [zu] weich gekochte Ei, das Ei
ist weich gekocht; ein weitgereister
Mann, aber: ein [sehr] weit gereister
Mann, der Mann ist weit gereist

● Einige Adjektive werden nicht mit
dem folgenden Partizip zusammengeschrieben:

das frisch gewaschene Hemd (aber:
frischbacken), der roh behauene Klotz

● Beachte den Unterschied zwischen
Partizipien solcher Verben, die übertragen oder nicht übertragen (konkret) gebraucht werden und entsprechend zusammen- oder getrennt geschrieben werden (↑ 185f.):

ein freistehendes (leeres) Haus, aber: ein
frei (allein) stehendes Haus; ein nahe [be-
sonders] nahestehender (befreundeter,
vertrauter) Mensch, aber: ein [sehr] nahe
stehendes Haus (ein Haus in unmittelba-

rer Nähe); der schöngefärbte Bericht,
aber: das schön gefärbte Kleid (auch:
das schöngefärbte Kleid)

Adverb, Pronomen + Partizip (obenerwähnt)

(206) das obenerwähnte Buch, aber: das
[weiter] oben erwähnte Buch, das
Buch wurde oben erwähnt; (entsprechend:) obengenannt
(ähnlich:) der instandgesetzte Motor, das
zugrundeliegende Buch, die zunächstste-
henden Zuschauer, aber: die [der Kurve]
zunächst stehenden Zuschauer, das [dem
Aufsatz] zugrunde liegende Buch, der
Motor wurde instand gesetzt (↑ 154), der
[vom Schlosser] instand gesetzte Motor
(beachte:) die dem Unglück vorangehenden Warnzeichen (zusammengesetzes
Zeitwort: vorangehen!)
(mit Fügungen:) das in Frage kommende
Buch (↑ 153ff.)
ein vielgebrauchtes Fahrrad, aber: ein
[sehr] viel gebrauchtes Fahrrad, das
Fahrrad wird viel gebraucht; (entsprechend:) vielbeschäftigt, vielbesprochen,
vielerörtert, vielgereist

● Beachte die Fügungen mit *selbst-*:
(attributiv immer zusammen:) eine
selbstgemachte Marmelade, die Marmelade schmeckt wie selbstgemacht, aber
(das zweite Partizip ist Bestandteil einer
Zeitwortform): sie hat die Marmelade
selbst gemacht; sie selbst hat die Marmelade gemacht
(entsprechend:) selbstgeschrieben, selbst-
gestrickt

● Viele Adverbien werden nicht mit
dem folgenden Partizip zusammengeschrieben:

das eben gegessene Ei, der fast vergessene
Dichter, der vorhin gekommene Brief

Adjektiv + Adjektiv (echtgolden)

(207) echtgoldene Bestecke, aber: [wirk-
lich] echt goldene Bestecke, die
Bestecke sind echt golden (↑ aber „echtblau" in 208); (entsprechend:) echtsil-
bern; glänzendschwarze Haare, aber

glänzend schwarze Haare, die Haare sind glänzend schwarz; eine halboffene Tür, aber: die [nur] halb offene Tür, die Tür ist halb offen; (entsprechend:) halbamtlich, -fett, -gar, -rund, -tot, -voll (immer getrennt): das Haus liegt halb links, er machte ein halb (teils) freundliches, halb (teils) ernstes Gesicht

eine leichtverdauliche Speise, aber: eine [wirklich] leicht verdauliche Speise, die Speise ist leicht verdaulich (↑ aber 208) ein reingoldener Ring, aber: ein [wirklich] rein goldener Ring, der Ring ist rein golden (↑ aber „reinseiden" usw. in 208); reinsilbern vgl. reingolden; ein schwerkrankes Kind, aber: ein [sehr] schwer krankes Kind, das Kind ist schwer krank; schwerverdaulich vgl. leichtverdaulich

Zum Bindestrich (*eine schaurig-schöne Geschichte*) 223 ff.

(208) Immer zusammen (sowohl attributiv als auch prädikativ) schreibt man klassenbildende Wörter, Verbindungen mit steigernden Zusätzen und mit übertragener Bedeutung:

die allgemeinbildenden Schulen; bedecktsamige Pflanzen, die Pflanzen sind bedecktsamig; ein echtblauer Stoff, der Stoff ist echtblau (↑ aber „echtgolden" in 207); das freibleibende Angebot, das Angebot ist freibleibend; ein freischaffender Künstler

ein ganzseidenes Halstuch, das Halstuch ist ganzseiden; ganzwollen vgl. ganzseiden; getrenntgeschlechtige Blüten, die Blüten sind getrenntgeschlechtig; die gleichbedeutenden/gleichlautenden Wörter, die Wörter sind gleichbedeutend/gleichlautend; gleichberechtigte Partner, die Partner sind gleichberechtigt (↑ aber „gleichgesinnt" in 205); der hochbetagte Mann, der Mann ist hochbetagt (↑ aber „hochbegabt" in 205); hochtrabende Ausführungen, die Ausführungen sind hochtrabend

es dürfen nur leichtverdauliche Speisen gereicht werden – z.B. ist Kalbfleisch leichtverdaulich (↑ aber 207); linksabbiegender Verkehr, linksdrehende Winde; nacktsamige Pflanzen, die Pflanzen sind nacktsamig; neugeboren ↑ 205; rechts-

drehende Winde, rechtsabbiegender Verkehr; ein reinseidener/reinwollener Stoff, der Stoff ist reinleinen/reinseiden/reinwollen (↑ aber „reingolden" in 207); (bezogen auf einen Menschen:) der schwerbeschädigte Mann, der Mann ist schwerbeschädigt (↑ aber „schwerbeschädigt" in 205)

ein tiefernstes Gesicht, sein Gesicht war tiefernst; tiefgekühltes Obst, das Obst ist tiefgekühlt; tiefschürfende Gedanken, die Gedanken sind tiefschürfend (↑ aber „tieferschüttert" in 205); vollautomatischer Betrieb, weitblickende Entscheidungen

● Wenn man die wenigen Adjektive beachtet, die prinzipiell getrennt geschrieben werden, kann man bei den attributiven Verbindungen mit einem einfachen Adjektiv als erstem Bestandteil jeden Fehler von vorneherein vermeiden, wenn man zusammenschreibt. Dies gilt für 205 und 207 f.

nicht + Adjektiv, Partizip (nicht berufstätig)

(209) Man schreibt *nicht* nur dann mit dem Adjektiv oder Partizip zusammen, wenn die Verbindung eine Dauereigenschaft bezeichnet, d.h., wenn sie klassenbildend zur Unterscheidung von anderen Klassen gebraucht wird (↑ 200). In diesen Fällen liegt der Ton auf *nicht*. Dieser Gebrauch und damit die Zusammenschreibung ist nur möglich, wenn die Verbindung attributiv steht:

Die nichtzielenden (intransitiven) Verben unterscheiden sich von den zielenden (transitiven) [Verben] dadurch, daß von ihnen kein Akkusativobjekt abhängt. Die nichtberufstätigen Frauen befinden sich gegenüber den berufstätigen [Frauen] in der Minderheit. (Entsprechend:) nichtgewerblicher Güterverkehr, die nichtrechtsfähigen Vereine (gegenüber der Klasse der rechtsfähigen Vereine), die nichtrostenden Stähle (gegenüber der Klasse der rostenden Stähle), die nichtöffentlichen Sitzungen (gegenüber der Klasse der öffentlichen Sitzungen), die nichtamtlichen Meldungen (gegenüber der Klasse der amtlichen Meldungen)

Man schreibt *nicht* immer dann vom Adjektiv oder Partizip getrennt, wenn eine einfache Verneinung vorliegt. Beide Wörter tragen einen Hauptton. Dieser Gebrauch und damit die Getrenntschreibung tritt immer dann ein, wenn die Verbindung prädikativ steht. Steht die Verbindung attributiv, dann ist diese Schreibung möglich, wenn nicht die Zugehörigkeit zu einer Klasse ausgedrückt werden soll (↑ 200):

Mein Vater ist nicht gebrechlich. Mein nicht gebrechlicher Vater ... Die Wand ist nicht verputzt. Die nicht verputzte Wand sieht häßlich aus. Meine Frau ist nicht berufstätig. Das war eine nicht zuständige Stelle. Dieser Verein ist nicht rechtsfähig. Dieser Aufsatz ist nicht veröffentlicht. Diese Konferenz war nicht öffentlich.

Substantiv + Adjektiv

(210) Eine Gruppe von Adjektiven *(breit, dick, groß, hoch, lang)* schreibt man mit einem Substantiv, das ein Maß bezeichnet, zusammen:

ein armdicker Ast, der Ast ist armdick, ein armlanger Schlauch, das Brett ist fingerbreit, ein handbreites Schnitzel (entsprechend:) faustgroß, fingerdick, handgroß, jahrelang, meterhoch, meterlang, seitenlang, tagelang usw.

Man schreibt getrennt, sobald zu dem als Maß genannten Substantiv noch ein Attribut tritt:

die Schlange war einen Arm dick, das Brett ist drei Finger breit, ein zwei Hand/Hände breites Tuch, ich warte viele Jahre lang auf seine Rückkehr, der Fleck ist kaum eine Hand groß, der Schnee lag einen Meter hoch

(211) Bestimmte Fügungen dieser Art, in denen das Substantiv einen Körperteil bezeichnet (z.B. *Fin-*

ger), können als Ganzes zum Substantiv werden *(ein Fingerbreit)*. Diese Maßbezeichnung erhält den Artikel der Körperteilbezeichnung:

einen Fingerbreit größer, die Tür war eine Handbreit offen

Ähnlich sind folgende Mengenbezeichnungen zu erklären:

zwei Armvoll Reisig, aber: er hatte den Arm voll[er] Reisig; eine Handvoll Papier, aber: er hatte die Hand voll[er] Geld; einen/zwei/einige/ein paar Mundvoll Fleisch, aber: den Mund voll[er] Brot haben

(212) Beachte auch die folgenden Verbindungen:

kostenfrei, -günstig, -intensiv, -pflichtig; fristgerecht; hautfreundlich, -nah, -sympathisch; menschenfreundlich, -möglich, -scheu, -würdig; zeitgemäß, -fremd, -gleich, -kritisch

3 Adverbien, Präpositionen, Konjunktionen aus Fügungen

(213) Adverbien, Präpositionen und Konjunktionen können aus Fügungen entstehen *(instand [setzen], einmal, zugunsten, solange du da bist ...)*, wenn der einzelne Bestandteil seine Selbständigkeit [und die Merkmale seiner Wortart] verloren hat. Man schreibt zusammen.

Man schreibt getrennt, wenn jedes Wort seine Selbständigkeit bewahrt und deutlich etwa als Substantiv oder Adjektiv erkennbar ist *(jmdn. in den Stand setzen, etwas zu tun; das eine Mal, zu seinen Gunsten, er blieb so lange ...).*

**mit Bezug auf –
in bezug auf – zugunsten**

(214) Bei Verbindungen aus Präposition und Substantiv stellt sich neben der Frage der Zusammen- oder

Getrenntschreibung auch die Frage nach der Groß- oder Kleinschreibung.

In bestimmten Fügungen, die immer getrennt geschrieben werden, schreibt man das Substantiv entweder groß (z.B. *mit Bezug auf, mit Hilfe*) oder klein (z.B. *in bezug auf*). Daneben steht eine Gruppe von Fügungen, die man zusammen und entsprechend klein schreibt und die zu einer Präposition *(zugunsten)* oder einem Adverb *(instand [setzen])* geworden sind. Wegen der doppelten Fragestellung sind die Verbindungen dieser Art bereits bei der Groß- oder Kleinschreibung abgehandelt worden (↑ 153).

einmal – das eine Mal

215 In bestimmten Fällen ist aus einem ursprünglichen Substantiv mit einem vorangehenden Adjektiv oder Pronomen etwa ein Adverb entstanden. Manche dieser Bildungen können wieder aufgelöst werden, wenn ein Attribut oder eine Präposition hinzutritt:

allezeit (aber: zu aller Zeit), derzeit (aber: zu der Zeit), dermaßen, gleichermaßen, jederzeit (aber: zu jeder Zeit), kurzerhand, seinerzeit (aber: zu seiner Zeit), unverrichteterdinge; allerart Tiere (aber: Tiere aller Art); (auch:) ander[e]nfalls, schlimmstenfalls; dergestalt, gleichermaßen, lauthals, vielerorts

216 Viele Verbindungen dieser Art sind mit *Mal* gebildet. Man schreibt zusammen und entsprechend klein

○ wenn ein Adverb vorliegt:

einmal; zweimal (mit Ziffer: 2mal); drei- bis viermal (mit Ziffern: 3- bis 4mal, 3–4mal); fünfundsiebzigmal; [ein]hundertmal; noch einmal, noch einmal soviel; dutzendmal; keinmal; manchmal; vielmal, sovielmal, wievielmal, vieltausendmal, x-mal

allemal, beidemal, jedesmal, dutzendemal, huntertemal, einigemal, etlichemal, mehreremal, unendlich[e]mal, unzähligemal, verschiedenemal, wieoftmal, diesmal

das erstemal, das letztemal, das x-temal; ein andermal, ein dutzendmal, ein paarmal, ein halbes hundertmal, ein paar dutzendmal; auf einmal, mit ein[em]mal; ein für allemal; beim, zum erstenmal, zweitenmal, letztenmal, x-tenmal; zum andernmal, nächstenmal

○ wenn es sich um die Angabe beim Multiplizieren (Malnehmen) handelt:

acht mal zwei (mit Ziffern [und Zeichen]: 8 mal 2, 8 × 2 oder 8·2)

217 Man schreibt getrennt und *Mal* entsprechend groß, wenn es an der Beugung als Substantiv zu erkennen ist oder klar als Substantiv angesehen wird:

das erste, zweite usw. Mal; das and[e]re, einzige, letzte, nächste, vorige usw. Mal; das eine Mal; ein erstes usw. Mal; ein and[e]res, einziges, letztes Mal; ein Mal über das and[e]re, ein ums and[e]re Mal von Mal zu Mal; dieses, manches, nächstes, voriges Mal; manches liebe, manch liebes Mal; mit einem Mal[e]; beim, zum ersten, zweiten, letzten, ander[e]n, soundsovielten, x-ten Mal[e]; die letzten, nächsten Male

alle, einige, etliche, mehrere, unendliche, unzählige, viele, viele tausend, wie viele Male; ein paar, ein paar Dutzend Male; ein oder mehrere Male; ein für alle Male; zu fünf Dutzend Malen; zu verschiedenen, wiederholten Malen

bergan – den Berg hinan

218 In manchen Fällen schreibt man ein Substantiv mit einem folgenden Adverb oder einer Präposition zusammen und die ganze Fügung als Adverb klein. Einige dieser Bildungen können wieder aufgelöst werden:

bergan (aber: den Berg hinan), bergab, bergauf, ehrenhalber, jahraus, jahrein, kopfüber, kopfunter, nachtsüber (aber: die Nacht über), stromab, stromauf, tagsüber (aber: den Tag über), zweifelsohne

solange / so lange

219 Besonders die mit *so-* und *wie-* zusammengesetzten Konjunktionen werden häufig mit den ähnlichklingenden Umstandsangaben verwechselt, die immer getrennt geschrieben werden. Einen wichtigen Hinweis auf die Schreibung gibt die Betonung:

er kam so bald nicht, wie wir erwartet hatten, aber: sobald er kam ...; die Sache liegt mir so fern, daß ..., aber: sofern er kommt; ich habe dich so lang[e] nicht gesehen, aber: solang[e] du da bleibst, bleibe ich auch

sooft du zu mir kommst, aber: ich habe es dir so oft gesagt, daß ...; sosehr ich das auch billige ..., aber: er lief so sehr, daß ...; soweit ich das beurteilen kann, aber: so weit, so gut

so, wie ich ihn kenne, kommt er nicht zurück, aber: sowie er kommt, gib mir Nachricht

Wieso tut er das? aber: wie so etwas möglich ist; er fragte mich, wie weit es bis Frankfurt sei, aber: ich bin im Zweifel, wieweit ich mich auf ihn verlassen kann

● *So daß* wird immer getrennt geschrieben:

er arbeitete so, daß er krank wurde; er arbeitete Tag und Nacht, so daß er krank wurde

● Unterscheide auch:

mach nur so fort, aber: er soll sofort kommen; er hat so gar kein Vertrauen zu mir, aber: er kam sogar zu mir nach Hause; sie sind sich alle so gleich, daß ..., aber: er soll sogleich kommen; somit (auch: so ...) bist du fertig, aber: ich nehme es so (in dieser Form) mit

Wo anders (sonst) als hier soll ich suchen?, aber: ich werde ihn woanders (an einem anderen Ort) suchen; wo möglich (wenn es irgendwie möglich ist)[,] kommt er, aber: womöglich kommt er noch

ebenso – wieviel

220 Wörter wie *ebenso, vielmehr, wieviel, zuviel* u.a. schreibt man bei besonderer Betonung [und Beugung des zweiten Bestandteils] getrennt:

er hat es ebenso getan wie ich, aber: das ist eben so; er ist nicht dumm, er weiß vielmehr alles, aber: er weiß viel mehr als du; wieviel Menschen, aber: wie viele Menschen; ich habe zuviel gesehen, aber: ich habe zu viel gesehen, zu viele Menschen

Die Adverbien *ebenso* und *genauso* schreibt man in der Regel mit ungebeugten Adverbien und Adjektiven und den ungebeugten Wörtern *viel* und *wenig* zusammen. Sind aber Adjektive betont [und gebeugt] oder werden *viel* und *wenig* gebeugt, dann schreibt man getrennt:

ebensooft, genausoviel, ebensogut, genausowenig, aber: ich arbeite genauso schnell wie er, ebenso gute Spieler, genauso gutes Essen, ebenso viele Zuschauer

allzu-

221 Obwohl in Fällen wie *allzubald* beide Bestandteile betont werden, schreibt man sie in der Regel zusammen:

allzufrüh, -gern, -lang[e], -oft, -sehr, -selten, -viel, -weit

Nur bei sehr starker, deutlich abhebender Betonung kann man, bei Beugung des zweiten Bestandteils muß man getrennt schreiben:

die Last ist allzu schwer, er kommt allzu oft, allzu seltene Fälle

irgendwo – gar kein

222 Man schreibt *irgend* mit einem folgenden Adverb immer zusammen. In Verbindung mit Pronomen, die hier der Einfachheit halber mitgenannt werden, schwankt die Schreibung:

irgendein[er], irgendwer, irgendwelcher, irgendwas, irgendeinmal, irgendwann, irgendwie, irgendwo, irgendwoher, irgendwohin, irgendworan, aber: irgend etwas, irgend jemand, irgend so ein

(entsprechend:)   nirgend[s]her,   -wo, -woher, -wohin

Immer getrennt schreibt man *gar kein, gar nicht, gar nichts.*

IV. Zusammenschreibung oder Bindestrich

Ich behandle die Verbindungen mit Namen (↑ S. 118 ff.) getrennt von denen ohne Namen.

1 Verbindungen ohne Namen

1.1 Zusammensetzungen

(223) Eine Zusammensetzung hat zwei Bestandteile; diese können aus einfachen Wörtern *(Unfall + Versicherung)* oder aus bereits zusammengesetzten Wörtern *(Unfallversicherung + Gesetz)* bestehen.

● Ist jeder der Bestandteile ein einfaches Wort, dann schreibt man diese zweigliedrige Zusammensetzung in der Regel zusammen; man setzt keinen Bindestrich:

Unfall + Versicherung → Unfallversicherung
Grund + Steuer → Grundsteuer
(entsprechend:) Arbeiterbewegung, Kundendienst, Rotwild, Ichsucht, Jawort

● Ist einer der Bestandteile ein einfaches Wort und der andere Bestandteil seinerseits eine Zusammensetzung aus zwei Wortgliedern, dann schreibt man in der Regel ebenfalls zusammen; man setzt keinen Bindestrich:

Unfallversicherung + Gesetz →
Unfallversicherungsgesetz
Gemeinde + Grundsteuer →
Gemeindegrundsteuer
(entsprechend:) Windschutzscheibe, Oberstudiendirektor, Lohnsteuerzahlung

● Besteht die Zusammensetzung aus mehr als drei Wortgliedern, dann setzt man einen Bindestrich, wenn die Zusammensetzung unübersichtlich ist; und zwar dort, wo bei sinnvoller Auflösung die Hauptfuge liegt. Bei viergliedrigen kann man zusammen-

schreiben, wenn die Übersichtlichkeit gewahrt ist. Dies ist vor allem dann der Fall, wenn die Bestandteile aus sehr geläufigen Zusammensetzungen gebildet sind:

Arbeiter-Unfallversicherungsgesetz (Unfallversicherungsgesetz für Arbeiter)
Haftpflicht-Versicherungsgesellschaft
Gemeindegrundsteuer-Veranlagung
(bei übersichtlichen Zusammensetzungen:)
Eisenbahnfahrplan, Steinkohlenbergwerk
Fußballbundestrainer, Eishockeyländerspiel

Die Schreibung der meisten Zusammensetzungen kann man mit Hilfe dieser Regeln festlegen. Zu beachten sind bestimmte Sonderfälle, deren Schreibung durch Zusatzregeln festgelegt ist.

Zum Trennungs- und Bindestrich ↑ 262.

Tee-Ernte/Schiffahrt/Fetttropfen

Zu unterscheiden sind Zusammensetzungen, in denen drei gleiche Buchstaben für Vokale oder für Konsonanten zusammentreffen.

Tee-Ernte

(224) Treffen in substantivischen Zusammensetzungen drei gleiche Buchstaben für Vokale zusammen, dann setzt man einen Bindestrich:

Allee + Ecke → Allee-Ecke
(entsprechend:) Hawaii-Insel, Kaffee-Ersatz, Klee-Ernte, Schnee-Eifel, See-Enge, See-Elefant, Tee-Ei, Tee-Ernte, Übersee-Einfuhr

Man setzt keinen Bindestrich

○ beim Zusammentreffen von nur zwei gleichen oder von verschiedenen Buchstaben:

Klimaanlage, Werbeetat, Gewerbeinspektor, Reimport, Gemeindeumlage; Seeufer, Verandaaufgang, Heuernte; Seeaal, Bauausstellung

○ in zusammengesetzten Adjektiven oder Partizipien:

schneeerhellt, seeerfahren; blauäugig, polizeiintern

Schiffahrt / Fetttropfen

225 Treffen in einer Zusammensetzung drei gleiche Buchstaben für Konsonanten zusammen, dann schreibt man immer zusammen; man setzt keinen Bindestrich.

Für die Schreibung ist wichtig, ob den drei gleichen Buchstaben ein Vokal (a wie in *Fahrt*) oder ein Konsonant (r wie in *Tropfen*) folgt.

● Folgt den drei gleichen Buchstaben ein Vokal, so fällt einer der drei Buchstaben aus, d.h., man schreibt nur zwei Buchstaben:

Ballett + Theater (th gilt hier als ein Buchstabe) → Balletttheater
Baumwoll + Lese → Baumwollese
Bestell + Liste → Bestelliste
(entsprechend:) Bettuch, Bittag, Brennnessel, dennoch, Dritteil, Fallaub, Fellager, Fettopf, helleuchtend, Kammacher, Kontrollampe, Metallöffel, Mittag, Rammaschine, Rolladen
Schalloch, Schiffahrt, Schlammasse, Schnelläufer, Schrittempo, Schrubbesen, Schwimmeister, Stallaterne, Stammutter, Stilleben, stillegen, Stoffabrik, Stoffalte, Stoffaser, volladen, vollaufen, wetturnen, Wollager, Wollappen, Zollinie
Zur Silbentrennung ↑ 261.

Nach *ck* darf *k* und nach *tz* darf *z* nicht ausfallen:

Gepäck + Karre → Gepäckkarre
(entsprechend:) Guckkasten, Hackklotz, Postscheckkonto, Rockknopf, Rockkragen, Rückkehr, rückkoppeln, Steckkontakt; Schutzzoll

● Folgt den drei gleichen Buchstaben ein Konsonant, so fällt keiner von ihnen aus, d.h., man schreibt dreimal denselben Buchstaben:

Auspuff + Flamme → Auspuffflamme
(entsprechend:) Balletttruppe, fetttriefend, Fetttropfen, Pappplakat, Rohstofffrage, Sauerstoffflasche, stickstofffrei

I-Punkt / n-Eck

 226 In Zusammensetzungen (und Ableitungen) mit einzelnen Buchstaben und Formelzeichen setzt man einen Bindestrich:

A-Dur, B-Dur, Es-Dur usw.; A-Laut, B-Laut usw.; a-Moll, b-Moll, fis-Moll usw.; Dativ-e, Dehnungs-h, D-Schicht, Fugen-s, γ-Strahlen, I-förmig, I-Punkt, Endungs-t, n-Eck, n-fach, n-te, O-Beine, Pe-Ce-Faser, pH-Wert
Schluß-e, S-förmig, S-Kuchen, S-Kurve, T-förmig, T-Träger, U-förmig, V-Ausschnitt, x-Achse, X-Beine, X-beinig, x-beliebig, X-Chromosom, X-Haken, x-te, y-Achse, Y-Chromosom, Zungen-R, 2π-fach.
Zur Groß- oder Kleinschreibung des Buchstabens oder des Formelzeichens ↑ 176.

Kfz-Papiere / Kl.-A.

227 Man setzt einen Bindestrich

○ in Zusammensetzungen mit Abkürzungen:

Abc-Buch, Abc-Schütze, ABC-Staaten, ABC-Waffen, Abt.-Leiter (= Abteilungsleiter), dpa-Meldung, H-Bombe, HO-Geschäft, Kfz.-Fahrer, km-Zahl, LPG-Landwirt, Lungen-Tbc, NATO-Staaten, Rh-Faktor, DDR-Flüchtling, SOS-Kinderdorf, Tbc-krank, TÜV-Untersuchung, UKW-Sender, UN-Vollversammlung, US-amerikanisch
Zur Groß- oder Kleinschreibung der Abkürzung ↑ 178.

○ in abgekürzten Zusammensetzungen. Diese Regel gilt sowohl dann, wenn beide Bestandteile der Zusammensetzung abgekürzt werden, als auch dann, wenn nur der erste oder nur der zweite abgekürzt wird:

Bestell-Nr. (= Bestellnummer)
Dipl.-Chem.   (= Diplomchemiker)
Dipl.-Gwl.   (= Diplomgewerbelehrer)
Dipl.-Hdl.   (= Diplomhandelslehrer)
Dipl.-Ing.   (= Diplomingenieur)
Dipl.-Kfm.   (= Diplomkaufmann)

Dipl.-Ldw.   (= Diplomlandwirt)
Dipl.-Phys.   (= Diplomphysiker)
Dipl.-Volksw.   (= Diplomvolkswirt)
D-Zug (= Durchgangszug), Masch.-
Schr. (Maschine[n]schreiben), Reg.-Bez.
(= Regierungsbezirk), Reg.-Rat (= Re-
gierungsrat), Tgb.-Nr. (= Tagebuchnum-
mer); (beachte:) ev.-luth (= evangelisch-
lutherisch), gr.-kath. (= griechisch-ka-
tholisch), röm.-kath. (= römisch-katho-
lisch); E-Lok (= elektrische Lokomotive)

Ich-Roman / Ichsucht

(228) Bestimmte zweigliedrige Zusammensetzungen und Ableitungen schreibt man mit Bindestrich:
Aha-Erlebnis, daß-Satz
Ich-Laut, Ich-Roman (aber:) ichbezo-
gen, Ichform, Ichheit, Ichsucht
Ist-Aufkommen, Ist-Bestand, Ist-Stärke,
Soll-Bestand, Soll-Betrag, Soll-Ein-
nahme, Soll-Kaufmann, Soll-Seite, Soll-
Stärke
(aber:) Habenbestände, Habenseite

Drucker-Zeugnis / Druck-Erzeugnis
Hoch-Zeit

(229) Gelegentlich kann man einen
Bindestrich setzen
○ um Mißverständnisse zu vermeiden:
Druckerzeugnis kann bedeuten: 1. Er-
zeugnis einer Druckerei, 2. Zeugnis für
einen Drucker. Bei möglichen Mißver-
ständnissen schreibt man: Druck-Erzeugnis oder Drucker-Zeugnis
Bettuch (Laken für das Bett), aber: Bet-
Tuch (Gebetsmantel)

○ um auch in zweigliedrigen Zusam-
mensetzungen die Bestandteile beson-
ders hervorzuheben:
Hochzeit – die Hoch-Zeit (hohe Zeit =
Blüte) der Klassik; etwas be-greifen;
Inter-esse

Achtpfünder / 8pfünder

(230) Ableitungen und Zusammensetzungen, die eine Zahl enthalten, schreibt man zusammen, und

zwar unabhängig davon, ob die Zahl
in Buchstaben oder aus sachlichen
Gründen in Ziffern geschrieben
wird:

achtfach (mit Ziffer: 8fach), Achtpfünder
(mit Ziffer: 8pfünder), Achttonner (mit
Ziffer: 8tonner), 14karätig, 32eck,
10^6fach, 1,5fach, ½zöllig, 5%ig, ver307fa-
chen, 103er, 80er Jahre; Dreikant[stahl]
(mit Ziffer: 3kant[stahl]), Elfmeter-
[marke] (mit Ziffer: 11meter[marke])

1.2 Mehrere Wörter
vor dem Grundwort

(231) Wenn mehrere Wörter (z.B. *do
it yourself*) als Bestimmung vor
einem Grundwort stehen (z.B. *Bewegung*), dann verbindet man die ganze
Fügung mit Bindestrichen:
Do-it-yourself-Bewegung.
Dabei schreibt man neben den Substantiven das erste Wort groß, wenn
das Grundwort ein Substantiv ist.
Dies gilt auch dann, wenn die vorangehenden Wörter aneinandergereiht
sind und durch *und* verbunden sind
oder verbunden sein könnten *(September-Oktober-Heft = Heft für September und Oktober; Ritter-und-Räuber-Roman)*:

Alla-breve-Takt, Als-ob-Philosophie,
Arbeiter-und-Bauern-Fakultät (ABF),
Berg-und-Tal-Bahn, De-facto-Anerken-
nung, De-jure-Anerkennung, Do-it-
yourself-Bewegung, Erste-Hilfe-Ausrü-
stung, Frage-und-Antwort-Spiel, Hals-
Nasen-Ohren-Arzt (HNO-Arzt), Herz-
Lungen-Maschine, In-dubio-pro-reo-
Grundsatz
Land-Wasser-Tier, Leib-Seele-Problem,
Lohn-Preis-Spirale, Los-von-Rom-Bewe-
gung, Magen-Darm-Katarrh, Mund-zu-
Mund-Beatmung, Ost-West-Gespräche,
der Pro-Kopf-Verbrauch, Ritter-und-
Räuber-Roman, Rote-Bete-Salat, Rote-
Kreuz-Los, Rote-Kreuz-Schwester/Rot-
kreuzschwester, September-Oktober-
Heft, Soll-Ist-Vergleich, Sturm-und-
Drang-Zeit, Trimm-dich-Pfad, War-
schauer-Pakt-Staaten

● Übersichtliche Bildungen dieser Art schreibt man meistens zusammen:

Altfrauengesicht, Altweibersommer, Armeleuteschloß, Arm[e]sünderglocke, Dummejungenstreich, Kleinkinderspielzeug, Liebfrauenmilch, Loseblattausgabe, Rotkreuzschwester/Rote-Kreuz-Schwester, Sauregurkenzeit

das In-den-April-Schicken

(232) Stehen mehrere Wörter als Bestimmung vor einem substantivierten Infinitiv, dann verbindet man die ganze Fügung mit Bindestrichen. Dabei schreibt man neben den Substantiven das erste Wort der Fügung sowie den Infinitiv groß:

das An-den-Haaren-Herbeiziehen, zum Aus-der-Haut-Fahren, das In-den-April-Schicken, In-den-Tag-hinein-Leben, das In-die-Knie-Gehen, das Ins-Blaue-Fahren, das Sich-aussprechen-Können, das Sich-verstanden-Fühlen, das Von-der-Hand-in-den-Mund-Leben

● Als Substantive geläufige und dabei verhältnismäßig kurze Zusammensetzungen schreibt man jedoch zusammen (↑ 156):

das Außerachtlassen, das Inkrafttreten, das Sichausweinen, das Nichtzustandekommen

Sehr lange Fügungen dieser Art ersetzt man besser durch eine Infinitivgruppe oder durch einen Nebensatz:

das Gefühl, es noch nicht über die Lippen zu bringen (für: das Gefühl des Noch-nicht-über-die-Lippen-Bringens)

Vitamin-C-haltig

(233) Wenn ein einzelner Buchstabe anstelle eines Wortes steht, dann setzt man ein Bindestrich:

A-Dur-Arie, Blitz-K.-o., D-Zug-artig, K.-o.-Schlag, Vitamin-C-haltig
(aber weil Buchstabe und Ziffer eine Einheit bilden:) DIN-A4-Blatt

10-Pfennig-Briefmarke

(234) Aneinanderreihungen mit Zahlen (in Ziffern) verbindet man durch Bindestriche:

10-Pfennig-Briefmarke, $^3/_4$-Liter-Flasche, 2-kg-Dose, 70-PS-Motor, 400-m-Lauf, 4 × 100-m-Staffel, 4mal-100-Meter-Staffel, 5-km-Gehen, 1000-Jahr-Feier; Formel-I-Wagen
(aber bei Zahlen in Buchstaben:) Dreikaiserbündnis, Zehnpfennigmarke

1.3 Zusammensetzungen aus Adjektiven

(235) Zusammensetzungen aus Adjektiven kann man durch einen Bindestrich verbinden oder aber zusammenschreiben.

● Man setzt den Bindestrich, wenn die Adjektive (z.B. *schaurig* und *schön*) gleichwertige Teile einer Fügung sind, die als Ganzes eine umfassende Gesamtvorstellung ausdrückt *(eine schaurig-schöne Geschichte)*.
Die Gleichwertigkeit der Bestandteile wird daran sichtbar, daß sie sich erstens in gleicher Weise auf das folgende Substantiv beziehen *(wie ist die Geschichte? sie ist schaurig und schön zugleich)* und daß sie zweitens beide betont sind:

die griechisch-orthodoxe Kirche, ein öffentlich-rechtlicher Vertrag, die römisch-katholische Kirche, eine schaurig-schöne Geschichte, die südost-nordwestliche Richtung

● Man schreibt zusammen, wenn das erste Adjektiv (z.B. *schwer*) dem zweiten (z.B. *krank*) untergeordnet ist und als erster Teil einer Zusammensetzung das zweite Adjektiv näher bestimmt *(ein schwerkranker Mann)*.
Nur das zweite Adjektiv bezieht sich unmittelbar auf das folgende Substantiv *(ein kranker Mann)*. Das erste bestimmt den Grad des Krankseins näher *(ein schwerkranker Mann)*. Nur das erste Adjektiv wird betont.

Entsteht dabei ein neuer Begriff (z.B. *altklug*), dann bleibt die Zusammenschreibung auch in der Satzaussage erhalten (↑ aber 204–208):

ein schwerkranker Mann, aber: der Mann ist schwer krank (↑ 207); ein altkluges Kind, das Kind ist altklug; kleinlaut, eine spätgotische Kirche, aber (obwohl das zweite Wort durch das erste näher bestimmt wird): original-französisch

In einigen Fällen, in denen das erste Eigenschaftswort steigernd wirkt, werden beide Bestandteile betont:

bitterböse, bitterernst, bitterkalt; er ist bitterböse

das blau-rote / blaurote Kleid

(236) Durch die Zusammenschreibung oder durch die Setzung des Bindestrichs unterscheidet man auch Farbbezeichnungen aus zwei oder mehr Adjektiven.

● Durch die Schreibung mit Bindestrich drückt man aus, daß die Farben unvermischt nebeneinander vorkommen, daß es sich also um zwei oder mehr Farben handelt:

das blau-rote Kleid (beide Farben in beliebiger Verteilung unvermischt nebeneinander = 2 Farben), das Kleid seiner Frau ist blau-rot; der Dreß ist grün-gelb (mit Grün und Gelb selbständig nebeneinander = 2 Farben)

● Durch die Zusammenschreibung drückt man aus, daß die Farben vermischt vorkommen, daß es sich also um einen Farbton handelt:

eine blaurote Nase (mit einer bläulichen Abschattung des Rots = eine Farbe), das Kleid ist gelbgrün (mit einer gelblichen Abschattung des Grüns = eine Farbe)

● Wenn das Nebeneinander der Farben unmißverständlich ist, dann schreibt man zusammen. Das gilt besonders für die wappenkundlichen Farben, weil es bei ihnen keine Abschattungen gibt, und für Substantive mit Farbbezeichnungen als Bestimmungswort:

die schwarzrotgoldene Fahne, ein blaugelbes Emblem; ein schwarzweiß verzierter Rand; Schwarzweißfilm, Schwarzweißkunst, Grünrotblindheit, Blauweißporzellan

aber (zur besonderen Hervorhebung): die Fahne Schwarz-Rot-Gold

deutsch-amerikanischer Schiffsverkehr / deutschamerikanisches Schrifttum

(237) Die in 235 genannten Regeln gelten auch für adjektivische Zusammensetzungen aus erdkundlichen Namen und für Zusammensetzungen aus Länder- und Völkernamen.

Mit Bindestrich:

der deutsch-amerikanische Schiffsverkehr (zwischen Deutschland und Amerika), deutsch-französischer Freundschaftsvertrag, deutsch-schweizerische Wirtschaftsverhandlungen, die deutschsowjetische Freundschaft, rheinischwestfälisch; Anglo-Amerikaner (Sammelname für Engländer und Amerikaner); afro-asiatische Interessen

● Geläufige Zusammensetzungen dieser Art, deren erster Bestandteil auf *-o* ausgeht, schreibt man zusammen:

serbokroatisch, tschechoslowakisch, baltoslawisch

In den zusammengeschriebenen Formen trägt meist der erste, gelegentlich der zweite Bestandteil den Ton:

das deutschamerikanische Schrifttum (Schrifttum der Deutschamerikaner), die schweizerdeutsche Mundart; frankokanadische Familien, Angloamerikaner, Angloamerikaner (aus England stammender Amerikaner)

2 Verbindungen mit Namen

Die in 223 und 231 genannten Grundregeln gelten mit leichten Abschattungen auch für Zusammensetzungen mit Namen. Darüber hinaus sind einige besondere Regeln für die Schreibung mehrteiliger Namen zu berücksichtigen.

Zu Hinweisen über die allgemeine Schreibung von Namen ↑ 16 ff.

Zur Schreibung von Adjektiven, Partizipien, Präpositionen als Teilen von Namen oder in festen namenähnlichen Fügungen *(Friedrich der Große, Holsteinische Schweiz, westfälischer Schinken, die Breite Straße)* ↑ 179 ff.

Zu adjektivischen Zusammensetzungen *(deutschamerikanisch/rheinisch-westfälisch)* ↑ 237.

2.1 Familien-, Personen- und Vornamen

Zur Schreibung der Ableitungen von Namen auf *-isch (Goethisch/goethisch)* ↑ 167.

Dieselmotor / Schiller-Museum / goethefreundlich

(238) In Zusammensetzungen mit einem Namen als Bestimmungswort kann man zusammenschreiben oder einen Bindestrich setzen.

● Den Bindestrich setzt man – vor allem fachsprachlich – um den Namen hervorzuheben:

Cook-Insel/(ohne Hervorhebung:) Cookinsel, Kellogg-Pakt, Kußmaul-Atmung, Opel-Vertretung, Paracelsus-Ausgabe, Sauerbruch-Hand, Schiller-Museum, Victoria-Land/(ohne Hervorhebung:) Victorialand

● Zusammen schreibt man – vor allem allgemeinsprachlich – geläufig gewordene Bezeichnungen:

Achillesferse, Beringmeer, Dieselmotor, Kneippkur, Litfaßsäule, Magellanstraße, Morgenthauplan, Röntgenstrahlen, Schillertheater, Thomasmehl

Zu Straßennamen *(Goethestraße)* ↑ 252.

● Zusammensetzungen von einfachen Namen mit einem Adjektiv schreibt man zusammen:

goethefreundlich, lutherfeindlich, maohörig

Mozart-Konzertabend

(239) Folgt einem Namen ein zusammengesetztes Grundwort, dann setzt man einen Bindestrich, um die Übersichtlichkeit zu erhöhen (↑ aber 223):

Beethoven-Festhalle, Goethe-Gesamtausgabe, Mozart-Konzertabend

De-Gaulle-Besuch / Fidel-Castro-freundlich

(240) Wenn mehrere oder mehrteilige Namen als Bestimmung vor einem Grundwort stehen, dann verbindet man die ganze Fügung mit Bindestrichen (↑ 231):

Abraham-a-San[c]ta-Clara-Schriften, De-Gaulle-Besuch, Friedrich-Wilhelm-Lübke-Koog, Goethe-und-Schiller-Gedenkstunde, Goethe-Schiller-Denkmal, Ho-Chi-Minh-Pfad, Johann-Sebastian-Bach-Gymnasium, Kaiser-Franz-Joseph-Land, König-Christian-IX.-Land, Mariä-Himmelfahrts-Fest, Max-Planck-Gesellschaft, Namen-Jesu-Fest Peter-Paul-Kirche, Prinz-Eduard-Insel, Richard-Wagner-Festspiele, Sankt-Gotthard-Gruppe, Sankt-(St.-)Marien-Kirche, Sankt-Lorenz-Strom, Sankt-Michaelis-Tag (↑249), Siemens-Schuckert-Werke, Van-Allen-Gürtel, Van-Gogh-Ausstellung, Wolfram-von-Eschenbach-Ausgabe; de-Gaulle-treu, Fidel-Castro-freundlich, Mao-Tse-tung-hörig

Zu Straßennamen *(Richard-Wagner-Straße)* ↑ 253.

● Verlagsnamen, die nach 238 zusammengeschrieben oder mit einem Bindestrich geschrieben werden müßten oder nach 240 durchzukoppeln wären, werden häufig aus typographischen Gründen getrennt geschrieben:

Franz Steiner Verlag, Georg Thieme Verlag, S. Fischer Verlag, Suhrkamp Verlag

Möbel-Müller / die Hofer-Marie /
Wurzelsepp

(241) Steht der Familienname als
Grundwort, so setzt man einen
Bindestrich.
Dies gilt auch dann, wenn Vornamen
in landschaftlicher Sprache dem Fa-
miliennamen oder einer Berufsbe-
zeichnung folgen.
Zusammengeschrieben werden alle
anderen Zusammensetzungen aus ei-
nem Hauptwort und einem Vorna-
men:
Bier-Meier, Möbel-Müller; die Hofer-
Marie, der Huber-Franz; Bäcker-Anna,
Schuster-Franz
aber: Schützenliesel, Suppenkaspar,
Wurzelsepp

Müller-Frankenfeld / Karlheinz /
Karl-Heinz

(242) Doppelte Familiennamen
schreibt man mit Bindestrich.
Doppelte Vornamen, die nur einen
Hauptton haben, schreibt man im allgemeinen zusammen:
Hagemann-Zabel, Müller-Frankenfeld
Annemarie, Hannelore, Hansjoachim/
(auch:) Hans-Joachim, Ingelore, Karl-
heinz/(auch:) Karl-Heinz, Lieselotte,
Marie-Luise/(auch:) Marieluise
aber: Edith Hildegard, Johann Wolfgang, Wolfgang Amadeus

Dr.-Müllersche Apotheke

(243) Den Bindestrich setzt man bei
zusammengesetzten Adjekti-
ven, die aus einem mehrteiligen Namen, aus einem Titel und Namen
oder aus mehreren Namen bestehen:
das Rudolf-Meiersche Ehepaar, die Dr.-
Müllersche Apotheke, die Thurn-und-
Taxissche Post

Müller-Berlin / Müller (Berlin) /
Müller, Berlin

(244) Folgt dem Familiennamen der
Name des Wohn- oder Wahlor-
tes, dann kann man einen Bindestrich
setzen. Daneben sind aber auch andere Schreibungen möglich:
Schulze-Delitzsch, Müller-Franken. Häufig aber auch: Müller (Berlin); Müller,
Berlin, hat ...

2.2 Erdkundliche (geographische) Namen

Nildelta / Jalta-Abkommen

(245) Übersichtliche (nicht zu lange)
Zusammensetzungen mit einem
erdkundlichen Namen als Bestimmungswort schreibt man entsprechend 223 zusammen:
Alpenvorland, Bandungkonferenz, Großglocknermassiv, Manilahanf, Mekong-
delta/(auch:) Mekong-Delta, Moselwein,
Nildelta, Perubalsam, Rapallovertrag,
Rheinfall, Rheinseitenkanal, Weserberg-
land

● Man setzt einen Bindestrich, um
den Namen hervorzuheben (↑ 238)
oder um bei sehr langen Zusammensetzungen die Übersichtlichkeit zu erhöhen (↑ 223):
Donau-Dampfschiffahrtsgesellschaft
Jalta-Abkommen, Mekong-Delta/(auch:)
Mekongdelta

Oder-Neiße-Linie

(246) Wenn mehrere oder mehrteilige
erdkundliche Namen als Be-
stimmung vor einem Grundwort ste-
hen, dann verbindet man die ganze
Fügung mit Bindestrichen (↑ 231):
Dortmund-Ems-Kanal, Oder-Neiße-
Linie, Oder-Spree-Kanal, Rhein-Main-
Donau-Großschiffahrtsstraße, Rhein-
Main-Halle,

Rio-de-la-Plata-Bucht, Saar-Nahe-Bergland

Zur Schreibung von erdkundlichen Namen mit einem Familien- oder Vornamen als Bestimmungswort *(Beringmeer, Sankt-Lorenz-Strom)* ↑ 238 und 240.

Zum Zusammentreffen von drei gleichen Buchstaben *(Hawaii-Insel)* ↑ 224.

Walliser Alpen / Römerbrief

(**247**) Getrennt schreibt man, wenn die Ableitungen auf *-er* von erdkundlichen Namen die Lage bezeichnen:

Walliser Alpen (die Alpen im Wallis), Glatzer Neiße (die von Glatz kommende Neiße), Lüneburger Heide, Millstätter See, Thüringer Wald, die Tiroler Ache (Zufluß des Chiemsees), Köln-Bonner Flughafen aber auch schon: Böhmerwald, Wienerwald

● Es gibt erdkundliche Namen, die auf *-er* enden und keine Ableitungen der obengenannten Art sind. Diese Namen schreibt man nach 245 zusammen:

Glocknergruppe, Brennerpaß

● Zusammen schreibt man, wenn die Ableitungen auf *-er* von erdkundlichen Namen Personen bezeichnen:

Schweizergarde (päpstliche Garde, die aus Schweizern besteht), Römerbrief (Brief an die Römer), Danaergeschenk (Geschenk der Danaer)

Wird an einen erdkundlichen Namen auf *-ee* die Silbe *-er* angehängt, dann schreibt man nur zwei *e*:

Tegernseer Alpen, Falkenseer Forst.

Zur Großschreibung der Ableitungen auf *-er* ↑ 168.

Großbritannien / Groß-Berlin

(**248**) Zusammen schreibt man im allgemeinen Zusammensetzungen aus ungebeugten Adjektiven wie *groß, klein, alt, neu* usw. oder Bezeichnungen für Himmelsrichtungen mit erdkundlichen Namen:

Großbritannien, Hinterindien, Kleinasien, Mitteldeutschland, Mittelfranken, Niederlahnstein, Oberammergau, Untertürkheim, Norddeutschland, Nordwesteuropa, Ostdeutschland, Ostindien, Südafrika, Westdeutschland

● Bei nichtamtlichen Zusätzen setzt man den Bindestrich:

Alt-Heidelberg, Alt-Rom, Alt-Wien, Groß-Berlin, West-Berlin
aber (bei Ableitungen): altheidelbergisch, Westberliner

Die behördliche Schreibung der Ortsnamen schwankt:

Groß-Gerau, Groß Räschen (auch: Groß Räschener), Klein-Auheim (Klein-Auheimer), Neuruppin, Neuwied

Spanisch-Guinea / Sankt (St.) Gallen

(**249**) Den Bindestrich setzt man bei Zusammensetzungen aus endungslosen Adjektiven auf *-isch,* die von Orts-, Länder- und Völkernamen abgeleitet sind, und erdkundlichen Namen:

Spanisch-Guinea, aber (weil behördlich so vorgeschrieben): Bayrischzell, Bergisch Gladbach, Schwäbisch Gmünd, Schwäbisch Hall

● Den Bindestrich setzt man nicht, wenn *Sankt* Teil eines erdkundlichen Namens (↑ aber 240) oder seiner Ableitung auf *-er* ist:

Sankt (St.) Blasien, Sankt (St.) Gallen, Sankt Goarshausen, Sankt Pauli; Sankt Galler

Hamburg-Altona / Frankfurt-Stadt

(**250**) Den Bindestrich setzt man, wenn ein erdkundlicher Name aus zwei erdkundlichen Namen zusammengesetzt ist:

Berlin-Schöneberg (der Hauptort ist stets voranzustellen), Hessen-Nassau, Spree-Athen (scherzh. für: Berlin), Hamburg-Altona, München-Schwabing, Wuppertal-Barmen; Nordrhein-Westfalen, Rheinland-Pfalz

Bei Ableitungen bleibt der Bindestrich erhalten:

Schleswig-Holsteiner, schleswig-holsteinisch

● Den Bindestrich setzt man im allgemeinen bei näheren Bestimmungen, die einem Ortsnamen nachgestellt sind:

Frankfurt-Stadt, Frankfurt-Land, Frankfurt-Stadt und -Land

Ohne Bindestrich schreibt man aber meistens schon nähere Bestimmungen wie:

Köln Hbf, Wiesbaden Süd

Bad Ems

(251) Einen Bindestrich setzt man nicht bei Ortsnamen, denen die Bezeichnung *Bad* vorangeht. Dies gilt auch für Ableitungen. Auch bei Kopplung mit einem anderen Ortsnamen setzt man nur einen Bindestrich zwischen beide Namen:

Bad Ems, Bad Kreuznach; Bad Kreuznacher Saline; Stuttgart-Bad Cannstatt

2.3 Straßennamen

Für die Schreibung von Straßennamen mit den Wörtern

*...allee,   ...brücke,   ...chaussee,
...damm,   ...gasse,   ...graben,
...grund, ...hof, ...markt, ...pfad,
...platz,   ...promenade,   ...ring,
...steg, ...steig, ...straße, ...tor,
...ufer, ...wall, ...weg, ...winkel* u.a.

ist zu beachten, ob ein Substantiv (Name), mehrere Wörter oder ein Adjektiv als Bestimmung vorangeht oder ob ein Adjektiv als Attribut hinzutritt.

Schloßstraße / Goethestraße

(252) Zusammen (ohne Bindestrich) schreibt man
○ Zusammensetzungen aus einem einfachen oder zusammengesetzten

Substantiv (auch Namen) und einem der genannten Grundwörter (↑ 223):

Schloßstraße, Brunnenweg, Bahnhofstraße, Rathausgasse, Bismarckring, Beethovenplatz, Römerstraße, Schlesierweg, Baumgärtnerstraße, Wittelsbacherallee, Becksweg

○ Zusammensetzungen aus einem Ortsnamen auf *-er* und einem Grundwort:

Marienwerderstraße, Drusweilerweg

● Familiennamen stehen in Straßennamen ungebeugt, wenn es sich um Ehrenbenennungen handelt:

Herderstraße, Stresemannplatz

Soll aber ein [altes] Besitzverhältnis ausgedrückt werden, dann tritt oft das Genitiv-s auf. In solchen Fällen ist gelegentlich auch Getrenntschreibung möglich:

Becksweg, Brandtstwiete, Oswaldsgarten (Getrenntschreibung:) Graffelsmanns Kamp

Richard-Wagner-Straße

(253) Wenn mehrere Wörter als Bestimmung vor einem der genannten Grundwörter stehen, verbindet man die ganze Fügung mit Bindestrichen (↑ 231):

Albrecht-Dürer-Allee, Paul-von-Hindenburg-Platz, Von-Repkow-Platz (aber: v.-Repkow-Platz; ↑ 140), Kaiser-Friedrich-Ring, Van-Dyck-Straße, Ernst-Ludwig-Kirchner-Straße, E.T.A.-Hoffmann-Straße, Professor-Sauerbruch-Straße, Bad-Kissingen-Straße, Berliner-Tor-Platz, Runde-Turm-Straße
auch: Sankt-(St.-)Blasien-Straße, Bürgermeister-Dr.-Meier-Platz.

Altmarkt – Kleine Budengasse

(254) Zusammen (ohne Bindestrich) schreibt man Zusammensetzungen aus einem Adjektiv, das nicht gebeugt ist, und einem der genannten Grundwörter.

Altmarkt, Neumarkt, Hochstraße

● Getrennt schreibt man, wenn das Adjektiv als Teil eines Straßennamens gebeugt ist. Dies gilt auch für die Ableitungen von Orts- und Ländernamen auf *-er* und *-isch*. Zur Großschreibung des Adjektivs ↑ 168 und 179f.:

Kleine Budengasse, Große Bleiche, Langer Graben; Münchener Straße, Groß-Gerauer Straße; Französische Straße

V. Silbentrennung

Durch einen waagerechten Strich (Zeichen: -) kann man am Zeilenende Wörter trennen, um den Platz besser auszunutzen.
Da die Worttrennung mitunter lesehemmend wirkt, sollte man nach Möglichkeit die Trennung vermeiden. Dies gilt besonders für Namen.
Einsilbige Wörter kann man nicht trennen.
Bei den anderen ist darauf zu achten, ob ein einfaches Wort vorliegt, z.B. *fordern*, oder ein abgeleitetes Wort, z.B. *Schaffnerin, Besserung* (↑ 255ff.), ein zusammengesetztes Wort, z.B. *Empfangstag, warum, vorlesen*, oder ein Wort mit einem Präfix (Vorsilbe), z.B. *Betreuung, geschwungen, verschwinden* (↑ 260f.).

1 Einfache und abgeleitete Wörter

(255) Mehrsilbige einfache und abgeleitete Wörter trennt man nach den Silben, die sich beim langsamen Sprechen von selbst ergeben, d.h. nach Sprechsilben.
Stehen zwischen zwei Vokalen Buchstaben für Konsonanten, dann gehört der letzte Buchstabe in der Regel zur folgenden Silbe:
Bal-kon, Bett-ler, Fis-kus, for-dern, Freun-de, Ho-tel, kal-kig, Kon-ti-nent, Or-gel, Pla-net, wei-ter, kom-men
Folgende Erläuterungen und Regelungen sind im einzelnen zu beachten.

Trennung der Buchstaben für Konsonanten

(256) Ein einzelner Buchstabe kommt in einfachen und abgeleiteten Wörtern auf die folgende Zeile:
altmo-disch, bo-xen, Ko-pie, nä-hen, Panik, Pa-ris, Pe-ni-zillin, prakti-ka-bel (aber: praktika-bler, ↑ 258), Pro-ku-ra,

rei-zen, Ru-der, tre-ten, Zä-sur; (↑ 27:) Ho-heit, Fro-heit, Jä-heit, Rau-heit, Ro-heit, Zä-heit

● Von mehreren Buchstaben kommt in einfachen und abgeleiteten Wörtern nur der letzte in der Regel auf die folgende Zeile (↑ aber 257):
Ach-sel, an-dere, and-re, An-ker, Balsam, Bett-ler, dräng-te, Drechs-ler, Fas-zikel, Fin-ger, fröh-lich, Fül-lun-gen, gest-rig, heiz-ten, Kan-zel, kämp-fen, Karp-fen, Kat-ze, Knos-pen, kratz-te, Kup-fer, Leip-zig, Lin-se, Mol-ton, nehmen, Satel-lit, Städ-te, steck-ten, tränken, tränk-te, Wan-de-rer, Wand-rer, war-ten, Wes-pe, Win-del, Wol-ken; (↑ 114:) wäß-rig, wäs-se-rig, ich droß-le, ich dros-se-le

Aus 256 folgt: Ein Buchstabe, der einem Suffix (Nachsilbe) vorangeht, die wie *-ant, -är, -in, -ung* usw. mit einem Vokal beginnt, wird mit abgetrennt:
Aktio-när, Bäcke-rei, Besteue-rung, Bette-lei, Bün-del, Ernäh-rung, Erziehung, kan-tisch (zu: Kant), Kapita-lismus, Lüf-tung, mar-xi-stisch (zu: Marx), moo-rig, Musi-kant, nebe-lig, neb-lig, Ra-rität, Röh-richt, Schaffne-rin, wel-lig, Zei-tung

Einzelfälle

(257) Ungetrennt bleiben
○ *ch, ph, rh, sch, sh* und *th*, wenn sie für einen einfachen Konsonanten stehen:
Bü-cher, Fläsch-chen, Häus-chen, Machete; Pro-phet, Geogra-phie; Myr-rhe, Zir-rhose; Fla-sche, Men-schen; Bushel; Hypo-thek, ka-tholisch (aber: Mathilde, ↑ 260)

○ *ss* als Ersatz für *ß* (↑ S. 58 Anm. 1), da *ß* für einen einfachen Konsonanten steht:
Buße – Bu-ße, (mit *ss:*) Busse – Bu-sse; grüßen – grü-ßen (mit *ss:*) grüssen – grüssen; er grüß-te, (mit *ss:*) er grüss-te; ich droßle –ich droß-le, (mit *ss:*) ich drossle – ich dross-le; wäßrig – wäß-rig, (mit *ss:*) wässrig – wäss-rig (aber: ich dros-se-le, wäs-se-rig; ↑ 256)

○ *st* in einfachen und abgeleiteten Wörtern:

Aku-stik, Al-ster, ba-steln, Bast-ler, Cana-sta, Fen-ster, gün-stig, Ham-ster, ha-sten, am läng-sten, Näch-ster, Pfingsten, sie ra-sten mit dem Auto über die Autobahn, sie sau-sten, sech-ste, verwahrlo-stes Kind, We-sten, west-lich, aber: Diens-tag (↑ 260)

○ in Fremdwörtern folgende Verbindungen: *bl, pl, fl, gl, cl, kl, phl; br, pr, dr, tr, fr, gr, cr, kr, phr, str, thr; chth, gn, kn:*

Pu-bli-kum, passa-ble Vorschläge, Di-plom, Tri-fle, Re-gle-ment, cy-clisch, Zy-klus, Ty-phli-tis; Fe-bruar, Le-pra, Hy-drant, neu-tral, Chif-fre, ne-grid, Sakra-ment, Ne-phri-tis, In-du-strie, Erechthei-on, Ma-gnet, Py-kniker

○ *-ski* oder *-sky* in *Tschaikowski, Dostojewski, Kandinsky* usw.:

Tschaikow-ski, Dostojew-ski, Kandin-sky

(258) *ck* wird bei der Worttrennung in *k-k* aufgelöst:

backen – bak-ken, Neckar – Nek-kar, Perücke – Perük-ke, Zucker – Zuk-ker; Zwickau – Zwik-kau

Tritt in Namen wie *Senckenberg* oder in Wörtern, die von Namen abgeleitet sind wie *Bismarckisch, ck* nach einem Konsonanten auf (↑ 85), dann wird *ck* auf die nächste Zeile gesetzt:

Bismarckisch – Bis-mar-ckisch, Francke – Fran-cke, Lincke – Lin-cke, Senckenberg – Sen-cken-berg

Trennung der Buchstaben für Vokale

(259) Ein einzelner Buchstabe für einen Vokal wird nicht abgetrennt. Zweisilbige Wörter, in denen eine Silbe nur aus einem Buchstaben für einen Vokal besteht, können deshalb nicht getrennt werden:

Abend, aber, Ader, Ahorn, Asche, Äste, baue, eben, Eber, Echo, edel, Efeu, Esel, Idee, Igel, Klaue, Laie, oder, Ofen, Ostern, Reue, Taue, traue, Treue, Ufer, Uhu

● Zwei oder mehr Buchstaben, die für einen Vokal stehen, dürfen nicht getrennt werden. Sie können allenfalls zusammen abgetrennt werden:

Aa-le, Bee-re, Moo-re, Waa-ge Ai-tel, Au-ge, äu-ßern, Ei-er, Eu-ter Beef-steak [sprich: bifßtek], Boom [bum], Coes-feld [koß...], Blues [blus], Duisburg [düß...], Fon-due [...dü], Goe-the, Juist [jüßt], Ke-ve-laer [...lar], Moi-re [moare], Bad Oeyn-hau-sen [ön...], Raes-feld [raß...], Soest [soßt], Troisdorf [troß...].
Entsprechend auch: Tel-tow-er [teltoer] Rübchen

● Zwei Buchstaben für Vokale bleiben auch besser ungetrennt, wenn sie eng zusammengehören, wie es in Fremdwörtern vorkommt. Hierher gehören vor allem die Verbindungen *ea, ia, ie, ui, io, oi, ua, äo, eu* und *eo:*

ideal, aber: idea-ler Vorschlag; sozial, aber: sozia-le Frage, asia-tisch; italienisch; Jesuit, aber: jesui-tisch, Flui-dum; Nation, aber: national; Heroin; sexual, aber: Sexua-lität; Istwäo-nen; Aleu-ten; Neon, Meteor, aber: meteo-risch

● Buchstaben für Vokale dürfen getrennt werden, wenn sie für deutlich unterscheidbare Vokale stehen:

Bebau-ung, Betreu-ung, Befrei-ung, böig, etwa-ig, freu-en, ide-ell, Individu-um, Kana-an, kre-ieren, mißtrau-isch, mosaisch, Muse-um, negro-id, Pirä-us, re-ell, Trau-ung, Zo-on politikon
Entsprechend: be-enden, be-erdigen, Kooperation (↑ 260)

2 Zusammengesetzte Wörter

(260) Zusammengesetzte Wörter und Wörter mit einem Präfix (Vorsilbe) werden nach ihren sprachlichen Bestandteilen getrennt:

be-erdigen, be-ob-achten, berg-ab, brüh-heiß, dar-auf, dar-aus, dar-in, dar-über, dar-um, dar-unter, Diens-tag, Donners-tag, ent-erben, Gar-aus, Ge-brechen, Ge-burts-tag, Haus-tür, her-aus, her-ein, her-über, hin-aus, hin-ein, hin-über, kopf-über, Kuh-haut, Leih-haus, Ob-acht, rauh-haarig, Roh-kost, Sams-tag, selb-ständig, Stroh-hut, ver-rutschen, Vieh-herde, voll-auf, voll-enden, vor-an, vor-über, war-um, wohl-auf, wor-in, wor-über, zer-stören

An-ode, an-onym, äs-thetisch, Atmo-sphäre, At-traktion, Di-phthong, Dis-torsion, di-stinguiert, Ex-spektant, Mi-kro-skop, Inter-esse, Chir-urg, ex-akt, Ex-amen, Hekt-ar, Horo-skop, Lin-oleum, Log-arithmus, Manu-skript, Mon-arch, Päd-agoge, Pan-orama, Par-affin, par-allel, Pull-over, Syn-onym, Trans-port, Vit-amin

Mann-heim, Naab-eck, Rolands-eck; Mat-hilde, Diet-helm, Diet-hild[e], Diet-rich, Bert-rand, Phil-ipp; Eisen-ach, Schwarz-ach; Aar-au, Dach-au, Hallert-au/Holled-au, Ilmen-au, Main-au, Wach-au, Wetter-au; Swiss-air

Die einzelnen Bestandteile werden wie einfache Wörter getrennt (↑ 255):

be-tre-ten, ge-schwun-gen, Hei-rats-an-zeige, voll-en-den; At-mo-sphä-re, In-ter-es-se, Mi-kro-skop

● In vielen zusammengesetzten Fremdwörtern und Namen sind die einzelnen Bestandteile nicht ohne weiteres erkennbar (wie bereits Bei-spiele in 260 zeigen). Deshalb wird in folgenden Fällen schon nach Sprechsilben getrennt:

Epi-sode (statt: Epis-ode), Tran-sit (statt: Trans-it), ab-strakt (statt: abs-trakt); Norder-ney; Die-ther, Gün-ther, Wal-ther

Diese Regel wird in vielen ähnlichen Fällen leider noch nicht angewendet. Deshalb empfiehlt es sich, im Einzelfall in einem umfangreichen Wörterbuch (etwa in der Duden-Rechtschreibung) nachzu-

schlagen, das bei jedem Einzelstichwort die Trennung angibt.

Vermeide Trennungen, die zwar den Regeln entsprechen, die aber den Sinn entstellen und lesehemmend sind:

Aussage-inhalt (nicht: Aussagein-halt), Auto-rennen (nicht: Autoren-nen), be-inhalten (nicht: bein-halten), be-stehende (nicht: beste-hende), Gehör-nerven (nicht: Gehörner-ven), Groß-enkel (nicht: Großen-kel), Mal-talent (nicht: Malta-lent), Propan-gas (nicht: Pro-pan-gas), Re-inkarnation (nicht: Rein-karna-tion), Spar-gelder (nicht: Spargel-der), still-stehen (nicht: stillste-hen)

Schiffahrt – Schiff-fahrt

(261) In Zusammensetzungen, bei denen von drei zusammentref-fenden Buchstaben *(Schiff+Fahrt)* einer ausfällt *(Schiffahrt;* ↑225), wird bei der Trennung der dritte wieder eingesetzt:

Schiff + Fahrt → Schiffahrt, (Trennung:) Schiff-fahrt; Bett +Tuch → Bettuch, (Trennung:) Bett-tuch
(aber immer nur mit 2 Buchstaben:) dennoch – den-noch, Dritteil – Drit-teil, Mittag – Mit-tag

Trennungs- und Bindestrich

(262) In Zusammensetzungen und Fügungen mit einem Binde-strich (233ff.) ist bei der Trennung der Bindestrich zugleich der Tren-nungsstrich:

Gemeindegrundsteuer-Versicherungsge-setz
(Trennung:)
Gemeindegrundsteuer-
Versicherungsgesetz
Tee-Ernte
(Trennung:) Tee-
Ernte

VI. Zur Zeichensetzung

Das folgende Kapitel enthält die wichtigsten Regeln über die wichtigsten Satzzeichen[1], und zwar über

den Punkt einschließlich der Auslassungspunkte (↑ 263 ff.)
das Komma (↑ 268 ff.)
das Semikolon (Strichpunkt; ↑ 287 f.)
den Doppelpunkt (↑ 289 f.)
das Fragezeichen (↑ 291 ff.)
das Ausrufezeichen (↑ 294 ff.)
den Gedankenstrich (↑ 297 ff.)
die Anführungszeichen (↑ 300 f.)
den Ergänzungsstrich (↑ 302)
den Apostroph (↑ 303 ff.)

1 Der Punkt

Schlußzeichen von Sätzen

(263) Man setzt einen Punkt ans Ende eines Satzes, um diesen als Aussage zu kennzeichnen (im Unterschied etwa zum Ausruf oder zur Frage):

Das Auto fuhr mit höchster Geschwindigkeit durch das Tor. Ein Mann mit einem schwarzen Filzhut stieg aus. Keiner der Bewohner hatte ihn je zuvor gesehen. Niemand sah ihn. Selbst der Butler nicht. Auch nicht der Gärtner.

● Dies gilt auch
○ nach einem indirekten Frage-, Ausrufe-, Wunsch- oder Befehlssatz:

Er läßt fragen, ob die Herrschaften zu Hause seien. (Mit Komma:) Ob die Herrschaften zu Hause seien, läßt er fragen.
Er rief ihm zu, er solle sich nicht fürchten.
Er wünschte, alles wäre vorbei.
Er befahl ihm, sofort zu gehen.

○ nach einem Wunsch oder Befehl, sofern der Schreiber keine besondere

---

[1] Eine ausführliche Darstellung der einzelnen Satzzeichen findet sich in Band 1 der Duden-Taschenbücher.

Nachdrücklichkeit deutlich machen will:

Bitte geben Sie mir das Buch. Vgl. S. 25 seiner letzten Veröffentlichung.

Nach freistehenden Zeilen

(264) Nach freistehenden Zeilen setzt man keinen Punkt.

Dies betrifft u.a.

○ Grußformeln und Unterschriften unter Briefen und anderen Schriftstücken sowie Anschriften in Briefen und auf Umschlägen:

Hochachtungsvoll
Ihr Peter Müller

Mit herzlichem Gruß
Dein Peter

Herrn
Professor Dr. phil. Karl Meier
Rüdesheimer Straße 29
6200 Wiesbaden

Entsprechend auch nicht auf Briefköpfen und Visitenkarten:

Karl Meier
Versicherungskaufmann

○ Überschriften, Buch- und Zeitungstitel u.ä.:

Der Friede ist gesichert
Nach den schwierigen Verhandlungen zwischen den Vertragspartnern ...

Mannheimer Morgen
„Die Glocke"
„Die Blechtrommel"

Nach Abkürzungen

(265) Für den Punkt nach Abkürzungen ist von zwei Grundregeln auszugehen.

i. A. [gesprochen: im Auftrag]

Den Punkt setzt man oft nach Abkürzungen, die nicht als Abkürzungen, sondern im vollen Wortlaut der zugrundeliegenden Wörter gesprochen werden (i. A. – gesprochen: im Auftrag):

A. D. [gesprochen: Anno Domini], d. h. [gesprochen: das heißt], m. W. [gesprochen: meines Wissens], Weißenburg i. Bay. [gesprochen: Weißenburg in Bayern], u. a. [gesprochen: und andere], z. T. [gesprochen: zum Teil] aber: k. o. [gesprochen: kao], Co. [gesprochen: ko]
Am Satzende: In diesem Buch stehen Gedichte von Goethe, Schiller u. a.

BGB [gesprochen: begebe] – DM

Keinen Punkt setzt man oft nach Abkürzungen, die wie selbständige Wörter gesprochen werden (BGB – gesprochen: begebe), sowie nach Abkürzungen der Maße, Gewichte, Himmelsrichtungen, vieler Münzbezeichnungen und der chemischen Grundstoffe:
ADAC [gesprochen: adeaze] (Allgemeiner Deutscher Automobil-Club), Lkw/LKW [gesprochen: elkawe] (Lastkraftwagen), UKW [gesprochen: ukawe] (Ultrakurzwellen)
aber: AA [gesprochen: Auswärtiges Amt]
m (für: Meter), g (für: Gramm), NO (für: Nordost[en]), DM (für: Deutsche Mark), Na (für: Natrium)
aber: Pfd., Ztr.
Am Satzende: Er ist Mitglied im ADAC.

Nach Ordnungszahlen und Datumsangaben

(266) Nach Zahlen, die in Ziffern geschrieben sind, setzt man einen Punkt, wenn man sie als Ordnungszahlen kennzeichnen will:
der 2. Weltkrieg; zum 5. Mal; Sonntag, den 15. April; Friedrich II., König von Preußen; die Regierung Friedrich Wilhelms III. (des Dritten)

● Nach selbständigen Datumsangaben setzt man nach der Jahreszahl keinen Punkt:
Mannheim, [den oder am] 1. 2. [19]80

Drei Auslassungspunkte

(267) Läßt man in einem Text Teile weg, so setzt man statt dessen drei Punkte [oder einen waagerechten Strich], um die Auslassung zu kennzeichnen. Hinter den Auslassungspunkten steht kein besonderer Schlußpunkt:
Der Horcher an der Wand ...
Er sagte: „Am besten wäre es, ich würde ... "
„Sei still, du –!" schrie er ihn an.
Nach Abkürzungspunkt: In Hofheim a. Ts. ...

Bei Auslassungen in Zitaten kann man nur die drei Punkte verwenden:
Vollständiges Zitat: „Ich gehe", sagte er mit Entschiedenheit. Er nahm seinen Mantel und ging hinaus.
Mit Auslassungen: „Ich gehe", sagte er ... und ging hinaus.

2 Das Komma

2.1 Zwischen Satzteilen

Aufzählungen

(268) In Aufzählungen setzt man ein Komma.
Diese Regel betrifft vor allem
○ Aufzählungen von Wörtern der gleichen Wortart oder von gleichen Wortgruppen:
Feuer, Wasser, Luft und Erde
Alles rennet, rettet, flüchtet.
Wir gingen bei gutem, warmem Wetter spazieren.
Es, es, es und es, es ist ein harter Schluß, weil, weil, weil und weil, weil ich aus Frankfurt muß. Bald ist er hier, bald dort.
Aber ohne Komma, wenn das letzte der Adjektive mit dem Hauptwort einen Gesamtbegriff bildet:
ein Glas dunkles bayrisches Bier
einige bedeutende, lehrreiche physikalische Versuche

○ Aufzählungen in Wohnungsangaben. Zwischen eng zusammengehörende Bezeichnungen setzt man kein Komma:

Weidendamm 4, Hof r., 1 Tr. l. bei Müller

Herr Gustav Meier in Wiesbaden, Wilhelmstraße 24, I. Stock, links hat diesen Antrag gestellt (↑ 270).

○ Aufzählungen von Stellenangaben in Büchern, Schriftstücken u. ä.:

Diese Regel ist im Duden, Rechtschreibung, Zeichensetzung, S. 19, Abschnitt 13 aufgeführt.

Hermes, Zeitschrift für klassische Philologie, Bd. 80, Heft 1, S. 46

Aber bei Hinweisen auf Gesetze, Verordnungen usw. ohne Komma:

§ 6 Abs. 2 Satz 2 der Personalverordnung

Anrede und Ausrufe

(269) Die Anrede trennt man vom übrigen Satz durch Komma ab (zum Komma nach der Anrede im Brief ↑ 295):

Klaus, kommst du heute mittag?
So hör doch, Klaus, was ich Dir sage!
Ich habe von Dir, lieber Thilo, lange nichts mehr gehört.

Die Interjektion (Ausrufewort) trennt man durch Komma ab, wenn man eine gewisse Nachdrücklichkeit deutlich machen will (↑ 294). Dies gilt auch für Bejahungen und Verneinungen:

Ach, das ist schade! Oh, das ist schlecht!
Ja, daran ist nicht zu zweifeln. Nein, das sollst du nicht tun!

Aber ohne Komma, wenn man die Interjektion als eng zum folgenden Text gehörend kennzeichnen will:

Ach was soll ich nur machen? Ja wenn er nur käme!

Einschübe und Zusätze

(270) Einschübe und Zusätze trennt man durch Komma ab.

Diese Regel betrifft vor allem

○ nachgestellte Appositionen (Beisätze):

Johannes Gutenberg, der Erfinder der Buchdruckerkunst, wurde in Mainz geboren.

In Frankfurt, der bekannten Handelsstadt, befindet sich ein großes Messegelände.

Aber ohne Komma, wenn der Beisatz zum Namen gehört:

Friedrich der Große ist der bedeutendste König aus dem Hause Hohenzollern.

Heinrich der Löwe wurde im Dom zu Braunschweig beigesetzt.

○ nachgestellte genauere Bestimmungen. Dies gilt vor allem für Bestimmungen, die durch

und zwar, und das, nämlich, namentlich, insbesondere, d. h., d. i., z. B. u. a.

eingeleitet werden:

Er liebte die Musik, namentlich die Lieder Schuberts, seit seiner Jugend.

Das Schiff kommt wöchentlich einmal, und zwar sonntags.

Also schreiben Sie mir ja, und das bald.

Herr Meier, Frankfurt, hat dies veranlaßt (↑ 268).

Ich gehe Dienstag, abends [um 20 Uhr], ins Theater.

● Gelegentlich ist es dem Schreibenden freigestellt, ob er einen Satzteil als Einschub werten will oder nicht:

Er wollte seinem Leiden insbesondere durch Verzicht auf Alkohol wirksam begegnen. Oder: Er wollte seinem Leiden, insbesondere durch Verzicht auf Alkohol, wirksam begegnen.

Der Inspektor, [Herr] Meier, hat dies angeordnet. Oder: Der Inspektor [Herr] Meier hat dies angeordnet.

Nicht als Einschübe gelten die Attribute, die zwischen dem Artikel, Pronomen u. ä. und dem Substantiv stehen:

der dich prüfende Lehrer
eine wenn auch noch so bescheidene Forderung
diese den Betrieb stark belastenden Ausgaben

Datum

271 Das Datum trennt man von Orts-, Wochentags- und Uhrzeitangaben durch Komma ab:

Berlin, den 4. Juli 1960; Dienstag, den 6.9.1960
Mittwoch, den 25. Juli, 20 Uhr findet die Sitzung statt.
Die Begegnung findet statt in Berlin, Montag, den 9. September, [vormittags] 11 Uhr.
Mannheim, im November 1966; Frankfurt, Weihnachten 1967

Namen und Titel

272 Mehrere vorangestellte [Vor]-namen und Titel trennt man nicht durch Komma ab:

Hans Albert Schulze (aber: Schulze, Hans Albert)
Direktor Professor Dr. Müller

In der Regel setzt man auch kein Komma bei *geb., verh., verw.* usw.:

Frau Martha Schneider geb. Kühn; auch: Frau Martha Schneider, geb. Kühn (↑ 270)
Herr Schneider und Frau Martha[,] geb. Kühn

Konjunktionen (Bindewörter) zwischen Satzteilen

273 Vor die Konjunktionen[1]
aber, allein, [je]doch, sondern, vielmehr u.ä.

sowie zwischen Satzteile, die durch die Konjunktionen *bald – bald, einerseits – and[e]rerseits (anderseits), einesteils – ander[e]nteils, jetzt – jetzt, ob – ob, teils – teils, nicht nur – sondern auch, halb – halb* u.ä. verbunden sind,
setzt man ein Komma:

---

[1] Als Konjunktionen werden hier der Einfachheit halber auch die einem Satzteil vorangestellten Adverbien (z.B. *teils – teils*) bezeichnet.

Du bist klug, aber faul. Nicht mein Wille, sondern dein Wille geschehe!
Bald ist er in Frankfurt, bald in München, bald in Hannover. Die Kinder spielten teils auf der Straße, teils im Garten. Er ist nicht nur ein guter Schüler, sondern auch ein guter Sportler.

274 Vor die Konjunktionen
und, sowie, wie, sowohl – als auch, weder – noch, oder, beziehungsweise (bzw.), entweder – oder (↑ aber 280)
setzt man kein Komma:

Heute oder morgen will er dich besuchen. Der Becher war innen wie außen vergoldet. Die Kinder essen sowohl Äpfel als auch Birnen gerne. Weder mir noch ihm ist es gelungen. Du mußt entweder das eine oder das andere tun. (In Verbindung mit einer Aufzählung:) Ich weiß weder seinen Namen noch seinen Vornamen, noch sein Alter, noch seine Anschrift.
Mit Infinitivgruppe oder Nebensatz nach *und:* Übe Nächstenliebe ohne Aufdringlichkeit *und* ohne den andern zu verletzen.
Die Mutter kaufte der Tochter einen Koffer, einen Mantel, ein Kleid *und* was sie sonst noch für die Reise brauchte.
Bei Weiterführung des übergeordneten Satzes ist es freigestellt, Kommas zu setzen:
Der Dichter schildert wahrheitsgetreu und ohne sich auch nur einmal im Ton zu vergreifen[,] das innige Verhältnis zwischen Herr und Hund. Ich sah ein Licht, das mich und die mit mir reisten[,] umleuchtete.

275 Vor *als, wie, denn* setzt man
○ kein Komma, wenn sie nur Satzteile verbinden:

Gisela ist größer als Ingeborg. Karl ist so stark wie Ludwig. Er war größer als Dichter denn als Maler. Man kann dem Frierenden keine größere Wohltat erweisen als ihn in einen geheizten Raum führen.

○ ein Komma erst bei Vergleichssätzen mit eigener Personalform des Prädikats und bei dem Infinitiv mit *zu:*

Ilse ist größer, als ihre Mutter im gleichen Alter war. Komm so schnell, wie du kannst. Er ist reicher, als du denkst. Ich konnte nichts Besseres tun, als ins Bett zu gehen.

Bei den mit *wie* angeschlossenen Fügungen steht es frei, Kommas zu setzen:

Die Auslagen[,] wie Post- und Fernsprechgebühren, Eintrittsgelder, Fahrkosten u. dgl.[,] ersetzen wir Ihnen.

2.2 Bei Partizip- und Infinitivgruppen

Partizipgruppe

(276) Bei Partizipien ohne nähere oder mit einer nur kurzen näheren Bestimmung setzt man kein Komma:

Lachend kam er auf mich zu. Gelangweilt schaute er zum Fenster hinaus. Schreiend und johlend durchstreiften sie die Straßen. Verschmitzt lächelnd schaute er zu.

In allen anderen Fällen setzt man ein Komma:

Von der Pracht des Festes angelockt, strömten viele Fremde herbei. Er sank, zu Tode getroffen, zu Boden. Da stürzte er zu meinen Füßen, meine Knie umklammernd.

● Eine Ausnahme machen die mit *entsprechend* gebildeten Gruppen, weil *entsprechend* als Präposition gilt:

Seinem Vorschlag entsprechend ist das Haus verkauft worden.

Auch bei *betreffend* fehlt schon oft das Komma:

Unser letztes Schreiben betreffend den Bruch des Vertrages ... Aber: Unser letztes Schreiben, betreffend den Bruch des Vertrages, ...

● Es gibt Wortgruppen, die den Partizipgruppen gleichzustellen sind, weil man sich *habend, seiend* o. ä. hinzudenken kann:

Neben ihm saß sein Freund, *die Hände im Nacken,* und hörte der Unterhaltung zu.

Vom Alter blind, bettelte er sich durch das Land.
Allmählich kühner, begann er zu pfeifen.

Infinitivgruppe

Man unterscheidet zwischen dem erweiterten und nichterweiterten (bloßen, reinen) Infinitiv. Ein Infinitiv gilt bereits als erweitert, wenn *ohne zu, um zu, als zu, anstatt zu* an Stelle des bloßen *zu* stehen.

Erweiterter Infinitiv

(277) Den erweiterten Infinitiv trennt man in der Regel durch Komma ab:

Sie ging in die Stadt, um einzukaufen. Er redete, anstatt zu handeln. Seine Absicht, den Armen zu helfen, erfüllte uns mit Freude. Er hatte keine Gelegenheit, sich zu waschen.

Es war sein fester Wille, ihn über die Vorgänge aufzuklären und ihn dabei zu warnen. Es ist sinnvoller, ein gutes Buch zu lesen, als einen schlechten Film zu sehen.

Alles, was du tun mußt, ist, deinen Namen an die Tafel zu schreiben.

Ihm zu folgen, bin ich jetzt nicht bereit. Wir hoffen, ihren Wünschen entsprochen zu haben, und grüßen Sie ... Ich komme, [um] zu helfen.

Sich selbst zu besiegen, das ist der schönste Sieg.

Aber ohne hinweisendes Wort: Sich selbst zu besiegen ist der schönste Sieg.

Ich erinnere mich, widersprochen zu haben. Er war begierig, gelobt zu werden. Ich bin der festen Überzeugung, verraten worden zu sein.

(278) Immer ohne Komma steht der erweiterte Infinitiv in Verbindung mit den Hilfsverben *sein, haben, brauchen, pflegen* und *scheinen:*

Sie haben nichts zu verlieren. Die Wunde ist sehr schwer zu heilen. Er pflegt uns jeden Sonntag zu besuchen.

Bei den Verben *anfangen, aufhören, beginnen, bitten, fürchten, gedenken, glauben, helfen, hoffen, versuchen, wissen, wünschen* u.a.
ist die Setzung des Kommas freigestellt:

Er glaubt[,] mich mit diesen Einwänden zu überzeugen. Wir bitten[,] diesen Auftrag schnell zu erledigen.

● Tritt zu diesen Verben eine Umstandsangabe oder eine Ergänzung, dann muß ein Komma gesetzt werden:

Der Arzt glaubte fest, den Kranken durch eine Operation retten zu können. Er bat mich, morgen wiederzukommen.

Nichterweiterter Infinitiv mit zu

(279) Den nichterweiterten Infinitiv mit *zu* trennt man in der Regel nicht durch Komma ab:

Ich befehle dir zu gehen. Die Schwierigkeit unterzukommen war sehr groß. Er ist bereit zu arbeiten. Zu arbeiten ist er bereit.
Aber mit einem hinweisenden Wort:
Zu arbeiten, dazu ist er bereit.
Bei mehreren vorangestellten Infinitiven:
Zu raten und zu helfen war er immer bereit.
Aber eingeschoben oder nachgestellt:
Er war immer bereit, zu raten und zu helfen. Ohne den Willen, zu lernen und zu arbeiten, wird er es nicht schaffen.

Vermeide Mißverständnisse durch überlegte Setzung des Kommas:

Wir rieten ihm, zu folgen.
Aber: Wir rieten, ihm zu folgen.

2.3 Zwischen Sätzen

Hauptsätze

(280) Vollständige Hauptsätze trennt man durch Komma, auch wenn sie durch
und, oder, beziehungsweise, weder – noch, entweder – oder
verbunden sind:

Ich kam, ich sah, ich siegte. Eines Tages, es war mitten im Winter, hielt ein Auto vor der Tür (↑ aber 299).
Die Bremsen quietschten laut, und ein Auto hielt vor der Tür. Ihr müßt euere Aufgaben gewissenhaft erledigen, oder ihr versagt in der Prüfung.
Er hat ihm weder beruflich geholfen, noch hat er seine künstlerischen Anlagen gefördert. Du bist jetzt entweder lieb, oder du gehst nach Hause.
Grüße Deinen lieben Mann vielmals von mir, und sei selbst herzlich gegrüßt ...

● Man setzt kein Komma
○ bei kurzen und eng zusammengehörenden Hauptsätzen, die durch *und* bzw. *oder* verbunden sind:

Er grübelte und er grübelte.
Er lief oder er fuhr. Tue recht und scheue niemand!

○ bei Hauptsätzen, die durch *und* bzw. *oder* verbunden sind und einen Satzteil gemeinsam haben:

Sie bestiegen den Wagen und fuhren nach Hause. Ich gehe in das Theater oder besuche ein Konzert. Max geht ins Kino und Karl ins Konzert.
Sofort nach dem Aufstehen ging der Vater zum Strand und [sofort nach dem Aufstehen] öffnete die Mutter die Fenster. Aber: Sofort nach dem Aufstehen ging der Vater zum Strand, und die Mutter öffnete die Fenster.

Haupt- und Nebensatz

(281) Zwischen Haupt- und Nebensatz setzt man ein Komma:

Wenn es möglich ist, erledigen wir deinen Auftrag sofort. „Ich bin satt", sagte er.
Hunde, die viel bellen, beißen nicht.
Es freut mich sehr, daß du gesund bist.
Ich weiß, er ist unschuldig.

● Es steht kein Komma nach der direkten Rede, wenn diese durch ein Fragezeichen oder durch ein Ausrufezeichen abgeschlossen ist:

„Was ist dies für ein Käfer?" fragte er.
„Du bist ein Verräter!" rief er.

Nebensätze

(282) Nebensätze, die nicht durch *und* oder *oder* verbunden sind, trennt man durch Komma:

Ich höre, daß du nicht nur nichts erspart hast, sondern daß du auch noch dein Erbteil vergeudest. Er war zu klug, als daß er in die Falle gegangen wäre, die man ihm gestellt hatte.
Aber: Du kannst es glauben, daß ich deinen Vorschlag ernst nehme und daß ich ihn sicher verwirkliche. Er sagte, er wisse es und der Vorgang sei ihm völlig klar.
Er sagte, er habe das Buch nicht oder er habe es verlegt, so daß er es nicht finden könne.

Verkürzte Sätze

(283) In verkürzten Sätzen wird nur der Hauptbegriff wiedergegeben, während die übrigen Satzteile weggelassen sind.

Man setzt das Komma wie im vollständigen Satz:

Vielleicht [geschieht es], daß er noch eintrifft. Ich weiß nicht, was [ich] anfangen [soll]. [Wenn die] Ehre verloren [ist], [so ist] alles verloren.

● Das auffordernd betonte *bitte* kann man als verkürzten Satz auffassen und durch ein Komma abtrennen:

Bitte, kommen Sie einmal her!
Geben Sie mir, bitte, das Buch.

Versteht man *bitte* als Höflichkeitsformel, dann setzt man kein Komma:

Bitte wenden Sie sich an uns.
Geben Sie mir bitte das Buch.

● Formelhafte Wendungen, die mit *wie, wenn* u.ä. eingeleitet sind, werden oft, besonders am Ende des Satzes, nicht durch Komma abgetrennt:

Seine Darlegungen endeten wie folgt (= folgendermaßen). Er legte sich wie üblich (= üblicherweise) um 10 Uhr ins Bett. Er ging wie immer (= gewohntermaßen) nach dem Mittagessen spazieren. Komme doch wenn möglich (= möglichst) schon um 17 Uhr!

2.4 Bei Konjunktionen mit Adverb/Partizip u.ä.

Bestimmte Konjunktionen (z. B. *daß, weil, wenn* u.a.) werden gelegentlich zusammen mit einem Adverb, Partizip u.a. gebraucht:

vorausgesetzt, daß
vor allem[,] weil
auch wenn

Für das Setzen des Kommas bei solchen Fügungen gelten folgende Richtlinien.

Komma vor der Konjunktion

(284) Bei einer ersten Gruppe von Fügungen setzt man ein Komma zwischen die Teile, d. h. vor die Konjunktion:

abgesehen [davon], daß
angenommen, daß/wenn
ausgenommen, daß/wenn
es sei denn, daß
gesetzt [den Fall], daß
in der Annahme/Erwartung/Hoffnung, daß
unter der Bedingung, daß
vorausgesetzt, daß u. a.
Ich komme gern, es sei denn, daß ich selbst Besuch bekomme.
Er befürwortete den Antrag unter der Bedingung, daß die genannten Voraussetzungen erfüllt seien.

Komma vor der Fügung

(285) Bei einer zweiten Gruppe von Fügungen setzt man ein Komma nur vor die Fügung als Ganzes, nicht vor die Konjunktion:

als daß; [an]statt daß
auch wenn
außer daß/wenn/wo
namentlich wenn
nämlich daß/wenn
ohne daß
selbst wenn
ungeachtet daß,
aber (mit Komma): ungeachtet dessen, daß u.a.

Der Plan ist viel zu einfach, als daß man sich davon Hilfe versprechen könnte.

Sie hat uns geholfen, ohne daß sie es weiß.

Schwankender Gebrauch

286 Will man das Adverb u.ä. vor der Konjunktion betonen und hervorheben, dann setzt man das Komma zwischen die Teile, d.h. vor die Konjunktion. Will man die Fügung als Einheit verstanden wissen, dann setzt man vor die ganze Fügung ein Komma:

besonders, wenn neben: besonders wenn

geschweige denn, daß; aber: geschweige, daß neben: geschweige daß

gleichviel, ob/wenn/wo neben: gleichviel ob/wenn/wo

im Fall[e]/in dem Fall[e], daß neben: im Fall[e] daß

insbesondere, wenn neben: insbesondere wenn

insofern/insoweit, als neben: insofern/insoweit als

je nachdem, ob/wie neben: je nachdem ob/wie

kaum, daß neben: kaum daß

um so eher/mehr/weniger, als neben: um so eher/mehr/weniger als

vor allem, wenn/weil neben: vor allem wenn/weil u.a.

Ich habe ihn nicht gesehen, geschweige, daß ich ihn sprechen konnte.

(Neben:) Ich glaube nicht einmal, daß er anruft, geschweige daß er vorbeikommt.

Ich werde dies tun, [es ist] gleichviel, ob er darüber böse ist.

(Neben:) Ich werde dir schreiben, gleichviel wo ich auch bin.

3 Das Semikolon (Der Strichpunkt)

Mit dem Semikolon kann man – generell gesprochen – innerhalb eines Textes gleichrangige (nebengeordnete) Teile voneinander abgrenzen.

Man kann daher entsprechend der stilistischen Absicht zwischen dem Semikolon und anderen Zeichen wählen.

Abgrenzung von Hauptsätzen

287 Man kann bei mehreren aufeinanderfolgenden Hauptsätzen [+ Nebensatz] zwischen Punkt, Semikolon und Komma wählen, um einen hohen, mittleren bzw. geringeren Grad der Abgrenzung auszudrücken.

Das Semikolon verwendet man vor allem dann, wenn eine gedankliche Beziehung (Folgerung, Gegensatz, Begründung u.ä.) zwischen den Sätzen besteht.

Diese kann man zusätzlich durch Verbindungswörter wie *denn, doch, darum, deswegen, daher, deshalb, allein* ausdrücken:

Die Größe der Werbeabteilung ist in den einzelnen Unternehmen verschieden; sie richtet sich nach der Größe des gesamten Betriebes.

Du kannst mitgehen; doch besser wäre es, du bliebst zu Hause. Die Angelegenheit ist erledigt; darum wollen wir nicht länger streiten.

Gliederung längerer Textstücke

288 Man kann durch den Wechsel von Semikolon und Komma längere Textstücke in gleichrangige Teile gliedern.

Dabei kennzeichnet man die größeren Teile oder Gruppen durch das stärker abgrenzende Semikolon, die kleineren Einheiten durch das schwächer abgrenzende Komma. So etwa

○ in mehrfach zusammengesetzten Sätzen (Perioden):

Er kann seine Mitarbeiter selbst auswählen, er kann die Themen, den Umfang sowie die Honorare festlegen; selbst die technische Durchführung kann er mit bestimmen: aber aus allem darf er keinen Anspruch auf Sonderrechte ableiten.

O in längeren Aufzählungen mit gleichstrukturierten Gruppen:

In dieser fruchtbaren Gegend wachsen Roggen, Gerste, Weizen; Kirschen, Pflaumen, Äpfel; Tabak und Hopfen; ferner die verschiedensten Arten von Nutzhölzern.

4 Der Doppelpunkt

Angekündigte Sätze oder Satzstücke

(289) Mit dem Doppelpunkt deutet man an, daß zuvor angekündigte Textstellen folgen.

Dies gilt

O für die direkte (wörtliche) Rede und sonstige Sätze. Das erste Wort nach dem Doppelpunkt wird groß geschrieben:

Er sagte: „Mein Name ist von Gruber."
Die einzige Antwort war: „Kein Kommentar!"
Er fragte mich: „Weshalb darf ich das nicht?" und begann zu schimpfen.
Gebrauchsanweisung: Man nehme jede zweite Stunde eine Tablette.

O für Einzelwörter und Satzstücke, die auch die Form einer Aufzählung haben können. Das erste Wort nach dem Doppelpunkt wird klein geschrieben, sofern es von sich aus nicht groß geschrieben wird:

Latein: befriedigend. Die Kinder mußten schreiben: das neue Auto.
Nächste TÜV-Untersuchung: 30.9.1960
W.A. Mozart: Symphonie in g-Moll, KV 550
Er hat schon mehrere Länder besucht: Frankreich, Spanien, Rumänien, Polen.
Die Namen der Monate sind folgende: Januar, Februar, März usw.
Er hatte alles verloren: seine Frau, seine Kinder und sein ganzes Vermögen.
Aber (vor *d.h., d.i. nämlich* ohne Doppelpunkt, sondern mit Komma):
Das Jahr hat zwölf Monate, nämlich Januar, Februar, März usw.

Zusammenfassung oder Folgerung

(290) Mit dem Doppelpunkt deutet man an, daß man im Folgenden das vorher Gesagte zusammenfaßt oder aus diesem eine Folgerung zieht. Das erste Wort nach dem Doppelpunkt wird klein geschrieben, sofern es von sich aus nicht groß geschrieben wird:

Haus und Hof, Geld und Gut: alles ist verloren.
Er ist umsichtig und entschlossen: man kann ihm also vertrauen.
Er kann seine Mitarbeiter selbst auswählen, er kann die Themen, den Umfang sowie die Honorare festlegen; selbst die technische Durchführung kann er mitbestimmen: aber aus allem darf er keinen Anspruch auf Sonderrechte ableiten.

5 Das Fragezeichen

Schlußzeichen von Sätzen

(291) Man setzt ein Fragezeichen ans Ende eines Satzes, um diesen als direkte Frage zu kennzeichnen (im Unterschied etwa zur Aussage oder zur Aufforderung):

Hat das Auto Scheibenbremsen?
Wie heißt du?
„Weshalb darf ich das nicht?" fragte er.
Wirst du denn nie vernünftig?
Du kommst morgen? [Ich dachte, erst übermorgen.]
Fertig? (für: Bist du/Seid ihr fertig?)
Bitte ein Stück Torte. – Mit oder ohne Sahne?
So spät? Erst nächste Woche?
Wie, warum, weshalb?
Wie, du bist umgezogen?
Zur Betonung der Nachdrücklichkeit einer jeden Frage:
Wie? Warum? Weshalb?

Nach Überschriften

(292) Nach Überschriften setzt man ein Fragezeichen, sofern sie als Fragen verstanden werden sollen:

Keine Chance für eine diplomatische Lösung?
Unter den gegenwärtigen Umständen bestehen keine Aussichten auf eine diplomatische Lösung des Grenzkonflikts ...

Ausdruck des Zweifels u. ä.

(293) Wenn man ausdrücken will, daß man Teile des Textes bezweifelt, für unbewiesen hält u. ä., dann kann man dies durch ein Fragezeichen in runden Klammern deutlich machen:

Friedrich I. Barbarossa, geb. in Waiblingen(?) 1122 oder um 1125
Der Mann behauptet, das Geld gefunden(?) zu haben.

6 Das Ausrufezeichen

Schlußzeichen von Sätzen

(294) Man setzt ein Ausrufezeichen ans Ende eines Satzes, um diesen als direkte Aufforderung, als direkten Wunsch oder Befehl zu kennzeichnen (im Unterschied etwa zur Aussage oder Frage) und eine besondere Nachdrücklichkeit deutlich zu machen:

Komm sofort zurück! Rauchen verboten! „Kommt sofort zu mir!" befahl er. Wäre die Prüfung doch schon vorbei! Hätte ich ihm doch nicht geglaubt! Einsteigen! Sofort! Ruhe!

● Dies gilt auch, wenn man einen Satz als direkten Ausruf kennzeichnen und eine besondere Nachdrücklichkeit deutlich machen will:

Das ist ja großartig! Welch ein Glück! Wie lange soll ich noch warten! Was erlauben Sie sich! Wie lange ist das schon her!
„Pfui!" rief er entrüstet. Ach! Pst! Au! „Nein, nein!" rief er.
Zur Betonung der besonderen Nachdrücklichkeit eines jeden Ausrufs:
„Nein! Nein! Ich sage noch einmal: Nein!"

Nach freistehenden Zeilen

(295) In Überschriften setzt man ein Ausrufezeichen, sofern sie als Aufforderungen u.ä. bzw. als Ausrufe im obigen Sinne verstanden werden sollen:

Kämpft für den Frieden!
Kampf!
Ein Wort, das besser ungesagt geblieben wäre!

● Nach der Anrede in Briefen setzt man ein Ausrufezeichen; der eigentliche Brieftext muß dann groß begonnen werden. An Stelle des Ausrufezeichens kann auch ein Komma stehen; der eigentliche Brieftext wird dann klein begonnen, sofern das erste Wort von sich aus nicht groß geschrieben wird:

Liebe Eltern!
Nach einem herrlichen Flug erreichten wir Paris.
Liebe Eltern,
nach einem herrlichen Flug erreichten wir Paris.

Nach den üblichen Schlußformeln in Briefen wie *Hochachtungsvoll, Mit herzlichem Gruß* u.ä. setzt man kein Ausrufezeichen.

Zur Hervorhebung

(296) Wenn man Teile im Text besonders hervorheben will, dann kann man dies durch ein Ausrufezeichen in runden Klammern deutlich machen:

Er ist 100 m in 10,2(!) gelaufen.
Alle drei Einbrecher arbeiteten früher als Schweißer(!) und galten als Fachmänner.

7 Der Gedankenstrich

Kennzeichnung des Wechsels

(297) Mit dem Gedankenstrich kann man den Wechsel zwischen Textstücken kennzeichnen.

Im einzelnen kann man damit andeuten

○ den Wechsel des Themas oder Gedankens:

... weswegen wir nicht in der Lage sind, Ihren Wunsch zu erfüllen. – Der begonnene Bau des Zweigwerkes muß gestoppt werden, weil ...

○ den Wechsel des Sprechers:

„Komm bitte einmal her!" – „Ja, ich komme sofort."

Ankündigung

(298) Mit dem Gedankenstrich kann man ankündigen, daß etwas Unerwartetes folgt:

Plötzlich – ein vielstimmiger Schreckensruf!
Zuletzt tat er das, woran niemand gedacht hatte – er beging Selbstmord.

Einschübe

(299) Man setzt den Gedankenstrich (als Doppelzeichen) vor und nach Einschüben, die das Gesagte näher erklären oder nachdrücklich betonen. Die Satzzeichen des einschließenden Satzes müssen so stehen, als ob der mit Gedankenstrichen eingeschlossene Textteil nicht stünde:

Aus diesem Grund glaubte ich, an dieser – für meine weitere Untersuchung sehr wichtigen – Stelle nicht mehr der bisherigen Regelung folgen zu können.
Sie wundern sich – schreiben Sie –, daß ich so selten von mir hören lasse.
Philipp verließ – im Gegensatz zu seinem Vater, der 40 weite Reisen unternommen hatte – Spanien nicht mehr.
Ich fürchte – hoffentlich mit Unrecht! –, daß du krank bist.
Er lehrte uns – erinnern Sie sich noch? –, unerbittlich gegen uns, nachsichtig gegen andere zu sein.
Verächtlich rief er ihm zu – er wandte kaum den Kopf dabei –: „Was willst du hier?"

8 Die Anführungszeichen

Die Anführungszeichen („Gänsefüßchen") haben im allgemeinen folgende Form: „...", "...", »...«, als halbe Anführungszeichen: ,...', '...', ›...‹.

Bei wörtlicher Wiedergabe

(300) Mit den Anführungszeichen kennzeichnet man etwas, das wörtlich wiedergegeben wird.

Dies können sein

○ eine wörtlich wiedergegebene (direkte) Rede:

„Es ist unbegreiflich, wie ich das hatte vergessen können", sagte er.

○ ein wörtlich wiedergegebener Gedanke:

„So – das war also Paris", dachte Frank.

○ ein wörtlich wiedergegebener Text:

Über das Ausscheidungsspiel berichtete ein Journalist: „Das Stadion glich einem Hexenkessel. Das Publikum stürmte auf das Spielfeld und bedrohte den Schiedsrichter."
„Eile mit Weile!" ist ein altes Sprichwort.
Mit Einschub:
„Wir haben die feste Absicht, die Strecke stillzulegen", erklärte der Vertreter der Bahn, „aber die Entscheidung der Regierung steht noch aus."
Wenn in einem mit Anführungszeichen versehenen Text eine wörtliche Rede oder eine andere Anführung eingeschoben wird, so erhält diese halbe Anführungszeichen.
Goethe schrieb: „Wielands ‚Oberon' wird als ein Meisterstück angesehen werden." „Das war ein Satz aus Eichendorffs ‚Ahnung und Gegenwart'", sagte er.

○ Titel von Büchern, Filmen, Gedichten; Namen von Zeitungen, Zeitschriften u.ä.:

Das Buch „Die Blechtrommel" ist von Grass.

Wir haben den Film „Die Wüste lebt" gesehen.
Er hält sich die Zeitung „Frankfurter Allgemeine".
Zur Groß- und Kleinschreibung ↑ 141ff. und 179ff.
Bei allgemein bekannten Titeln oder bei eindeutiger Angabe eines Titels können die Anführungszeichen fehlen:
Die Klasse liest zur Zeit Goethes Faust.

Bei Kennzeichnung einzelner Wörter u.ä.

(301) Mit den Anführungszeichen kennzeichnet man einzelne Wörter, Wortteile, Begriffe u.ä., über die man etwas aussagen will:

Das Wort „fälisch" ist gebildet in Anlehnung an West„falen". Der Begriff „Existentialismus" wird heute vielfältig verwendet.
Die Anführungszeichen stehen nicht, wenn die Wörter usw. auf andere Weise gekennzeichnet sind:
Der Begriff EXISTENTIALISMUS wird heute vielfältig verwendet. Nach dem Verhältniswort *längs* kann der Wesfall oder der Wemfall stehen.

9 Der Ergänzungsstrich

(302) In zusammengesetzten Wörtern (z.B. *Feldfrüchte, Gartenfrüchte*) setzt man dann einen Ergänzungsstrich, wenn ein gleicher Bestandteil (Früchte) ausgelassen wird und zu ergänzen ist *(Feld- und Gartenfrüchte)*.

ab- und zunehmen (abnehmen und zunehmen), aber: ab und zu (gelegentlich) nehmen; An- und Abfahrt (Anfahrt und Abfahrt), das Auf- und Abspringen, bergauf und -ab. Ein- und Ausgang, ein- bis zweimal (mit Ziffern: 1- bis 2mal), Feld- und Gartenfrüchte, Gepäckannahme und -ausgabe, Groß- oder Kleinschreibung, herbeirufen und -winken, Hin- und Rückmarsch, Laub- und Na-

delbäume, Lederherstellung und -vertrieb, Ost- und Nordsee, Ost- und Westdeutschland, vor- und nachsprechen, vor- und rückwärts, Zusammen- und Getrenntschreibung, Zu- und Abnahme
Balkon-, Garten- und Campingmöbel.
Mit Zahlen: $\frac{1}{2}$-, $\frac{1}{4}$- und $\frac{1}{8}$zöllig, $\frac{1}{4}$- und $\frac{1}{2}$fach

Beachte besonders die Schreibung in den folgenden Fällen:

Auto und radfahren (Auto fahren und radfahren), aber: rad- und Auto fahren (radfahren und Auto fahren); Disziplin und maßhalten, aber: maß- und Disziplin halten; Eß-, Mist-, Gewehr- und andere Gabeln, Geld- und andere Sorgen; kommunistische und Arbeiterparteien, aber: Arbeiter- und kommunistische Parteien; öffentliche und Privatmittel, aber: Privat- und öffentliche Mittel; private und Herzenssachen, aber: Herzens- und private Sachen; Textilgroß- und -einzelhandel (Textilgroßhandel und Textileinzelhandel)
(Mit Straßennamen:) Ecke [der] Ansbacher und Motzstraße, Ecke [der] Motz- und Ansbacher Straße; Ecke [der] Schiersteiner und Wolfram-von-Eschenbach-Straße, Ecke [der] Wolfram-von-Eschenbach- und Schiersteiner Straße

● Wörter mit einem Präfix (Vorsilbe; z.B. *be-, ent-, ver-, zer-*) oder mit einem Suffix (Nachsilbe; z.B. *-heit, -keit, -lich, -schaft*) schreibt man besser aus:

beladen und entladen (besser nicht: be- und entladen), Bekanntschaften und Freundschaften (besser nicht: Bekannt- und Freundschaften); Schüler und Schülerinnen (nicht: Schüler und -innen); (beachte aber:) saft- und kraftlos
Nur in Ausnahmefällen wird der Wortteil hinter dem Ergänzungsstrich groß geschrieben, nämlich wenn die erste Zusammensetzung einen Bindestrich hat oder zu dem ersten Bestandteil ein erklärender Zusatz tritt:
Haftpflicht-Versicherungsgesellschaft und -Versicherte; Primär-(Haupt-) Strom; Natrium-(Na-)Lampe

10 Der Apostroph (das Auslassungszeichen)

Mit dem Apostroph macht man deutlich, daß man Buchstaben, die üblicherweise geschrieben werden, ausgelassen hat.

Am Anfang eines Wortes

303 Man setzt den Apostroph, wenn man am Anfang eines Wortes Buchstaben ausläßt. Steht die verkürzte Form am Anfang eines Satzes, dann wird sie klein geschrieben:

In's (des) Teufels Küche. 's (Es) ist unglaublich! Er macht sich's (es) gemütlich. Wirf die Decken und 's (das) Gepäck ins Auto. Mir geht's (es) gut. Geht's gut? So 'n (ein) Blödsinn! Wir steigen 'nauf (hinauf). Kommen Sie näher 'ran (heran). Ausnahmen: Reinfall, reinfallen

● Man setzt keinen Apostroph
○ bei *mal* (ugs. für: *einmal*) und *was* (ugs. für: *etwas*):

Kommen Sie mal her. Haben Sie noch was auf dem Herzen?

○ bei Verschmelzungen aus Präposition und Artikel (z.B. *an + das → ans*), die (z.T. auch in der Hochsprache) allgemein gebräuchlich sind:

(Präposition + *das:*) ans, aufs, durchs, fürs, hinters, ins, übers, ums, unters, vors; (Präposition + *dem:*) am, beim, hinterm, im, überm, unterm, vorm, zum; (Präposition + *den:*) hintern, übern, untern, vorn; (Präposition + *der:*) zur Umgangssprachliche und mundartliche Verschmelzungen werden mit Apostroph geschrieben:

Er sitzt auf'm (für: auf dem) Tisch. Wir gehen in'n (für: in den) Zirkus.

Am Ende eines Wortes
Schluß-e bei Substantiven

304 Man setzt den Apostroph bei Substantiven für das ausgelassene Schluß-e:

Freud', Fried', Füß', Gebirg', Hos', Lieb', Näh', Sünd', Treu'

● Man setzt keinen Apostroph bei Doppelformen und wenn das Schluß-e eines Substantives, das in einer festen Verbindung oder einem formelhaften Wortpaar steht, ausgelassen wird:

Bursch neben Bursche, Hirt neben Hirte; meiner Treu!
Aug um Auge, Hab und Gut, Freud und Leid, Lieb und Lust, Müh und Not, Reih und Glied, weder Rast noch Ruh, Speis und Trank, auf Treu und Glauben
Dies gilt vereinzelt auch bei Wörtern aus anderen Wortarten:
eh', ohn', aber: eh und je

Schluß-e bei Adjektiven und Adverbien

305 Man setzt keinen Apostroph bei den verkürzten Formen der Adjektive und Adverbien auf -e:

bang, behend, blöd, bös, fad, gern, heut, irr, leis, öd, trüb

Schluß-e bei Verbformen

306 Man setzt den Apostroph für das ausgefallene -e in folgenden Formen der Verben:

○ 1. Person Singular Präsens Indikativ:

Das hör' ich gern. Ich schreib' dir bald. Ich lass' dich nicht. Ich fass' ihn. Ich frag' dich: ...

○ 1. und 3. Person Singular Präteritium Indikativ:

Ich hatt' einen Kameraden. Das Wasser rauscht', das Wasser schwoll ...

○ 1. und 3. Person Präsens und Präteritium Konjunktiv:

Gesteh' ich's nur! Behüt' dich Gott! Könnt' ich (er) das nur erreichen!

○ bei nicht allgemein üblichen kürzeren Nebenformen:

Fordr' ihn heraus! Handl' so weiter!

● Man setzt keinen Apostroph
○ bei festen Grußformeln wie *Grüß Gott!*

○ bei den verkürzten Imperativen:

bleib!, geh!, trink!, frag nicht!, laß!, faß!
(bei Ersatz von ß durch ss:) lass!, fass!

Andere Buchstaben am Ende eines Wortes

(307) Man setzt den Apostroph
○ für andere am Ende eines Wortes ausgelassene Buchstaben (Beugungsendungen):

Wissen S' (Sie) schon? Er begehrt kein' (keinen) Dank. Es ist gericht' (gerichtet).

○ für das weggelassene -o von *Santo* und für das weggelassene -a von *Santa* vor männlichen bzw. weiblichen italienischen Namen, die mit Selbstlaut beginnen:

Sant'Angelo, Sant'Agata

● Man setzt keinen Apostroph bei ungebeugten Adjektiven und Indefinitivpronomen:

groß Geschrei, gut Wetter, solch Glück, manch tapfrer Held, ein einzig Wort, welch Freude

Im Wortinnern

-i- in Wörtern mit -ig und -isch

(308) Man setzt den Apostroph im allgemeinen für das ausgelassene -i- der mit -ig und -isch gebildeten Adjektive und Pronomen:

ein'ge Leute, wen'ge Stunden, heil'ge Eide, ew'ger Bund; ird'sche Güter, weib'sches Gejammer, märk'sche Heimat

● Man setzt keinen Apostroph für das ausgelassene -i- des Suffixes -isch, wenn es sich um Adjektive handelt, die von Eigennamen abgeleitet sind:

Goethesche (oder Goethische) Lyrik, Mozartsche Sonate, Grimmsche Märchen, Hegelsche Schule, Heusssche Schriften, das Schulze-Delitzschsche Gedankengut. Ausnahme (alter [Firmen]-name): Cotta'sche Buchhandlung

Unbetontes -e-

(309) Man setzt keinen Apostroph, wenn man im Wortinnern ein unbetontes -e- ausläßt und die kürzere von zwei möglichen Wortformen gebraucht:

stehn (statt: stehen), befrein (statt: befreien), ich wechsle (statt: ich wechsele), auf verlornem (statt: auf verlorenem) Posten
Abrieglung (statt: Abriegelung), Wandrer (statt: Wanderer), Englein (statt: Engelein)
wacklig (statt: wackelig), wäßrig (statt: wässerig), edle (statt: edele) Menschen, trockner (statt: trockener) Boden, raschste (statt: rascheste)
unsre (statt: unsere)

● Man setzt den Apostroph, wenn man das -e- mehr in vereinzeltem Gebrauch ausläßt:

Well'n, g'nug, Bau'r

Größere Lautgruppen

(310) Man setzt den Apostroph gelegentlich dann, wenn man in Namen größere Buchstabengruppen wegläßt:

Lu'hafen (Ludwigshafen am Rhein), Ku'damm (Kurfürstendamm), D'dorf (Düsseldorf)

Bildung des Genitivs u.ä.

(311) Man setzt den Apostroph zur Kennzeichnung des Genitivs von Namen, die auf *s, ss, ß, tz, z, x* enden. Auch bei Abkürzungen dieser Namen muß im Genitiv der Apostroph gesetzt werden:

Hans Sachs' Gedichte (Hans S.' Gedichte), Aristoteles' Schriften (A.' Schriften), Le Mans' Umgebung, in Morpheus' Armen; Grass' Blechtrommel
Voß' Übersetzung
Ringelnatz' Gedichte, Britz' Heimatgeschichte

Giraudoux' Werke, Bordeaux' Hafenanlage

Entsprechend auch bei: Hans, Franz, Götz, Kolumbus, Leibniz, Löns, Marx, Tacitus, Thomas

(312) Man setzt den Apostroph im allgemeinen auch zur Kennzeichnung des Genitivs von nichtdeutschen Namen, die im Auslaut [etwa] so ausgesprochen werden wie Namen, die auf einen Zischlaut enden:

Anatole France' Werke, Mendès-France' Politik, George Meredith' Dichtungen, Cyrankiewicz' Staatsbesuch

● Man setzt keinen Apostroph
○ vor dem Genitiv-s von Namen, auch nicht bei ihren Abkürzungen:

Brechts Dramen (B.s Dramen), Bismarcks Politik, Hamburgs Straßen, Ludwig Thomas Erzählungen (zu L. Thoma)

○ bei Abkürzungen mit der Beugungsendung -s:

Lkws, MGs, GmbHs

Wörterverzeichnis

Die Zahlen hinter den einzelnen Stichwörtern verweisen auf die Zahlen jener Abschnitte, in denen das Wort behandelt wird.

Alb 108f.
albern 93
Albrecht-Dürer-Allee 253
Älchen 40
Alex[ander] 130
Alfons/Alfred 70
Algrafie/Algraphie 72
Alkohol 93
Alla-breve-Takt 231
alle: vor allem [,] wenn/
   weil 286
Allee 60/-allee (in
   Straßennamen) 252
Allee-Ecke 224
allein 273, 287
allemal 39, 216
allerart 215
allerart [Neues] 160, 169,
   172
allerdings 129
allerhand/allerlei
   [Neues] 160, 169, 172
alles [Ekelhafte] 160,
   169, 172
allezeit 215
Allgäu 93
allgemein 93/Allgemein
   163, 179f.
allgemeinbildend 208
allmählich 41, 81, 93
Alltag 93
allzu viel/allzuviel 221
Almosen 93
Alp/Alpe/Alpen 107, 109
Alpdrücken 108f.
Alpenvorland 245
Alphabet 59, 71
alpin 78/alpine Kombi-
   nation 179f.
Alptraum 108f.
als 93, 137, 275/als
   daß 285
als ob/Als-ob 174f.
Als-ob-Philosophie 231
also 93
alt/Alt 93, 118, 162,
   179f./Alt singen 151/
   seit alters 153
Altai 51

Altäre 40
älter/älteste 45, 47, 50
alters: seit alters 153
altertümlich 124
Altfrauengesicht usw.
   231
Alt-Heidelberg/altheidel-
   bergisch usw. 248
altklug 235
Altmarkt 254
Altvorder[e]n 74
am [Lesen] 94, 156, 303/
   Am (in Namen) 182
-am (infam) 35
Amateur 105
Amboß 94, 115
Ameise 53
amen 35, 39
Amenorrhö[e] 102, 110
Amman 35
Ammann 95
Amok 86
a-Moll usw. 176, 226
Amrum 94
Amsel 94
Amt 94/von Amts
   wegen 153
Amtsgericht 137
Amulett 117
Amur 119
an/ankommen usw. 95/
   An (in Namen) 182
-an (Organ) 35
Anakoluth 116
Ananas/Ananasse 112
Anbeginn: von Anbeginn
   153
Anbetracht: in Anbe-
   tracht 153
-and (Doktorand) 118
An-den-Haaren-Herbei-
   ziehen 232
ander[e]nfalls 215
anderenteils 137, 273
anderes Neue 160, 169, 172
andermal 39, 216
ändern 45
aneinander denken/an-
   einanderfügen 189

Anfang: von Anfang an
   153
anfangs 129, 174
angeln gehen 184
angenommen, daß/wenn
   284
angesichts 174
angestrengt 89
angewandt/Angewandt
   181
Angina pectoris 87
Anglo-Amerikaner/
   Angloamerikaner 237
Angriff: in Angriff neh-
   men 153
angst/Angst 89, 150
angsterfüllt 203
anhand/an Hand 154
Anhängsel 129
anheuern 66, 69
Anis 78
Anita 78
Anker: vor Anker gehen
   153
Anlaß geben 151/aus
   Anlaß 153
Annahme 39
in der Annahme, daß 284
Annemarie 242
Annonceuse 105
annullieren 76
anonym 127
ans 303
Anspruch erheben 151
Anspruch: in Anspruch
   nehmen 153
[an]statt 117, 174/[an-]
   statt daß 285
anstatt/an Zahlungs
   Statt 154
anstelle/an Stelle 154
Anstoß nehmen 151
ansträngen 50
anstrengen 50/anstren-
   gend 118/anstren-
   gendste 137
-ant (Fabrikant) 118
Anteil nehmen 151
Anteilnahme 39

ante mortem 148
Anthracen/Anthrazen 139
Anthrazit 116, 139
antik 78
Antipathie 116
Antlitz 118, 134
An- und Abfahrt 302
Antwort 118
-anz (Arroganz) 135
Anzug: im Anzug sein 153
Apathie 116
Apfelsine 78
Apokryph 71
Apostroph 71
Apotheke 116
April 93
Apsis 108
Aquarell 48
-ar (Exemplar) 35
Ar 35, 39
Ara 35
Ära 40, 44
Aralsee 35
Arara 35
Arbeiter-und-Bauern-Fakultät 231
Architekt 86/Architektur 119
Are 35, 39
Ären 40, 44
arg 89/Arg 164
ärgerlich 81
Argwohn 98/argwöhnisch 103
Arie 35
Aristoteles' Schriften 311
Arithmetik 116
arithmetisches Mittel 179f.
arm/Arm 162
armdick usw. 210
Armee 60
Armeleuteschloß/Arm[e]-sünderglocke 231
Armvoll [Reisig] 210
Arndt 117
Arnulf 70

Aroma 96
Aronstab 35, 39
Arroganz 135
Arsen 59
Art 35
Arthur 116
artig 81
Artischocke 85
artverwandt 203
Arznei/Arzt 135
As/Asse 112
-as (Atlas) 112, 114
Asbest 114
Äsche 46, 50
aschgrau/Aschgrau 166
Ase/Asen 35, 40
Äser 40
Asphalt 71
Aspirin 78
aß 35, 39, 115
Asse 112
aßen 35
Associated Press 114
Asthenie 116
Ästhetik 116
Asthma 116
Asyl 127
-at (Automat) 35
Ataman 35
Atem: außer Atem sein 153
atem[be]raubend 118, 201
Athanasia 116
Athen 116
Äther 116
Äthiopien 116
Athlet 116
Äthyl 116
atlantisch/Atlantisch 179f.
Atlas/Atlasses 112
Atmosphäre 71
Atoll 93
Attacke 85
ätzen 46, 134
auch wenn 285
Au[e] 56/Au[en] 58

aufeinander achten/aufeinanderfolgen 189
auffallend 118/auffallendste 137
aufgrund/auf Grund 154
aufkrempeln 47
Auflehnung 89
auf'm 303
Aufnahme 39
aufrecht halten/aufrechterhalten 186
Aufruhr 120
aufs 303
Aufschluß geben 151
aufschwemmen 47
aufsehenerregend 201
aufsichtführend 201
Auftrag: im Auftrag[e] 153
auf und ab 187
Auf- und Abspringen 302
auf und nieder/Auf und Nieder 174f.
aufwärts gehen/aufwärtsgehen 187
aufwendig 47
Aug um Auge 304
augenblicks 129
Äuglein 63
aus 114/Aus 174f.
ausbooten 97
Aus-der-Haut-Fahren 232
auseinander setzen/auseinandersetzen 189
ausflippen/er flippt aus 107, 109
Ausfuhr 120
ausgangs 174
ausgenommen, daß/wenn 284
ausgiebig 76, 80
ausmerzen 47, 135
Ausnahme 38
aus noch ein 187
Auspuffflamme 225
Ausschänke 47, 50
ausschenken 47, 50
Außerachtlassen 232

außer daß/wenn/wo 285
außerstand setzen 154
äußerste/Äußerste 163
auswärtig/Auswärtig
179 f.
auswendig lernen 187
authentifizieren 135/au-
thentisch 116
Autobus/Autobusse 112
Auto[bus]fahren 151
Autocar 92, 148
Autocoat 92, 148
Auto-Cross 92, 114, 148
Auto und radfahren 302
Autograf/Autograph 72
Automat 35
Avenue/Avenuen 126
Axel 130 f.
axial 130 f.
Axiom 130 f.
Axt 130

B

b/B 176
Baal 36
Baar 36, 39
Baas 36/Baase 36, 39
Backe 85
Backen 85, 88
Bäcker-Anna 241
Backhendel 47
Bad 35, 39, 118
Bad Ems usw. 251
Bäder 40
badengehen/baden gehen
184
Bad-Kissingen-Straße 253
Baedeker 42
Bahn 37, 39/Bahn fahren
151
bahnbrechend 201 f.
bahnen 39
Bahnhofstraße 252
Bahrain 37
Bahre 37, 39
Baht 37, 39
Bai 51, 55
bairisch 51

Baisse 43
Bajazzo 136
Bakkalaureat 87
Bakkarat 87
Bakken 87 f.
Balalaika 51
bald 93, 118/bald-bald
273
Balg 89
Balken 86
Balkon 86
Bällchen 93
Ball schlagen 151
Bällchen 45, 50/Bälle 45
Balletteuse 105/Ballett-
theater 225, 261/Bal-
letttruppe 225
ballst 93, 138/ballt 93,
118
ballte 93
Balsam 35, 93
Balte 93
Balthasar 116
baltoslawisch 237
balzt 93, 138
Ban 35, 39
Banalität 40
band 95, 118
Band 95, 118
Bandit 78
bandst 137
Bandungkonferenz 245
bang 90/Bange 150
Bank 90
bankrott/Bankrott 117,
150/Bankrotteur 105
bannt 95, 118
Banus 35, 39
bar/Bar 35, 39
-bar (zahlbar) 35
Bär 40
Baracke 85
Barbar 35
bardauz 132
Bariton singen 151
Barium 35
Barkeeper 79
barock 85
Baron 96

Bart 35/Bärte 40
Bartholomäus 116
Base 35, 39
Basedow 99
Basic English 87, 148
baß 115
Baß 115
Baß singen 151
bat 35, 39, 118
baten 35
Batik 60
Batzen 134
Bau: sich in/im Bau be-
finden 153
Bauausstellung 224
bauchreden 195
bauen 56
Baumgärtnerstraße 252
Baumwollese 225, 261
bausparen 195
bauz 132
Bayer 54
bay[e]risch/Bayern 54
Bayreuth 54
Bayrischzell 249
Beamter 94
Beat/Beatle/Beatnik 79
Beat generation 79, 148
Beat tanzen 151
becircen 139
Becksweg 252
mit Bedacht 153
bedauern 56
bedecktsamig 208
bedeutend 118/bedeu-
tendste 137/am be-
deutendsten 291
Bedingung: unter der Be-
dingung, daß 284
Beefsteak/Beeftea 79
Beelzebub 60
Beere 60
Beeren 60, 62
Beeren suchen 151
Beet 60, 62
Beete 60, 62/Beeten 60, 62
Beethoven 60/Beethoven-
Festhalle 239/Beet-
hovenplatz 252

befähigt 83
Befehl geben 151/zu Be-
fehl 153/befehlen 61
befiehl/befiehlt 77, 80
befiel 76, 80
befleißigt 83
befreien 53, 55
Befund: nach Befund 153
Begehr/begehren 61 f.
begeistertste 137
beglaubigt 83
begradigt 83
Begriff: im Begriff sein
153
Begum/Begumen 94
begünstigt 83
behend[e]/Behendigkeit
47, 50
beherzigt 83
Behmlot 61
Behörde 102
behufs 174
bei 53, 55
Bei 53, 55
beidemal 39, 216
beieinander sein/bei-
einandersein 189
beileibe/zu Leibe rücken
154
beim [Backen] 156, 303
Beiname 39
beisammen sein/beisam-
mensein 187
beiseite legen 154
Beißzange 115
beizeiten 154
beizen 132
bejahen 39
bekannt/Bekannt-
schaft 95
bekannt machen/be-
kanntmachen 186
bekräftigt 83
bekreuzigt 83
belästigt 83
Belchen 48, 50, 93
belemmert 47, 50
bellen 48
Bellevue 126

bellt 93
belobigt 83
Belt 48, 93
bemächtigt 83
bemoost 97
benachrichtigt 83
Bendel 47
benedeien 53
Benefiz 132
benehmen 61
benetzen 47
benötigt 83
Benzin 78
benzinverschmiert 203
bequem 59
Berberitze 134
Beredsamkeit 117 f.
beredt 59, 117
bereinigt 83
bereit halten/bereithal-
ten 186
bereits 137
Berg: zu Berge stehen
153/bergan usw. 218/
bergauf und -ab 302
Bergisch Gladbach 249
bergsteigen 195
Berg-und-Tal-Bahn 231
Bericht 83/Bericht erstatten 151
berichtigt 83
Beringmeer 238
Berliner-Tor-Platz 253
Berlin-Schöneberg 250
Bernkastel-Kues 121
Berta/Berthilde 116
Bertina/Bertine 116
Bertold/Berthold 111,
116
Bertram 94, 116
berüchtigt 83
beruhigt 83
besann 95
Bescheid geben 151
bescheinigt 83
Beschlag: in Beschlag
nehmen 153
beschuldigt 83
Beschwerde 59

beseelen 62
beseitigt 83
beseligen 62
Besitz/besitzen 134
besitzanzeigend 202
besonder/Besonder 163
besonders[,] wenn 286
besorgniserregend 201
besser/Besser 163/beste/
Beste 163/zum besten
halten 164
bestehenbleiben 184
Bestelliste 225, 261
Bestell-Nr. 227
Besuch: zu Besuch sein
153
bete 59, 62
Bete 59, 62
beteiligt 83
Betel 59, 62, 116
beten 59, 62
Beten 59, 62
Bethel 59, 62, 116
Bethesda 116
Bethlehem 59, 62, 116
betören 102
Betracht: in Betracht
kommen 153
beträchtlich: um ein be-
trächtliches 163
Betreff: in betreff/in dem
Betreff 153
betreffend 276/betreffs
174
betretbar 35
Betrieb: in Betrieb setzen
153
betriebsam 35/Betriebs-
rat 107
Bett/Bettchen 117
Bettler 117
Bettstatt 117
Bettuch 225, 229, 261
Bet-Tuch 229
Beule 66, 69
Beute 66
bevor/bevorstehen
usw. 73
Bewährung 89

bewandt/Bewandtnis 117
Beweis führen 151/unter
　Beweis stellen 153
bewogen 96, 101
beziehungsweise (bzw.)
　274, 280
bezirzen 139
Bezug: in bezug/mit Be-
　zug 153
Bibel 78
Biber 78
Bibliothek 116
Biedermann 95
biegt 89
Biene 76
Bier 76/Bier-Meier
　241
Bikini 78
Bilanz 135
bildhauern 195
Billard spielen 151
Billett 117
billig 82/um ein billiges
　163
bimbam/Bimbam 174f.
bin 95
Birke 86, 111
bis 114f.
Bisam/Bisame 94
bisher 115/bisherig/Bis-
　herig 163
bislang 115
Bismarck 85, 88/Bis-
　marcks Politik 312/
　Bismarckisch 258/Bis-
　marckring 252
Bismark 86, 88
biß/Biß 115
bißchen/Bißchen 115,
　172
Bittag 225, 261
bitte 283
bitterböse usw. 235
Biwak 86
Black Power 49, 57, 85
Blahe 37
blähen 41
blaken/bläken 84
blamabel 35

blank 89/blank machen/
　blankziehen 186/
　blankpoliert 205
Blässe 47, 50/Bläß-
　huhn 50
bläst 115
blau 56/Blau 166, 179f./
　blauäugig 224/
　bläuen 63, 69/blau
　färben/blaumachen
　186/blaugelb 236/
　blaugestreift 205/
　bläulich 63, 69, 81/
　Blauweißporzellan
　236
bleiben (haltenbleiben
　usw.) 184
bleibenlassen/bleiben las-
　sen 184
Blennorrhö[e] 102, 110
Blesse 47, 50
Blessur 50
bleuen 65f., 69
blieb/blieben 76
blies 76, 115/bliesen 76
blind sein/blindfliegen
　186
blindlings 129
blinken 86
blinzeln 135
Blitz/blitzen/blitzt 134
Blitz-K.-o. 233
Blockade 85
Blockschrift schreiben
　151
blöken 84
blond/Blond 166
bloß 96
Bluejeans/Blue jeans 121,
　148
Blues 121, 123
blühen 125/blühte[n]
　125, 128
Blume 119
Bluse 119, 123
Blust 119
Blüte[n] 124, 128
blutreinigend/blutstil-
　lend 202

Bö 102
Bob[sleigh] 108
Bob fahren 151
Bochum 96
Bock springen 151
Bockshorn 129
Bodybuilder 148
Bodycheck 48, 85
Bohle/Bohlen 98, 101
Böhmen 103/Böhmer-
　wald 247/böhmisch/
　Böhmisch 179f.
Bohne 98
bohnern 98
bohr[e]/bohren 98, 101
Boiler 67, 69
Bollnow 99
bolzen 135
Bonus 96
Boom 122
Boonekamp 97
Boot/Boote 56, 97, 101
Boot fahren 151
Bootlegger 122
Bor 96, 101
Bora 96, 101
Borax 130
Bordeaux' Hafenanlage
　311
Borg: auf Borg kaufen
　153
boshaft 115
Boß 115
bot/boten 96, 101
Bötchen/Bötlein 56, 102
Bote 96, 101
Böttcher 117
Bottich[e] 82
Bowdenzug 57
Bowle/Bowlen 99, 101
Box 130
boxen 130
Boy 68
Boykott 68
Boy-Scout 57, 68
Brahma 37
Brahms 37
Bräme 40
Bramsegel 35

Brand 95, 118/in Brand
  stecken 153/Brände
  47/branden 95
Brandbrief 95/-mal 39,
  95, 118
brandmarken/-schatzen
  95, 195
Brandstätte 117
Brandtstwiete 252
Brandy 49
brannte/Branntkalk 95/
  -wein 95, 118
Brathendel 47
Bratsche 35/Bratsche
  spielen 151
brauen 56
braun/Braun 56, 58, 166
bräun-gelb 236/braunge-
  streift 204f.
Bräutigam[e] 94
brav 73
Brechts Dramen 312
Brehm 61
breit: weit und breit 162/
  Breit 163
Breite Straße 179f.
Bremerhaven 124
brennen 47
Brennerpaß 247
Brennessel 225, 261
brennt 95/brennte 47
brenzeln 47/brenzlig 95
Brezel 132
Briekäse 76
Bries/Briesel 76, 80
briet/brieten 76
Brikett 86
Brisanz 135
Brise 78, 80
Britz' Heimatgeschichte
  311
Brockes 84
Brod, Max 118
Brokat 35
Brom 96
Brombeere 94
Bronze 135
Brosame/Brosamen 35
Broschüre 124

Brot 118/Brot backen
  151
Brötchen 102
Browning 57f.
bruchlanden/-rechnen
  195
-brücke (in Straßen-
  namen) 252
brühen/brühte 125
Brühl 125
Brumaire 43
Brummbär/brummt 94
brünett 48
Brunhild[e] 119
Brunnenweg 252
Bruno 119
brustschwimmen 195
brüten 124
Buch führen 151
Buchs[baum] 130f.
Buchse 130f.
Büchse 130f.
buck[e]lig 81
Buer 121
Bug 89
Bügel 124
buhen 120
buhlen 120
Buhmann 120
Buhne 120, 223
Bühne 125, 128
bullig 81
Bülow 99, 124
Buna 119, 123
Bund 118/im Bunde mit
  153
Bungalow 99
bunt 118
Bure 119
bürgerlich 179f.
Bürgermeister-Dr.-Meier-
  Platz 253
Bürgertum 119
Bus/Busse 112
Bus fahren 151
Buße 119
buten 119
Butze 134
Büx/Buxe 130f.

bye-bye 54f.
Byron 54

C

c/C 176
Caballero 92
Cäcilia/Cäcilie 139
Cadmium 92
Café 1, 59, 62, 92
Calcium 92
Calgon 92
California 92
Californium 92
Callboy/Callgirl 92, 148
Calvados 92
Calvin/calvinisch/Calvi-
  nismus 92
Calypso 92
Camburg 92
Camembert 92
Camera obscura 92
Cammin 92
Camp 49f., 92
Campari 92
campen/Camping/camp-
  ten 49f., 92
Camus 92
Canada 92
Canasta 92
Cancan 92
Capri 92
Capua 92
Caracas 92
Caracciola 92
Caravan 92
Carbid 92
Carmen 92
Carossa 92
Carotin 92
Carrara 92
Cartoon 122
Caruso 92
Casanova 92
Cäsar 139
Cash 49
Cäsium 139
Castel Gandolfo 92
Catch-as-catch-can 49,
  92, 148

Dienstag/dienstags/
Dienstagabend 76, 149
diensttuend 201
dienstverpflichten 195
Dieselmotor 238
diesmal 39, 216
diesseits/Diesseits 137, 174f.
Dietbald/Dietbert 76, 116
Diet[h]er/Dietmar 76, 116
Dietrich[e] 76, 82
Differenz 135
Diktat 86
Dilthey 54
DIN-A4-Blatt 233
Dining-room 122, 148
Diolen 59
Diphtherie 71, 116
Diphthong 71, 116
Dipl.-Chem. usw. 227
dir/Dir 78, 144, 172f.
direkt/Direktor 86
Dirigent 48
Discountgeschäft 57
Diseur/Diseuse 105
Diskothek 116
Dispatcher 49
Distanz 135
Disziplin halten 151, 302
Diwan 78
doch 287
Doeskin 99
Dohle/Dohlen 98, 101
Do-it-yourself-Bewe-
gung 231
Doktor 86/Doktorand 118
Dolde 93
Dole/Dolen 96, 101
doll 93
Dollbord 93
Dolman 93, 95
Dolme 98
Dolmetscher 93
Dom 96
Dompteur/Dompteuse 94, 105

Don 95
Donau-Dampfschiffahrts-
gesellschaft 245
Donnerstag/donnerstags/
Donnerstag abend 149
doof 97
Doornkaat 36, 97
Dorn 111
Dorothea 116/Dorothee 60, 116
Dorpat 111
dorrt 111
dort 111
Dortmund-Ems-Kanal 246
dortzulande 154
dösen 102
Double 122
down 57
Downing Street 57
dpa-Meldung 227
Dragoman 95
Draht 37/Drähte 41/
drahten 37
Draisine 51
drakonisch/Drakonisch 167
Dralon 35
Drama 35
Drän 40
Drangsal 35, 39
dräuen 64
drauf[los]gehen 188
Drawing-room 122, 148
drechseln/Drechsler 130
dreckbespritzt 203
Dreesch 60
drehen/dreht 61
drei/Drei 170, 179f.
Dreikaiserbündnis 234
Dreikant[stahl]/3kant-
[stahl] 230
dreimal 39, 216/dreima-
lig 39, 81
dreißigjährig/Dreißigjäh-
rig 179f.
dreist 114
$^3/_4$-Liter-Flasche 234

Dreß 114
Dreyfus 54
Driesch 60
Drillich 82
dringend 118
dritte/Dritte 170, 179f.
Dritteil 225, 261
drittel/Drittel 171
Dr.-Müllersche Apo-
theke 243
drob 108, 109
droh[e]n/droht 98
Drohne 98
dröhnen 103
drollig 81
Dropkick 85, 108, 109, 148
Drop-out 57, 108, 109, 148
Drops 108, 109
drossele/droßle 114
drückend 118
Druckerzeugnis 229
drum und dran/Drum
und Dran 174f.
Drusweilerweg 252
D-Schicht 226
Dschiggetai 51
du/Du 119, 144, 172f.
Dübel 124
Duellant 118
Duisburg 126
Duma 119
Dummejungenstreich 231
dun 119
Duncker 85, 258
Düne 124
düngt 90
dunkel/Dunkel 86, 164
dünkt 90
dünn 95/durch dick und
dünn 162/dünnbe-
wachsen 205/dünn-
schalig 81/dünnste 95
Dunst/dünste/Dünste/
dünsten/dunstig 95
Duo 119
Dur 119/A-Dur usw. 176, 226

durcheinander 189
durchgehends 137
durchs 303
Dürer 124
dürfen (kommen dürfen
    usw.) 184
dürr/dürrste/dürrsten 111
Durst/dürste/dürsten 111
durstig 81
dusselig/dußlig 81
duster/düster 119
Dutzend 118, 134
dutzendmal 39, 216
duzen 132
Dyck 54
Dynamo 127
Dysmenorrhö[e] 102, 110
D-Zug 227/D-Zug-artig
    233

E

e/E 176
ebbt/ebbte ab 107
eben gegessen 206
eben so/ebenso/ebenso-
    gut 220
Echse 130
echtblau/echtgolden
    usw. 207 f.
-eck (32eck) 230
Edikt 86
Edith[a] 116/Edith Hilde-
    gard 242
-ee (Allee) 60
-eel (Krakeel) 60
Efeu 70
eh'/ehe 61/eh und je 304
Ehe 61/ehebrechen 195
Ehegemahl 39
eheste 174
Ehre/in Ehren 153
ehrenhalber 218
Ehrenmal/Ehrenname 39
ehrlich 81
-ei (Bäckerei) 53
Ei 53
eichen 53
Eidam/Eidame 94
Eidechse 130

eidesstattlich/an Eides
    Statt 117
Eigenname 39
eigens 137
eigentlich 81, 118
eigentümlich 124
eilends 137/eilig 81
-einander (aneinander
    usw.) 189
einbleuen 65, 69
einerseits-and[e]rerseits
    137, 273
einesteils-ander[e]nteils
    137, 273
eingangs 174
Eingeweide 55
Einhalt gebieten 151
103er 230
[ein]hundertmal 39, 216 f.
einigemal 39, 216 f.
einiges [Neue] 160, 169,
    172
einig sein 187
Einlaß 115
einmal 39, 216 f./einmalig
    39, 81
ein- bis zweimal 302
Einnahme 39
eins/Eins 137, 170
einschenken 47
Einsicht haben 151
1,5fach 230
Einspruch erheben 151
einsteinsch/Einsteinsch
    167
einstmals 137
einstweilig 81
einstweilige Verfügung
    179 f.
Ein- und Ausgang 302
Einwaage 39
einzeln/Einzeln 163
Eisenbahn fahren 151
eisenverarbeitend 202
eisern/Eisern 179 f.
eislaufen 152
eitel 53, 55
Ekel 84/ekelerregend
    201 f./ek[e]lig 81

-el[e] (Kamel) 59
Elefant 70, 118
elegant 118/Eleganz 135
elektrisch 86
Elen 59
Elend 118
elf 70, 170
Elfenbein 70
Elfmeter[marke]/11meter-
    [marke] 230
Elfriede 76
Elisa/Elise 78
Elisabeth 78, 116
Elite 78
-ell (Aquarell) 48
E-Lok 227
Elritze 134
Elsbeth 116
Eltern 47, 50
-em (extrem) 59
Emblem 59
Emigrant 118
Emil 59, 78
Emir 78
empfehlen 61
empfiehl/empfiehlt 77
empfinden 94/empfind-
    sam 35
empor 96
empören 102
end-/End-/Endchen/end-
    gültig/Endlein/End-
    spurt usw. 118
-end (Exequend) 48, 118
Ende/zu Ende 153
Endungs-t 176
engbefreundet 205
Engerling 48
englisch/Englisch 165,
    179 ff.
ent-/Ent-/entäußern/Ent-
    chen/Entgelt/Entlein
    usw. 118
-ent (Agent) 48, 118
entbehren/entbehrt 61 f.
Ente 48
Enterich 82
entfernteste 163
entgleist 115

entpuppt 107
entschlossenste 137
entsprechend 276
entweder-oder 274, 280/
    Entweder-Oder 174f.
entzwei sein/entzweibre-
    chen 187
entzweien 53
-enz (Konferenz) 135
Epidemie 76
er/Er 172f.
er-/erarbeiten usw. 111
erbittertste 137
erblich 107
Erbse 108
Erde 59
erfolgversprechend 201f.
erfrischend 118
Ergebnis 107
ergiebig 76, 80
erhält 93
erhalten bleiben 184
erhellt 93
erkor/erkoren 96
erläutern 63
ernst/Ernst 150
ernstgemeint 205
ernst nehmen usw. 186
Ernst-Ludwig-Kirchner-
    Straße 253
Eros-Center 114, 148
erschraken 84
erst 59
erste/Erste 170, 179ff.
Erste-Hilfe-Ausrüstung 231
erstemal 39, 216f.
Erwarten: wider Erwar-
    ten 153
Erwartung: in der Erwar-
    tung, daß 284
Erwerb 107
erwidern/Erwiderung 78,
    80
Erwin 78
es 115, 172f.
-es (Kirmes) 112, 114
Esch 48, 50
Esche 48, 50
-esk (kafkaesk) 167

Eskalation 92, 96
Espe 115
Esplanade 115
eßbar 115
es sei denn, daß 284
Essig[e] 82
Estrich 82
-[e]t (geeignet) 118
-et[e] (Alphabet) 59
etepetete 59
Ethik 116
etlichemal 39, 216
etliches [Schönes] 160,
    169, 172
-ett[e] (Gillette) 48
etwas [Auffälliges] 160,
    169, 172
etwas/Etwas 172f.
Etymologie 116
-eu (adieu) 105
euch/Euch/euer/Euer
    145, 172f.
Eule 66
eulenspiegelhaft 167
-eur (Amateur) 105
euretwegen/[Euretwegen]
    -willen 144
-euse (Friseuse) 105
Euter 66
Eva 73
ev.-luth. 227
ewig/Ewig 179f.
Examen 130
ex cathedra 92, 148
Exeget 59
Exemplar 35
Exil 78
ex officio 139, 148
Exporteur 105
Expreß 115
exquisit 78
Exterieur 105
extrakt 130
extrem 59

F

f/F 176
Fabrik 86/Fabrikant
    118/Fabrikation 96

-fach (8fach) 230
fächeln 45
Faden 70
Fagott blasen 151
fahl 37
Fähnchen 41
fahnden 37
Fahne 37/Fähnlein 41/
    Fähnrich 82
Fähre 41
fahren 37, 39
Fahrenheit 37
fahrenlassen/fahren las-
    sen 184
Fahrrad fahren 151
Fahrt 37/in Fahrt sein
    153
Faible 43
fair 43
Fakir 78
faktisch 86/Faktor 70
Fakultät 40
Falke 86, 93
Falkenseer Forst 247
Fall 93/zu Fall bringen
    153/im Fall[e] [,] daß
    286
Fallaub 225, 261
fälle/Fälle/fällen 45, 50
Fälle 70, 74
fallenlassen/fallen lassen
    184
fällig 81
Fallout 57, 148
Fallreep 60
falls 93, 137f., 174
fällst 45/fällt 45, 50, 93,
    118
fallt 93
Fältchen 45, 50
Falte/falten 93
Falz 93, 135, 138/falzen
    135, 138
Fama 35
Familie 78/Familien-
    name 39
fand 118
Fant 118
Fantasia/Fantasie 72, 74

Färse 46, 50, 70, 74
Fasan 70
Fasbury-Flop 108, 109, 148
Fasnacht 115
faß/Faß/faßlich/faßt 115
Fäßchen 45
fast 115
fasten 115
Fastenzeit 115
Fastnacht 115
fast vergessen 206
faßt 115
Fatum 35
faul 56, 58
faulig 81
faustgroß 210
Fautfracht 56
Faxe/Faxen 130
Feature 79
fechsen 130f.
Fechser 130f.
Feder 59, 62
Fee 60, 62
Feedback 49, 79, 85, 148
Feet 79
Feh 61f.
Fehde 61f.
fehlen/fehlt 61
Fehmarn 61
feien 53
feil 70, 74
Feile 70, 74
feind/Feind 150
feindlich 118
feingemahlen 205
feixen 130
Feld 48, 50, 93, 118
Feldberg 48, 50
Feld- und Gartenfrüchte 302
Felix 70, 130/Felizitas 70
Fell/Felle 48, 50
Fellager 225, 261
Fellbach 48, 50, 73f.
Felle 70, 74
Fels 137
Feme 59, 70
Ferien 59

fern 162/Ferner Orient 179f.
fernbleiben usw. 186
Ferse 48, 50, 70
fertig 70/fertigbringen 185f.
fertigmachen 186
Fes/Fesses 112
fest binden/festbinden 185f.
festgeschnürt 205
Festmahl 39
fett 70, 117/fettgedruckt 205
Fettopf 225, 261
fetttriefend 174, 203
Fetttropfen 225
Fetzen 134
Feuer fangen 151
Feuermal 39
feuerspeiend 202
feuerverzinkt 203
feuerwerken 195
Fex 130f.
Fibel 78
Fiber 78, 80
Fidel 78, 80
Fidel-Castro-freundlich 240
Fieber 76, 80
Fiedel 76, 80
fiedeln 76, 80
fiel/fielen 70, 74, 76
Filou 122
Filter 70
Filz/filzen 135
final 35
fing 90
fingerbreit/Fingerbreit 210
fingerdick 210
Fink 90
finster/Finster 164
fit 118
Fitnesscenter/Fitneßcenter 114
Fitnesstest/Fitneßtest 114, 148
Fittich 82

fix/fixieren/Fixstern 130
Flachs/flachsen 130
Flair 43
Flak 86
Flame 35/flämisch 40
Flanell 70
Flatter: die Flatter machen 151
Flechse 130
Fleck/Flecken 85
Fleet 60
flegelig 81
flehen/fleht 61
flehentlich 81, 118
Fleier 53
Fleisch braten 151
fleischfressend 202
fleißig 81/Fleißiges Lieschen 179f.
flexibel 130
Flic 87
Flickflack 85
fliegend/Fliegend 179f.
fliegst 129
flieh[e]n/flieht 77
fliehst 77, 80
Fließheck 70, 74, 76, 80
fließt 70, 76, 80
Flip 108, 109
Flipflop[schaltung] 108, 109
flippt (er flippt aus) 107, 109
floh/floh[e]n 98
Floh 98
Flor 96
Florett fechten 151
Floß 96
Flöte blasen 151
flötengehen 184
flott erledigen/flottmachen 186
flottgeschrieben 205
Flöz 132
Flug/im Fluge 156
flugbegeistert 203
flugbereit 203
flugs 129, 174
Flur 119

Fluß: im Fluß sein 153
Flyer 54
Fohlen 98
Föhn 103, 106
föhnig 103, 106
Föhr 106
Föhre 103, 106
Folge leisten 151/in der
    Folge 154
folgen 70
folgend/Folgend 163
Folie 96
foltern 70
Fön 102, 106
fönen 102, 106
Fondue 126
Fontane 35
Fontäne 40
Foot 122
Förde 102
fordern 70, 74/för-
    dern 74
Före 102, 106
Form: in Form sein 153
Form geben 151
Format 70
Formel-I-Wagen 234
Forsythie 116
fort/fortgehen usw. 70
Forum 96
Foto/Fotoapparat usw.
    72
foul/Foul/foulen 57f.
Fox/Foxterrier/Foxtrott
    130
Frack/Fräcke 85
Frage: außer Frage ste-
    hen/in Frage kommen
    153
Frage-und-Antwort-Spiel
    231
fragst 129
Frais/Fraisen 51
frais[e] 43
Fraktur 119
France' Werke 312
Francke 85, 88, 258
Franke 86, 88
Frankfurter 168

Frankfurt-Land 250
Fränkische Schweiz 179f.
frankokanadisch 237
Franz 135, 312
französisch/Französisch
    165, 179f.
Französische Straße 254
Franz Steiner Verlag 240
Fraß 115
Fratze 134
Freesie 60
frei 53, 55/Frei 179f./
    freibleibend usw. 208/
    frei sein/freihalten
    usw. 186
Freiberg 53, 55
Freiburg 53, 55
freien 53, 55
freiheraus sagen/frei
    heraussagen 187
freilich 81
frei sein/freihalten 186
Freitag/freitags/Freitag-
    abend 55, 149
frenetisch 70
Freud und Leid 304
freudestrahlend 203
freuen 66
freund/Freund 150/
    Freund Hein 55/
    freundlich 81
Frevel 73/freventlich 118
Frey/Freyr 54f.
Freyja 54f.
Freyburg 54f.
Freytag 54f.
Fridolin 78
Frieda/Friedel usw. 76
Friedrich 76, 82
Friedrich-Wilhelm-
    Lübke-Koog 240
frieren 76
frigid[e] 78
Frikassee 60
frisch gewaschen usw.
    205
frisch machen usw. 186
Friseur/Friseuse 105
Frisör/Frisöse 102

frißt 115
Frist 115
frivol 96
Fröbel 102
froh 98/Froheit 96, 256
fröhlich 103
fromm 94/Ludwig der
    Fromme 179f.
Fron 96
Frondeur 105
frönen 102
Fronleichnam 53, 55
fror/froren 96
Froschmann 95
früh/Frühling 125
Fuchs 130
fügen 124
Fugen-s 176, 226
fühlen/fühlt 125
fühlen (kommen fühlen
    usw.) 184
fühlen lassen 184
fuhr/Fuhre/fuhren 120
führ[e]/führen 125, 128
Fulda 70
Full dress 114, 148
Fülle 70, 74/füllig 70,
    74, 81
Fünen 124
fünf/Fünf 170
5-km-Gehen 234
fünfmal 39, 216f.
5%ig 230
fünfte/Fünfte 170
fünfundsiebzigmal 39,
    216f.
Funk 89
Funke 86
für 70, 124, 128
furchteinflößend 201
fürchterlich 81
füreinander einstehen 189
Furie 119
fürliebnehmen 70, 74,
    154
fürs [Kommen] 156, 303
für und wider/Für und
    Wider 174f.
Fuß fassen 151

Grab 107
-graben (in Straßen-
   namen) 252
Grabmal 39
Grad 118
Graffelsmanns Kamp 252
Grafik[er]/grafisch 72
Gral 35
gram/Gram 35, 150/grä-
   men 40
Gramm 94
Gran 35/Grän 40
Graphik[er]/graphisch 72
Graphit 71, 78
Graphologe 71
Grass 114/Grass' Roman
   311
gräßlich 46, 81, 115
Grat 118
Grätsche 40, 118
Gratulant 118/gratulie-
   ren 76
grau/Grau 56, 166,
   179 ff.
grauen 56/grauenerre-
   gend 201
gräulich 63, 69, 81
grau-weiß 236/grauge-
   streift 204 f.
Graveur 105
grazil 78
Greenhorn 79
Greenwich 79
Grenze/Grenzstein 135
Grete/Gretel 116
Greuel 65, 69/greulich
   65, 69, 81
griechisch-orthodox 235
Griesgram/griesgrämig
   115
Grieß/Grießmehl 76, 115
griff/Griff/griffst 75
Grillroom 122, 148
grimmsch/Grimmsch 167
grinst 137
gr.-kath. 227
grob/gröbste/Gröbste 164
Groitsch 67
Groom 122

Grönland 102
Gros/Grosse 112
groß/Groß 96, 162, 163,
   179 f.
Groß-Berlin usw. 248
Große Bleiche usw. 254
großgeschrieben 205
Großglocknermassiv
   245
Groß- oder Kleinschrei-
   bung 302
groß schreiben/groß-
   schreiben 186
Großstadt/Großstädte
   117
Grumt 94
grün/Grün 124, 166,
   179 f.
grüngelb 236/grünge-
   färbt 204 f.
Grund: auf Grund 154/
   -grund (in Straßen-
   namen) 252
grüngefärbt 204 f.
grüngelb/Grünrot-
   blindheit 236
grunzen 135
Grus 115
grus[e]lig 81
Gruß 115
grüßen/grüßt 115, 124
Grütze 134
gucken 85/Guckkasten
   225
Gudrun 119
Gunst: in Gunst stehen
   153/zu seinen Gun-
   sten 154
Gunther/Günt[h]er 116
Gurke 86
Gustav 73
gut: Kap der Guten
   Hoffnung 179 f.
gut/Gut 163 f.
gut gehen/gutgehen
   186
gutgesinnt 205
gut schreiben 183/gut-
   schreiben 183

H

h/H 176
Haag 36, 39
Haan 36, 39
Haar 36
Haard 36, 39, 111, 118
Haardt 36, 39, 111, 117
Haare 36
Haarlem 36, 39
Haarling 36
Haarstrang 36
Habenbestand/-seite 228
habhaft 107
Habicht 83
Habilitand 118
Hab und Gut 304
Hachse 130
Hackklotz 225
Häcksel 45, 50, 129, 131
Haeckel 85
Hafen 70, 74
-haft (eulenspiegelhaft)
   167
haftenbleiben 345
Hag 35, 39
Hagemann-Zabel 242
Häher 41
Hahn 37, 39
Hähne 41
Hahnrei 53
Hai 51, 55
Haimonskinder 51
Hain 51, 55
Haken 84
halb-halb 273
-halben (deinethalben)
   144
halboffen usw. 207
halbwegs 129
hallen 93
hallo 96
hallt/hallten 93
Hals 137
Hals-Nasen-Ohren-Arzt
   231
halt 93
Halt/halten 93
hält 50, 93, 118

Jeep 79
jeher 61
jemand/Jemand 172 f.
je nachdem[,] ob/wie 286
jenseits/Jenseits 137,
   174 f.
jetzig 81, 134/jetzt 134
jetzt/Jetzt 174 f./jetzt-
   jetzt 273
Jeu 105
Jobst/Jodok[us] 96
Jockei 85
Jodler 96
Joghurt 96
Johann-Sebastian-Bach-
   Gymnasium 240
Johann Wolfgang 242
Johnson 98
Jo-Jo 96
Jongleur 105
Jordaens 38
Josef/Joseph 72
Joyce 68
Judith 116
Jugend/jugendlich 118
Juist 126
Julfest 119
Juli 119
jung/Jung 102
Jüngling 89/jüngst 129
Juni 119
junior 119
Jura 119
Justiz 78, 132
Jute 119
Jux/juxen 130

K

k/K 176
Kabinett 117
Kadmium 92
Kaffee 60, 62, 92
Kaffee-Ersatz 224
Kaffee Hag 35
Kaffee trinken 151
Käfig 82
kafkaesk 167
kahl 37
Kahle 37

Kahm 37, 39
Kahn 37/Kahn fahren
   151
Kähnchen/Kähne 41
Kai 51
Kaiman 51, 95
Kain 51, 55
Kainit 51, 55
Kainsmal 39
Kaiphas 51
Kairo 51
Kaiser usw. 51
Kaiser-Franz-Joseph-
   Land 240
Kaiser-Friedrich-Ring
   253
Kaiserling 51, 55
Kakadu 86
Kakerlak 35
Kalamaika 51
kalauern 56
Kalckreuth 85, 88
Kalender 48
Kaliber 78
Kalifornien 92
Kalk 86, 88/Kalkalpen
   88
kalte Küche 179 f.
kalt bleiben/kaltbleiben
   186
Kälte 45, 50
kälter 45, 50
kaltstellen 185
kaltwalzen 186
kalvinisch/Kalvinismus
   92
Kalzium 92
kam/kamen 35, 39
Kamburg 92
käme/kämen 40
Kamel 59
Kamera 92, 94
Kamm 94/Kammacher
   225, 261
Kammer 94
Kammgarn 94
Kammin 92
kämmt 94
Kamp 92

Kämpe 45, 50
kampfbereit usw. 203
kämpfen 45, 50
kampieren 92
Kanada 92
Kanal 35
Kanapee 60
Kandinsky 258
Kaneel 60
Kanin[chen] 78
kann/kannst 95
kannte/kannten 95
Kanon 35
Kanone 96
Kante/Kanten 95
Kantine 78
Kanu 35
Kanzel 135
Kap 92, 108
Kaper 35
Kap Hoorn 97
Kapitän 40
Kapitol 96
Käppchen 107
kappt 107
Kapri 92
Kapsel 108
Kapua 92
kaputt 117
kaputtlachen, sich/kaputt
   machen 186
Kapuze 132
Karamel/Karamelle 93
-karätig (14karätig) 230
Karawane 92
Karbid 78, 92
Kardeel 60
Karlheinz/Karl-Heinz
   242
Karo 96
Karoline 78
Karosse 92
Karotin 92
Karrara 92
Karre 111
Karree 60
karrte 111
Karte 111
Karten spielen 151

Methode 116
Metteur 105
Mettwurst 117
Metze 134
Metzger 134
meucheln 66
Meute 66
Meyer 54f.
Meyerbeer 54
Mezzosopran 136
miauen 56
mied/mieden 76
Miene/Mienenspiel 76, 80
Miete zahlen 151/in Miete 153
Miez[e] 132
Mikrofon/Mikrophon 72, 96
Mikroskop 86
Milena 78
Milieu 105
Militär 40/Miliz 132
Millstätter See 247
Milz 135
Mime 78
Mina 78, 80
mindestens 137
Mine 78, 80
Minicar 92
mir 78, 172f.
miß-/mißachten usw. 115
Missionar 35
Mißkredit: in Mißkredit bringen 153
mißt 115
Mist 115
mit 190
miteinander leben 189
Mitleid 53, 55, 118
Mitleidenschaft: in Mitleidenschaft ziehen 153
Mittag 225, 261/zu Mittag 153
Mittag/mittags 149, 174
mittags 129
Mittag[s]mahl 39
Mitteldeutschland 248

mittelländisch/Mittelländisch 179f.
mittels[t] 174
mitten 174/Mittsommer 117
Mittwoch/mittwochs/ Mittwochabend 149
mixen/Mixtur 130
Mob 108f.
Möbel-Müller 241
Mobs 108f.
Mode: in Mode kommen 153
Modell 48
Modell sitzen 151
Moers 104
Mofa fahren 151
mögen (bleiben mögen usw.) 184
möglich/Möglich 163
Mohn 98
Mohr 98, 101
Möhre 103
Mohrrübe 98
Moira 67
Mokka 87
Mol 96
Mole 96
Moll: a-Moll usw. 176, 226
Moltopren 59
Molukken 87
Monat 96
Mond 96
mondän 40
Mongole 96
monogam 35
Monopol 96
monoton 96
Monroedoktrin 99
Montag/montags/Montagabend 96, 149
Monteur 105
Moor 97, 101/moorbaden 195
Moos 97
Mop 108f.
Moped fahren 151
Mops 108f.

Moräne 40
Mord 111
morgen/Morgen/morgens 137, 149, 174
morgendlich 81, 118
Morgenthauplan 238
Mörike 86, 102
Moritz 134
Morpheus: in Morpheus' Armen 311
Morphologie 71
Moschee 60
Moselwein 245
Moslem 94
Motel 48, 93
Motiv 73
Moto-Cross 92, 114, 148
Motodrom 96
Motor 96
Motorrad fahren 151
Mount Everest 57
Mozart-Konzertabend 239
mozartsch/Mozartsch 167
Muckefuck 85
Mucks/mucksen 85, 129
Mud 118, 119, 123
Muff 75
muff[e]lig 75, 81
Mufti 75
Mühe/mühen 125/Müh und Not 304
muhen 120
Mühle 125/Mühle ziehen 151
Mühlhausen 125, 128
Mühlheim 125, 128
Muhme 120
Mühsal 35
muht 118, 120, 123
mühte 125, 128
Mulch 93
Mülhausen 124, 128
Mülheim 124, 128
Mull 93
Müll 93
Müller-Frankenfeld 242
müllersch/Müllersch 167

Q

q/Q 176
quaken/quäken 84
Qual 35/quälen 40
Qualität 40
Quarantäne 40
Quartier 76
queng[e]lig 81
quer 59
Querele 59
quer legen 187
Quickstep 85, 108f., 148
quieken 76, 84
quittieren 76

R

r/R 176
Raabe 36, 39
Rabatt 117
Rabe 35, 39
rächen 50
Racket 85
Rad 118
Radar 35
radfahren 151/rad- und
    Autofahren 302
Radieschen 76, 115
Radio hören 118, 151
radschlagen 118, 151
Raeder 42
Raesfeld 38
Raffael 70, 74
Rage: in Rage brin-
    gen 153
Rah[e] 37
Rahm 37
Rähmchen 41/Rah-
    men 37
Raiffeisen 51
Raigras 51
Raimund 51
Rain/rainen 51, 55
Rainald 51
Rainer 51, 55
Rainfarn 51
Rainung 51
Raize/Raizen 51, 55
Rakett 86

Rallye-Cross 92, 114,
    148
Rammaschine 225, 261/
    Rammbock/
    rammte 94
Rampe 94
Rand 95, 118/zu Rande
    kommen 153
rang 90
Rang 90
rank 90
Ranke/ranken 86/
    rankt 90
rannte 95
Rapallovertrag 245
Raphael 71, 74
rapp[e]lig 81
Raps 108
rar 35
rasenbedeckt usw. 203
Rast: weder Rast noch
    Ruh 304
Rat 118/Rat holen 151/
    zu Rate gehen 153
Rathausgasse 252
rationell 48
Ratschlag 118
Rätsel 137/Rätsel ra-
    ten 151
Räude/räudig 64
rauh 56/Rauheit 56, 256
Rauhbauz/rauhbauzig
    132
Raum 56
räuspern 64
Razzia 136
Realität 40
Reaumur 126
Rebhuhn 48, 108
Reblaus 107
rechen 50
Rechen 48, 50
recht/Recht 150
rechts 48, 137
rechtsabbiegend 208
rechtsdrehend 208
Reck 85
Redakteur 105
Rede/reden/Rederei 59, 62

Rede und Antwort ste-
    hen 151
redlich/redselig 118
Reede/Reederei 60, 62
Reeder 60, 62
Reep/Reeperbahn 60
Reet 60
Reflex 130
Reg.-Bez. 227
regierend/Regierend 181
Regisseur 105
Reg.-Rat 227
Reh 61
Rehabilitand 118
reich/Reich 162/
    Reichtum 119
reichgeschmückt 205
Reigen 53
Reihe/reihen 52/reih-
    ten 55/Reih und
    Glied 304
Reiher 52
Reimport 224
Reimund 53
rein/reinen/reiner 53, 55/
    im reinen sein 164
Reinald 53
Reiner 53, 55
reingolden usw. 207f.
rein halten 186
Reis 115
Reisig 53, 82
reiß/Reißaus/reißt/Reiß-
    zeug 115
reist/reisten 115
reiten 53, 55
Reiz/Reize/reizen 53, 55,
    132
rekeln 84
Rektor 86
Reling 59
Reliquie 78
Ren 59, 95
rennen/Rennpferd/-tier/
    rennt[e] 47, 95
Renommee 60
Rentier 95
Reptil 78
Residenz 135

Resonanz 95
Restaurateur 105
retour 122
Rettich 82
Reue 66
Revue 126
Rex 130
Rezept 108, 135
Rhabarber 110
Rhapsodie 110
Rhein 53, 55, 110/Rheinfall 245
rheinisch/Rheinisch 179f.
rheinisch-westfälisch 237
Rheinland-Pfalz 250
Rhein-Main-Halle usw. 246
Rheinseitenkanal usw. 245
Rhenium 110
Rheologie 110
Rhesus[faktor] 110
Rhetor 110
Rheuma[tismus] 110
Rheydt 54, 110
Rh-Faktor 178, 227
Rhinitis 110
Rhinozeros 110
Rho 110
Rhodamine 110
Rhodium 110
Rhododendron 110
Rhodos 110
Rhombus 110
Rhön 110
Rhone 110
Rhotazismus 110
Rhus 110, 115
Rhynchote 110
Rhythmus 110, 116
-rich (Enterich) 82
Richard-Wagner-Festspiele 240
Richard-Wagner-Straße 253
richtig 81
richtigste/Richtigste 163
richtungweisend 201
Ricke 85

rieb/rieben 76
Ried 76, 80, 118
rief/riefen 76
Riegel 76, 80
riet/rieten 76, 80, 118
rietst 137
Rigel 78, 80
Rind 95, 118
-ring (in Straßennamen) 252/rings 129, 174
Ringelnatz' Gedichte 311
ringt 90
Rinnsal 35, 95/rinnt 95, 118
Rio-de-la-Plata-Bucht 246
Rippchen 107
Rips 108
Risiko 78
Riten 78, 80
ritt 117
Ritter-und-Räuber-Roman 231
Ritus 78, 80
Ritze 134
robbt/robbte/robbtest 107
Rock and Roll 148
Rockknopf/Rockkragen 225
roh 96, 98/Roheit 96, 256/im rohen fertig 164/roh behauen 205
Rohr 98/Röhre 103
röhren 103
Röhricht 83, 103
Rollback 49, 85, 148
Rom/Roma 96
Roman 35
Römer 102/Römerbrief 247/Römerstraße 252
römisch/Römisch 179f.
röm.-kath. 227
römisch-katholische Kirche 235
Röntgenstrahlen 238
Roof 97
Rooming-in 122, 148

Rorschach 96
Röslein 115
Roß/Rößlein 115
rösten 102
Roswith[a] 116
rot/Rot 166, 179f./blaurot 236/rotgestreift 204f.
Rote-Bete-Salat usw. 231
Round-table-Konferenz 57
Route 122f.
Rowdy 57
Royal Air Force 43, 68
Rübsamen 107
Rücken 85
rückenschwimmen 195
Rückkehr/rückkoppeln 225
rücklings 85
rückwärts 137
Rüdesheim 124
Rudolf 70
Rudolf-Meiersches Ehepaar 243
Rufname 39
Ruh: weder Rast noch Ruh 304
ruhen 120
Ruhm 120/rühmen 125
Ruhr 120, 123
rühren 125
ruhte/ruhten 120, 123
Ruisdael 38
rülpsen 108
Rum 94
Runde-Turm-Straße 253
Rune 119
Runks/runksen 129
Runzel 135/runz[e]lig 81
Rur 119, 123
Ruß 115/rußbeschmutzt 203
russisch/Russisch 165, 179f.
rußt 115
Rüster 124
Rute/Ruten 119, 123
Ruth 116

S
s/S 176
-s (As) 112, 114
Saal 36, 39
Saale 36, 39
Saar 36
Saar-Nahe-Bergland 246
Saat 36, 39
Saboteur 105
Sachs' Gedichte 311
Sachsen/sächsisch 130
Sächsische Schweiz 179 f.
Sack laufen 151
säe[n] 40, 44
sagst 129
sah 37/sähe/sähen/
    säh[e]t 41, 44
Sahne 37
saht 37, 39
Saibling 51
Saigon 51
Saite 51, 55
Saitling 51
Sakko 87
Sakrament 86
-sal (Schicksal) 35
Salat 35
Salband 35, 39
Sälchen 40/Säle 40
Saline 78
Salweide 35, 39
Salz 135
Sam 49
-sam (langsam) 35
Sämann 40
Same/Samen 35
sämig 40
Sämling 40
Sammlung 94
Samstag/samstags/Sam-
    stagabend 149
samt 94, 118
Samt 94, 118/samten 94
sämtlich 94/sämtliches
    [Schöne] 160, 169,
    172
Samurai 51
Sand 95/sandstrah-
    len 195

sandte 117
Sandwich 49
Sänfte 46
sang 90/sängen 50
sank 90/sänke 47/sän-
    ken 50
Sankt (St.) Blasien
    usw. 249
Sankt-(St.-)Blasien-Straße
    usw. 253
Sankt-(St.-)Marien-Kir-
    che usw. 240
sann/sannt 95
Santa/Santo 307
Saphir 71, 78
Sari 35
sät 44
Satellit 78
Satire 78
Satsuma 137
satt/sich satt sehen 186
Sattler 117
Satz 134/Sätze 50, 134
satzeinleitend 202
sauber (sauberhalten
    usw.) 186
Sauce 100
sauen 56
Sauerbruch-Hand 238
Sauerstoffflasche 225
Säugling 89
Säule 64
säumen 63
Sauregurkenzeit 231
S-Bahn fahren 151
Schabernack 85
Schabracke 85
Schach spielen 151/in
    oder im Schach 153
Schächer 46
schade/Schaden 150
Schaden: zu Schaden
    kommen 153
Schaffner/schaffst/
    schafft 75
-schaft (Landschaft) 75
Schaft 75
Schah 37
schal 35

Schal 35
Schälchen/schälen 40
Schale 35
Schalloch 225, 261
schallt/schallten 93
schalt/schalten/Schal-
    ter 93
Scham 35/schämen 40
Schandmal 39
Schänke 47
Schar 35
Schäre 40
scharf 111
Schärpe 46
scharrt/scharrte 111
Scharte 111
Schatz 134
schätzenlernen 184
Schau: zur Schau ste-
    hen 153
schauen 56
schauern 56
schaukeln 84
schaurig-schön 235
schaustehen usw. 195
Scheck 85
Schecke 85
scheel 60
Scheintod/scheintot 118
Schellack/Schellacke 85
Schellfisch 93
schellt 93
schelm 93
Schemel 59
Schemen 59
Schenke/schenken 47, 50
scheren 59
Scherflein 48
scheuchen 66
scheuen 66
scheuern 66
Scheune 66
Scheusal 35, 66/scheuß-
    lich 115
Schi/Ski 78/Schi
    laufen 151
schick 85
schicken 85/Schicksal
    85, 129

schwanen 35
schwang 90
Schwank 90
Schwänke 50
schwankt[e] 90
Schwanz/Schwänze/
    schwänzen 135
schwarz/Schwarz 135,
    179 ff.
schwarz färben/schwarz-
    fahren 186
schwarzgefärbt 205
schwarzrotgold/Schwarz-
    Rot-Gold/schwarz-
    weiß 236
schwatzen/schwätzen 134
schwef[e]lig 81
schweigen/Schweiger 53,
    55
Schweiz 132/Schweizer
    168
schweizerdeutsch 237
Schweizergarde 247
schwelen 59
Schwemme/schwemmen
    47, 50
Schwengel 47
schwenke 50/
    schwenkt[e] 90
schwer 59/schwer fallen/
    schwerfallen 186
schwerbeschädigt usw.
    205, 208
schwerkrank usw. 207
schwernehmen/zu schwer
    nehmen 185
Schwert 59
schwieg/schwiegen 76
Schwiele 76/schwielig 81
schwillt 93
Schwimmeister 225, 261
schwimmen gehen 184
schwimmen lernen 184
schwind[e]lig 81
schwingt 90
Schwips 108
schwitzen 134
schwören 102
schwul 119/schwül 124

Schwulst/schwulstig 93
schwülstig 93
Schwur 119
sechs/Sechs 130 f., 170
sechsmal 39, 216 f.
sechste/Sechste 170,
    179 f.
See 60/Seeaal 224
seebeschädigt 203
See-Elefant 224/seeerfah-
    ren 428
See-Enge 224
Seele/seelisch 60, 62
seelenverwandt 203
Seemann 95
Seeufer 224
segelfliegen 195/segeln
    gehen 184
segenbringend 201
sehen 77
sehen (fallen sehen usw.)
    184
sehen lassen 184
sehenswert 137
Sehne 61
sehnen/Sehnsucht/sehnt
    61
sehr 61
seid 53, 55, 118
seien 53, 55
seihen/seiht/seihte 52, 55
Seil ziehen 151
seilhüpfen usw. 195
sein/Sein 172 f., 146
seinerzeit 215
seinlassen/sein lassen 184
seit 53, 55, 118/seit al-
    ters 153
Seite 53, 55/von seiten
    153
seitenlang 210
seitens 174
seitenschwimmen 195
Sekretär 86
Sekt 86
Sekte 86
sekundär 40
sela 59, 62
selbst 107

selbstgemacht usw. 206
selbst wenn 285
selig/Seligkeit 59, 62, 81
Senckenberg 85, 90, 258
senden 47, 117
Senf 48
sengen 48, 50/sengt[e] 90
Senke/senken 47, 50, 86/
    senkt[e] 90
Séparée 1
September 108
September-Oktober-Heft
    231
serbokroatisch 237
Serie 59
setze/setzen 48, 50, 134
Seuche 66
Sex 130 f.
Sex-Appeal 79, 148
[Sex]shop 108
Sexta 130 f.
sexual/sexuell 130 f.
S. Fischer Verlag 240
S-förmig 176, 226
Sich-aussprechen-Können
    232
Sichausweinen 232
sicher: Nummer Sicher
    164
sicherste/Sicherste 163
Sicht: in Sicht kom-
    men 153/sichtbar 48
Sich-verstanden-Fühlen
    232
sie/Sie 76, 172 f., 145
sieben/Sieben 170, 179 f.
siebenmal 39, 216 f., 417
siebente/Siebente 170
siebte/Siebte 107, 170
siebzehnte/Siebzehnte
    179 f.
70-PS-Motor 234
siech 76
sieden 76
Siegbald usw. 76
Siegel 76, 80
siegestrunken 203
Siegfried usw. 76
sieh/sieht 77

Siel/Siele/Sielen 76, 80
Siemens-Schuckert-
   Werke 240
siezen 76, 132
Sigel 78, 80
Sigismund 78
Sigle 78, 80
Signal 35
Sigrid usw. 78
Sikkim 87
silbern/Silbern 179 f.
Silo 78, 80
sind 95, 118
Sinfonie usw. 72
Singrün 95
singt 90
sinken 86/sinkt 90
Sinn 95/von Sinnen 153
sinnt 95, 118
sinnverwandt 203
Sintflut 95, 118
Sirup 78
Sittich 82
Sitz/sitzen 134
sitzenbleiben/sitzen blei-
   ben 184
sitzenlassen/sitzen las-
   sen 184
Skalp 107
Skateboard fahren 151
Skat spielen 151
Ski vgl. Schi
Skizze 136
Sklave 73
Skriptgirl 108, 148
S-Kuchen 176, 226
Skunks 129
S-Kurve 176, 226
Slang sprechen 151
Slapstick 49, 85, 108, 148
Slibowitz/Sliwowitz 134
Slowfox 99/Slowfox tan-
   zen 151
Snackbar 49, 85
so 96/so bald/sobald
   usw. 219 f.
so daß 219
Soest 99
Sofa 70, 96

so fern/sofern 219
Sofia 70, 74
Sofie 72, 74
sofort 174/so fort/so-
   fort 219
so gar/sogar 219
so gleich/sogleich 219
Sohle/Sohlen 98, 101
Sohl[en]leder 98, 101
Sohn 98
Soiree 60
Sol 96, 101
so lange/solange 219
solch/solcherart/solcherlei
   [Schönes] 160, 169,
   172
Sold 93, 118
Soldat 93
Sole/Solei/Solen 96, 101
solid[e] 78
Solinger 168
Soll 93/Soll-Bestand
   usw. 228
sollen (gehen sollen usw.)
   184
Soll-Ist-Vergleich 231
sollst 93/sollt 93, 118
Solnhofen 96
solo/Solo 96, 101
Soma 96
so mit/somit 219
sondern 273
Sonnabend/sonnabends
   149
sonn[en]verbrannt 203
sonnst/sonnt 95
Sonntagabend 149
sonst/sonstig 95
so oft/sooft 219
Soonwald 97
Soor 97
Soot 97
Sophia/Sophie 72, 74
Sopran singen 151
Sorge tragen 151/in
   Sorge 153
sorgsam 35
so sehr/sosehr 219
SOS-Kinderdorf 178, 227

Soße 96
Souffleur/Souffleuse 105
Souvenir 78
souverän 40
sovielmal 39, 216 f.
Sowchos[e] 115
so weit/soweit 219
so wie/sowie 219
sowie 274
Sowjet 48, 118
sowohl–als auch 274
sowohl–als auch/Sowohl-
   Als-Auch 174 f.
sozial 135/soziale Lage
   179 f.
sozialistisch/Soziali-
   stisch 179 f.
spähen 41/späht[en] 41,
   44
Spalier 76
Span 35/Späne 40
spanabhebend 202
Spängchen/Spänglein 47
Spanisch-Guinea 249
spannst/spannt 95
sparen 35
Spaß 35/Spaß machen
   151
Späße 40
spät/späten 40, 44
spätgotisch 235
Spatz/Spatzen 134
spazieren 76, 135
spazieren (spazierengehen
   usw.) 184
Spediteur 105
Speech 79
Speer 60
speien 53
Speis 115
Speis und Trank 304
Spektrum 86
Spekulant 118
Spengler 47
Sperber 111
Sperling 111
Sperma 111
Spermatorrhö[e] 102, 110
Sperrgut/Sperrsitz 111

Strahl 37, 39
strählen 41
Strahlen 37, 39/strahlig 81
Strähne 41
Stralsund 35, 39
Stränge 50
Strapaze 132
Sträßchen 40/-straße (in Straßennamen) 252
Straßenbahn fahren 151
sträuben 64
Straus 115
Strausberg 115
Strauss 114
Strauß 115
Strazza 136
Strazze 136
strebsam 107
Strecke: zur Strecke bringen 153
Streich: zu Streich kommen 153
Strenge 50/strengste 163
strengnehmen 186
Stresemannplatz 252
Streß 115
streuen 66
streunen 66
Streusel 66
strickt 85, 88
strikt 86, 88
Strip 108 f.
strippen 107, 109
Striptease 79, 108 f., 148
Stroh/Strohhut 98
Strom 96/stromab usw. 218
strömen 102
Strophanthin 71
Strophe 71
strubb[e]lig 81
Struktur 119
Stuck 85, 88
Stück 85
Stuckarbeit 85, 88
Stücke 85
studieren/Studieren 76, 156

Stuhl 120
Stukkateur/Stukkatur 87 f.
Stunde: von Stund an 153
stur 119
Sturm laufen 151
Sturm-und-Drang-Zeit 231
Sturz/stürzen 135
Stütze 134
Stutzen 134
stützen 134
stutzig 134
Stuttgart-Bad Cannstatt 251
sub-/subkutan usw. 108
Südafrika 248
südost-nordwestlich 235
Sühne 125
Suhrkamp Verlag 240
Sukkade 87
sukkulent 87
Sulfid/Sulfit 118
Sumer 119
Suppenkaspar 241
Sure 119
Sweatshirt 79, 148
Swimmingpool/Swimming-pool 122, 148
Swing tanzen 151
Sylt 118
Symbol 94, 96
Sympathie 94, 116
Symphonie usw. 72
synchron 96
synchronisieren 91, 95
Syndikusse 204
Syndizi 204
Syntax 130
Synthese 116
synthetisch 116
Syphilis 71, 127
System 59/Systematik 86
Szirrhus 110

T

t/T 176
Tabak 86/Tabak rauchen 151

Tabu 119
Taft 75
Tag: vor Tage 154
tagelang 211/tags 129, 174
tagsüber/den Tag über 218
Taifun 51
Taiga 51
Taine 43
Takt 86
Tal 35/zu Tal[e] fahren 153
Täler 40
Talisman 95
Tambour 122 f.
Tambur 119, 123
Tang 90
Tango tanzen 151
Tank 90
Tännicht 83
Tanz/tanzen 135
Tanzsaal 39
Tapet: aufs Tapet bringen 153
Tapete 59
Tapir 78
tappt 107
Tarif 78
taschenspielern 195
Tätigkeit: außer Tätigkeit setzen 153
Tatze 134
Tau 56
Tau ziehen 151
Tauberich/Täuberich 82
tauen 56
Taufname 39
tauschieren 56
tausend/Tausend/Tausende 118, 171
1000-Jahr-Feier 234
Taxe/Taxi 130
Tbc-krank 178, 227
Teakholz 79, 84
Team 79
Teamwork 79, 148
Tea-Room 79, 122
Technik 86

Transport 95
trara/Trara 174f.
Tratsch 35
trauen 56
trauern 56
Trecker 85
trefflich 75
Trenchcoat 92
Tresoren 96
treu/treuer 66, 69
Treu: auf Treu und
  Glauben 304
treusorgend 205
Tribüne 124, 128
Trichine 78
Trick/Tricke/Tricks 85
Tricks/tricksen 129
trieb/trieben 76
triefen 76
triezen 132
triffst/trifft 75
Trift/triften 75
triftig 75
Trikot 86
Trimm-Aktion 94
Trimm-dich-Pfad 94, 231
trinkbar 35
Triumph 71
trocken/Trocken 85, 287
trocken legen/trockenle-
  gen 186
Trödler 102
Troier 67, 69
Troika 67
Trompete 94/Trompete
  blasen 151
tropengetestet 203
Trost 96/bei Trost 153
trösten 102
trotz 174
Trotz/trotzen 134
Troyer 68f.
Troygewicht 68f.
trüb/im trüben 164
Truhe 120
Tschaikowski 51
tschau 56, 58
tschechoslowakisch 237
Tsetsefliege 137

T-Träger 176, 226
Tugend 118
-tum (Christentum) 119
-tümlich (altertümlich)
  124
Tumor 119
Tumulus 119
tun 119
Tunell 93
Tunika 116
Tunnel 93
Tür 124, 128
Türkis 78
TÜV-Untersuchung 227
Twostep 108f., 148
Tyche 127
Typ 127
Typhus 71, 127
Typograf/Typograph 72
Tyr 116, 127f.
Tyrann 95

U

u/U 176
U-Bahn fahren 151
Übel: von Übel sein 153
übel sein/übelnehmen
  186
übelgesinnt 205
übereinander reden/über-
  einanderhängen 189
überhandnehmen 154
Überlingen 124
Übernahme 39
Übername 39
überschwemmen 47
überschwenglich 47
Übersee-Einfuhr 224
übrig sein/übriglassen
  186
übrigens 137
überm/übern/übers 303
Uerdingen 126
Uetersen 126
-ufer (in Straßennamen)
  252
U-förmig 176, 226
Uhland 120
Uhr 120, 123

Uhu 119
Ukas/Ukasse 112
Ukraine 51
UKW-Sender 178, 227
Ule 119
Ulmer 168
Ulrich 93/Ulrike 78
um/umlaufen usw. 94
umeinander kümmern
  189
umkrempeln 47
Umlauf: in Umlauf ge-
  ben 153
ums 303
um so eher/mehr/weni-
  ger[,] als 286
Umstand: unter Umstän-
  den 153
unabhängig 95
unabsichtlich 95
und 274, 280, 282
und das 270
und zwar 270
unendlich/Unendlich
  118, 163
unentgeltlich 118
unfallgefährdet 203
-ung (Auflehnung) 89
ung-Bildung 178
ungeachtet daß 285
ungeachtet dessen, daß
  285
ungefähr 41
Ungeheuer 66
ungestüm 124
Ungetüm 124
ungewiß 164
Ungunst: zu seinen Un-
  gunsten 154
unheilbringend 201
unklar 164
unrecht/Unrecht 150/zu
  Unrecht 153
unser/Unser 172f.
untad[e]lig 81
unter/Unter (in Namen)
  182
unterderhand/unter der
  Hand 154

Duden-Taschenbücher
Praxisnahe Helfer zu vielen Themen

Band 1:
Komma, Punkt und alle anderen Satzzeichen
Mit umfangreicher Beispielsammlung
Von Dieter Berger. 208 Seiten.
Sie finden in diesem Taschenbuch Antwort auf alle Fragen, die im Bereich der deutschen Zeichensetzung auftreten können.

Band 2:
Wie sagt man noch?
Sinn- und sachverwandte Wörter und Wendungen
Von Wolfgang Müller. 219 Seiten.
Hier ist der schnelle Ratgeber, wenn Ihnen gerade das passende Wort nicht einfällt oder wenn Sie sich im Ausdruck nicht wiederholen wollen.

Band 3:
Die Regeln der deutschen Rechtschreibung
An zahlreichen Beispielen erläutert
Von Wolfgang Mentrup. 2., neu bearbeitete und erweiterte Auflage. 240 Seiten.
Dieses Buch stellt die Regeln zum richtigen Schreiben der Wörter und Namen sowie die Regeln zum richtigen Gebrauch der Satzzeichen dar.

Band 4:
Lexikon der Vornamen
Herkunft, Bedeutung und Gebrauch von mehreren tausend Vornamen
Von Günther Drosdowski.

2., neu bearbeitete und erweiterte Auflage. 239 Seiten mit 74 Abbildungen.
Sie erfahren, aus welcher Sprache ein Name stammt, was er bedeutet und welche Persönlichkeiten ihn getragen haben.

Band 5:
Satz- und Korrekturanweisungen
Richtlinien für die Texterfassung. Mit ausführlicher Beispielsammlung.
4., erweiterte und verbesserte Auflage. Herausgegeben von der Dudenredaktion und der Dudensetzerei. 268 Seiten.
Dieses Taschenbuch enthält nicht nur die Vorschriften für den Schriftsatz und die üblichen Korrekturvorschriften, sondern auch Regeln für Spezialbereiche.

Band 6:
Wann schreibt man groß, wann schreibt man klein?
Regeln und ausführliches Wörterverzeichnis
Von Wolfgang Mentrup.
2., neu bearbeitete und erweiterte Auflage. 252 Seiten.
In diesem Taschenbuch finden Sie in rund 8200 Artikeln Antwort auf die Frage „groß oder klein".

Band 7:
Wie schreibt man gutes Deutsch?
Eine Stilfibel
Von Wilfried Seibicke. 163 Seiten.
Dieses Buch enthält alle sprachlichen Erscheinungen, die für einen schlechten Stil charakteristisch sind und die man vermeiden kann, wenn man sich nur darum bemüht.

Bibliographisches Institut
Mannheim/Wien/Zürich

Duden-Taschenbücher
Praxisnahe Helfer zu vielen Themen

Band 8:
Wie sagt man in Österreich?
Wörterbuch der österreichischen Besonderheiten
Von Jakob Ebner. 2., neu bearbeitete und erweiterte Auflage. 252 Seiten.
Das Buch bringt eine Fülle an Information über alle sprachlichen Eigenheiten, durch die sich die deutsche Sprache in Österreich von dem in Deutschland üblichen Sprachgebrauch unterscheidet.

Band 9:
Wie gebraucht man Fremdwörter richtig?
Ein Wörterbuch mit mehr als 30 000 Anwendungsbeispielen
Von Karl-Heinz Ahlheim. 368 Seiten.
Mit 4 000 Stichwörtern ist dieses Taschenbuch eine praktische Stilfibel des Fremdwortes für den Alltagsgebrauch. Das Buch enthält die wichtigsten Fremdwörter des alltäglichen Sprachgebrauchs sowie häufig vorkommende Fachwörter aus den verschiedensten Bereichen.

Band 10:
Wie sagt der Arzt?
Kleines Synonymwörterbuch der Medizin
Von Karl-Heinz Ahlheim. Medizinische Beratung Albert Braun. 176 Seiten.
Etwa 9 000 medizinische Fachwörter sind in diesem Buch in etwa 750 Wortgruppen von sinn- oder sachverwandten Wörtern zusammengestellt. Durch die Einbeziehung der gängigen volkstümlichen Bezeichnungen und Verdeutschungen wird es auch dem medizinischen Laien wertvolle Dienste leisten.

Band 11:
Wörterbuch der Abkürzungen
36 000 Abkürzungen und was sie bedeuten
2., neu bearbeitete und erweiterte Auflage.
Von Josef Werlin. 260 Seiten.
Berücksichtigt werden Abkürzungen, Kurzformen und Zeichen sowohl aus dem allgemeinen Bereich als auch aus allen Fachgebieten.

Band 13:
mahlen oder malen?
Gleichklingende, aber verschieden geschriebene Wörter. In Gruppen dargestellt und ausführlich erläutert
Von Wolfgang Mentrup. 191 Seiten.
Dieser Band behandelt ein schwieriges Rechtschreibproblem: Wörter, die gleich ausgesprochen, aber verschieden geschrieben werden.

Band 14:
Fehlerfreies Deutsch
Grammatische Schwierigkeiten verständlich erklärt
Von Dieter Berger. 200 Seiten.
Viele Fragen zur Grammatik erübrigen sich, wenn Sie dieses Taschenbuch besitzen: Es macht grammatische Regeln verständlich und führt den Benutzer zum richtigen Sprachgebrauch.

Bibliographisches Institut
Mannheim/Wien/Zürich

Meyers
Neues Lexikon

Das ideale Wissenszentrum für die 80er Jahre! Das Lexikon der »goldenen Mitte«.

Meyers Neues Lexikon in 8 Bänden, Atlasband und Jahrbücher

Rund 150 000 Stichwörter und 16 signierte Sonderbeiträge auf etwa 5 300 Seiten. Über 12 000 meist farbige Abbildungen und Zeichnungen im Text. Mehr als 1 000 Tabellen, Spezialkarten und Bildtafeln. Lexikon-Großformat 17,5 x 24,7 cm, in echtem Buckramleinen gebunden.

Dieses neue, praxisgerechte Lexikon für die 80er Jahre ist auf der Grundlage einer rund 150jährigen Lexikontradition und mit der Erfahrung und dem Wissen einer hochqualifizierten Redaktion entstanden. Die neue Konzeption des Werkes basiert auf »Meyers Enzyklopädischem Lexikon« in 25 Bänden, dem derzeit größten deutschen Lexikon. Die Auswahl der Stichwörter wurde zudem in Abstimmung mit der heute fast 3 Millionen Belege umfassenden Duden-Sprachkartei und dem hauseigenen Dokumentationsarchiv vorgenommen.
Und das sind die 8 besonderen Vorzüge des »Neuen Meyer«:

1. Die ideale Größe
8 Bände – das ist die ideale Mittelgröße für jeden. Sie bringt das optimale Gleichgewicht von hoher Stichwortzahl und Ausführlichkeit der Artikel. Die »goldene Mitte« für den Anspruchsvollen.

2. Die große Leistung
Der »Neue Meyer« bietet 150 000 Stichwörter auf etwa 5 300 Seiten. Das sind viele Millionen Einzelinformationen – viel mehr, als man von einem Werk dieser Größe erwartet.

3. Die große Tradition
Seit der Mitte des vorigen Jahrhunderts und bis heute ist »Meyer« ein Synonym für höchste Lexikonqualität.

4. Das moderne Konzept
Das Werk stellt eine gekonnte Verbindung von klassischem Wissensreichtum und höchster Aktualität in den wichtigen Themenbereichen unserer Zeit dar.

5. Die Klarheit der Artikel
Die sprachliche Klarheit und der übersichtliche Aufbau der Artikel zeichnen dieses Lexikon besonders aus. Auch komplizierteste Sachverhalte werden exakt und allgemeinverständlich dargestellt.

6. Die durchgehende Farbigkeit
Der »Neue Meyer« bringt über 12 000 meist farbige Abbildungen und Zeichnungen im Text, sowie mehr als 1 000 Tabellen, Spezialkarten und Bildtafeln.

7. Die Sonderbeiträge
16 prominente Persönlichkeiten schreiben Grundsätzliches, Kritisches und in die Zukunft Weisendes über ihren »Beruf«. Die Beiträge geben einen direkten Einblick in zeitgeschichtliche Prozesse.

8. Die aktuellen Jahrbücher
Die neuartige Erweiterung des Wissensangebots. Damit schließt der »Neue Meyer« die unvermeidliche Lücke zwischen gesichertem Lexikonwissen und dem Geschehen der jüngsten Vergangenheit.

Bibliographisches Institut
Mannheim/Wien/Zürich